国家出版基金项目
NATIONAL PUBLICATION FOUNDATION

民机飞行控制技术系列

主 编 李 明

飞行控制系统
设计和实现中的问题

Flight Control Systems:
practical issues in design and implementation

【英】罗杰·W·普拉特 著

陈宗基 张 平 等译

李 明 审校

上海交通大学 出版社
SHANGHAI JIAO TONG UNIVERSITY PRESS

内容提要

本书阐述飞行控制系统研发的目标；综述飞行控制技术和飞控系统开发过程的发展、现状和未来的挑战；介绍了飞控系统设计研究所必需的飞机模型及其模态特性、先进执行机构系统的性能、控制需求及对飞行控制的影响，以及飞机操纵品质的定义及评估方法、飞行控制系统设计要求、自动飞行控制系统开发过程与架构、基于现代控制理论的控制律设计方法；同时，还介绍了考虑空气伺服弹性的结构模态抑制方法和数字飞控系统的地面与飞行试验等内容。最后，介绍了采用特征结构方法设计民机自动飞行控制系统和采用 H_∞ 方法设计军机推力矢量控制系统两个实例。

本书适用于具有一定基础的从事航空产品开发和应用的工业部门和应用部门的技术人员，以及飞行控制专业的本科生和研究生。

ⓒ Roger W. Pratt.

Original English Language Edition publishcel by IET. Copyright 2008，All Right Reserved.

上海市版权局著作权合同登记号：09‑2013‑910

图书在版编目（CIP）数据

飞行控制系统设计和实现中的问题/（英）普拉特（Pratt, R. W.）著；陈宗基，张平
等译.—上海：上海交通大学出版社，2015
（大飞机出版工程）
ISBN 978‑7‑313‑12699‑3

Ⅰ.①飞…　Ⅱ.①普…②陈…③张…　Ⅲ.①飞行控制系统—系统设计
Ⅳ.①V249

中国版本图书馆 CIP 数据核字（2015）第 038403 号

飞行控制系统设计和实现中的问题

著　　者：[英]罗杰·W·普拉特　　　　　译　　者：陈宗基　张　平　等
出版发行：上海交通大学出版社　　　　　地　　址：上海市番禺路 951 号
邮政编码：200030　　　　　　　　　　　电　　话：021‑64071208
出 版 人：韩建民
印　　制：上海万卷印刷有限公司　　　　经　　销：全国新华书店
开　　本：787mm×1092mm　1/16　　　　印　　张：20
字　　数：391 千字
版　　次：2015 年 12 月第 1 版　　　　　印　　次：2015 年 12 月第 1 次印刷
书　　号：ISBN 978‑7‑313‑12699‑3/V
定　　价：88.00 元

版权所有　侵权必究
告读者：如发现本书有印装质量问题请与印刷厂质量科联系
联系电话：021‑56928277

大飞机出版工程

丛书编委会

总　序

国务院在 2007 年 2 月底批准了大型飞机研制重大科技专项正式立项，得到全国上下各方面的关注。"大型飞机"工程项目作为创新型国家的标志工程重新燃起我们国家和人民共同承载着"航空报国梦"的巨大热情。对于所有从事航空事业的工作者，这是历史赋予的使命和挑战。

1903 年 12 月 17 日，美国莱特兄弟制作的世界第一架有动力、可操纵、比重大于空气的载人飞行器试飞成功，标志着人类飞行的梦想变成了现实。飞机作为 20 世纪最重大的科技成果之一，是人类科技创新能力与工业化生产形式相结合的产物，也是现代科学技术的集大成者。军事和民生对飞机的需求促进了飞机迅速而不间断的发展和应用，体现了当代科学技术的最新成果；而航空领域的持续探索和不断创新，为诸多学科的发展和相关技术的突破提供了强劲动力。航空工业已经成为知识密集、技术密集、高附加值、低消耗的产业。

从大型飞机工程项目开始论证到确定为《国家中长期科学和技术发展规划纲要》的十六个重大专项之一，直至立项通过，不仅使全国上下重视起我国自主航空事业，而且使我们的人民、政府理解了我国航空事业半个世纪发展的艰辛和成绩。大型飞机重大专项正式立项和启动使我们的民用航空进入新纪元。经过 50 多年的风雨历程，当今中国的航空工业已经步入了科学、理性的发展轨道。大型客机项目其产业链长、辐射面宽、对国家综合实力带动性强，在国民经济发展和科学技术进步中发挥着重要作用，我国的航空工业迎来了新的发展机遇。

大型飞机的研制承载着中国几代航空人的梦想，在 2016 年造出与波音 B737 和空客 A320 改进型一样先进的"国产大飞机"已经成为每个航空人心中奋斗的目标。然而,大型飞机覆盖了机械、电子、材料、冶金、仪器仪表、化工等几乎所有工业门类,集成了数学、空气动力学、材料学、人机工程学、自动控制学等多种学科,是一个复杂的科技创新系统。为了迎接新形势下理论、技术和工程等方面的严峻挑战,迫切需要引入、借鉴国外的优秀出版物和数据资料,总结、巩固我们的经验和成果,编著一套以"大飞机"为主题的丛书,借以推动服务"大型飞机"作为推动服务整个航空科学的切入点,同时对于促进我国航空事业的发展和加快航空紧缺人才的培养,具有十分重要的现实意义和深远的历史意义。

2008 年 5 月,中国商用飞机有限公司成立之初,上海交通大学出版社就开始酝酿"大飞机出版工程",这是一项非常适合"大飞机"研制工作时宜的事业。新中国第一位飞机设计宗师——徐舜寿同志在领导我们研制中国第一架喷气式歼击教练机——歼教 1 时,亲自撰写了《飞机性能及算法》,及时编译了第一部《英汉航空工程名词字典》,翻译出版了《飞机构造学》《飞机强度学》,从理论上保证了我们飞机研制工作。我本人作为航空事业发展 50 年的见证人,欣然接受了上海交通大学出版社的邀请担任该丛书的主编,希望为我国的"大型飞机"研制发展出一份力。出版社同时也邀请了王礼恒院士、金德琨研究员、吴光辉总设计师、陈迎春副总设计师等航空领域专家撰写专著、精选书目,承担翻译、审校等工作,以确保这套"大飞机"丛书具有高品质和重大的社会价值,为我国的大飞机研制以及学科发展提供参考和智力支持。

编著这套丛书,一是总结整理 50 多年来航空科学技术的重要成果及宝贵经验;二是优化航空专业技术教材体系,为飞机设计技术人员培养提供一套系统、全面的教科书,满足人才培养对教材的迫切需求;三是为大飞机研制提供有力的技术保障;四是将许多专家、教授、学者广博的学识见解和丰富的实践经验总结继承下来,旨在从系统性、完整性和实用性角度出发,把丰富的实践经验进一步理论化、科学化,形成具有我国特色的"大飞机"理论与实践相结合的知识体系。

"大飞机"丛书主要涵盖了总体气动、航空发动机、结构强度、航电、制造等专业方向,知识领域覆盖我国国产大飞机的关键技术。图书类别分为译著、专著、教材、工具书等几个模块;其内容既包括领域内专家们最先进的理论方法和技术成果,也包括来自飞机设计第一线的理论和实践成果。如：2009 年出版的荷兰原福克飞机公司总师撰写的 *Aerodynamic Design of Transport Aircraft*（《运输类飞机的空气动力设计》），由美国堪萨斯大学 2008 年出版的 *Aircraft Propulsion*（《飞机推进》）等国外最新科技的结晶；国内《民用飞机总体设计》等总体阐述之作和《涡量动力学》《民用飞机气动设计》等专业细分的著作；也有《民机设计 1000 问》《英汉航空双向词典》等工具类图书。

　　该套图书得到国家出版基金资助，体现了国家对"大型飞机项目"以及"大飞机出版工程"这套丛书的高度重视。这套丛书承担着记载与弘扬科技成就、积累和传播科技知识的使命，凝结了国内外航空领域专业人士的智慧和成果，具有较强的系统性、完整性、实用性和技术前瞻性，既可作为实际工作指导用书，亦可作为相关专业人员的学习参考用书。期望这套丛书能够有益于航空领域里人才的培养，有益于航空工业的发展，有益于大飞机的成功研制。同时，希望能为大飞机工程吸引更多的读者来关心航空、支持航空和热爱航空，并投身于中国航空事业做出一点贡献。

2009 年 12 月 15 日

序

  大飞机工程是我国推进创新型国家建设的重要标志性工程。为了配合大飞机的研制,在国家出版基金的资助下,上海交通大学出版社成功策划出版了"大飞机出版工程",旨在为大飞机研制提供智力支持。"民机飞行控制技术系列"是"大飞机出版工程"系列图书之一。

  现代飞行控制技术是现代军机、民机的主要关键技术之一。以电传操纵技术为核心的现代飞行控制系统是现代飞机的飞行安全关键系统,是现代飞机上体现信息化与机械化深度融合的典型标志。飞行控制技术也是大型民机确保安全性、突出经济性、提高可靠性、改善舒适性和强调环保性的重要技术。

  1903 年,莱特兄弟在前人研究的基础上,重点解决了飞机三轴可控问题,实现了动力飞机的首次飞行。此后的 60 年,驾驶员利用机械操纵系统来控制稳定飞机飞行,形成了经典的飞行控制系统。飞机机械操纵系统在自动控制技术的辅助下,解决了对飞机性能和任务能力需求不断增长所遇到的一些重大问题——稳定性,稳定性与操纵性的矛盾,精确、安全的航迹控制,以及驾驶员工作负荷等问题。20 世纪 60 年代至 70 年代初发展起来的主动控制技术和电传飞行控制系统对飞机发展具有划时代的意义,改变了传统的飞机设计理念和方法论,使飞机的性能和执行任务的能力上了一个新台阶。这两项技术已成为第三代军机和先进民机的典型标志,同时也为第四代军机控制功能综合以及控制与管理综合建立了支撑平台。在人们对飞机飞行性能的不断追求和实现的过程中,飞行控制系统发挥着越来越重要的作用,飞行控制系统的创新研究、优化设计和有效工程实现对现代飞机的功能和性能的提高起着至关重要的作用。

　　我国的军机飞行控制系统经过五十多年的研究、设计、试验、试飞、生产和使用的实践,已积累了丰富的经验,并取得了大量的成果,在各型军机上得到了广泛的应用,但民机飞行控制系统的研发经验仍相对薄弱。总结现代军机飞行控制系统研发经验,分析和借鉴世界先进民机飞行控制系统新技术,对助力我国大型民机的自主研发是十分必要且意义重大的。

　　本系列丛书编著目标是:总结我国军/民领域的飞行控制技术的理论研究成果和工程经验,介绍国外最先进的民机飞行控制技术的理念、理论和方法,助力我国科研人员以国际先进水平为起点,开展我国民机飞行控制技术的自主研究、开发和原始创新。本系列丛书编著的指导思想和原则是:内容应覆盖民机飞行控制技术的各重要专业;要介绍当今重要的、成功的型号项目,如波音系列和空客系列的飞行控制技术,也要重视方向性的探索和研究;要简明介绍技术与方法的理论依据,以便读者知其然,也知其所以然;要概述民机飞行控制技术的各主要专业领域的基本情况,使读者有全面的、清晰的了解;要重视编著的准确性以及全系列丛书的一致性。

　　本系列丛书包括《飞行控制系统设计和实现中的问题》《民机液压系统》《民机飞行控制系统设计的理论与方法》《民机传感器系统》等专著。其中王少萍教授的专著《民机液压系统》(英文版),已经输出版权至爱思唯尔(Elsevier)出版集团,增强了我国民机飞控技术的国际影响力。

　　在我国飞行控制领域的资深专家李明院士、陈宗基教授和张汝麟研究员的主持下,这套丛书的编委会由北京航空航天大学、清华大学、西北工业大学、南京航空航天大学、中航工业西安飞行自动控制研究所、中航工业沈阳飞机设计研究所、中航工业成都飞机设计研究所、中航第一飞机设计研究院、中航工业航空动力控制系统研究所、中国航空工业集团公司、中国商用飞机有限责任公司等航空院所和公司的飞控专家、学者组建而成。他们在飞行控制领域有着突出的贡献、渊博的学识和丰富的实践经验,他们对于本系列图书内容的确定和把关、大纲的审定和完善都发挥了不可替代的重要作用。

　　上海交通大学出版社"大飞机出版工程"项目组以他们成熟的管理制度和保障体系,组织和调动了丛书编委会和丛书作者的积极性和创作热情。在大家的不懈努力下,这套图书终于完整地呈现在读者的面前。

　　本系列图书得到国家出版基金的资助,充分体现了国家对"大飞机工程"的高度重视,希望该套图书的出版能够达到本系列丛书预期的编著目标。我们衷心感谢参与本系列图书编撰工作的所有编著者,以及所有直接或间接参与本系列图书审校工作的专家、学者的辛勤工作,希望本系列图书能为民机飞行控制技术现代化和国产化发展做出应有的贡献!

民机飞行控制技术系列编委会

2015 年 3 月

译 者 简 介

陈宗基，1983 年英国曼彻斯特大学控制系统中心博士，曾任北京航空航天大学研究生院副院长、院长；"飞行器控制一体化技术"国防科技重点实验室主任；北航校学术委员会常务副主任、校学位委员会副主任；中国系统仿真学会常务副理事长。现任"飞行器控制一体化技术"国防科技重点实验室名誉主任。

在飞行控制系统设计、适应性控制系统、自主控制系统、容错控制系统、混合控制系统、先进仿真技术等方面有较显著研究成果。曾获国家教育成果一等奖一项、二等奖一项，北京市教育成果一等奖一项，部级科技进步一等奖一项，二等奖四项，三等奖四项。1997 年由国家人事部授予中青年有突出贡献专家，2010 年全国优秀科技工作者。在国内外期刊发表论文 180 多篇，学术会议论文 120 多篇，其中 SCI、EI 收录 68 篇，出版专著两本。

张　平，北京航空航天大学博士，北京航空航天大学自动化学院教授，博士生导师。研究方向为飞行控制与仿真，容错控制，故障检测与诊断，机器视觉与导引，虚拟样机等。曾在联邦德国斯图加特大学、联邦军队大学进修，曾任日本东京大学生产技术研究所外国人协力研究员。中国航空学会 GNC 飞行控制专业委员会委员，航空学会高级会员，系统仿真学报编委。获国防科技二等奖一项，三等奖一项，出版专著两本，发表飞控领域论文 100 余篇。

译 者 序

本书由罗杰·W·普拉特（Roger W. Pratt）编著，各章节的作者都是在飞行控制领域具有深厚工程经验的资深专家。对学习飞行控制的大学本科生和研究生，本书是使他们将专业知识延伸到科学研究和工程应用领域的桥梁；对从事航空产品开发应用的工业部门和应用部门的技术人员，本书是使他们成长为优秀的设计、实施和应用飞行控制系统专家的阶梯。本书填补了飞行控制领域的基础理论研究和优秀工程设计之间的空白。

本书阐述了飞行控制系统研发的目标，综述了飞行控制技术和飞控系统开发过程的发展、现状和未来的挑战。本书强调了先进数字电传飞控系统设计中必须考虑的一些重要因素；解释了军机和民机的电传飞控系统设计中的异同之处。

本书前 7 章涵盖了飞行控制系统学科的大部分关键内容，并介绍了许多资深工程师亲身深入参与的最新研究项目，最后两章介绍了两种作为研究课题性质的现代控制方法及其应用实例。本书具体介绍了飞行控制的总目标；军机和民机两种类型飞机的控制要求；飞控系统设计研究的飞机模型及其模态特性；先进执行机构系统的性能、控制要求及对飞行控制的影响；飞机操纵品质的定义及评估方法；飞行控制系统设计要求、自动飞行控制系统开发过程与架构、基于现代控制理论的控制律设计方法；考虑气动伺服弹性的结构模态抑制方法；数字飞控系统的地面与飞行试验等。最后介绍了采用特征结构方法设计民机自动驾驶仪和采用 H_∞ 方法设计军机推力矢量控制系统两个实例。所有内容还在理论研究的基础上，介绍了实际型号系统的实现方式与理论应用结果，具有很好的工程应用参考价值。

本书特别适合于飞行控制专业的本科生、研究生和年轻工程师，可以使他们了解什么是飞行控制系统设计和实现的全貌、飞行控制的基础知识及工程应用范畴、实现及试验技术、评估及确认技术的重要作用；帮助他们成长为研究、设计、实现与应用飞行控制系统的专家；激励他们在这个复杂的和引人入胜的研究领域的学习中,对未来知识进行探索;这是一本具有学习和参考价值的好书。

　　本书前言、目录及术语由夏洁初译,第1章由张平初译,第2章由熊笑与张平初译,第3章由夏洁初译,第4章由夏洁初译,第5章由魏晨初译,第6章由李卫琪初译,第7章由熊笑与张平初译,第8章由徐旭丹和陈宗基初译,第9章由周锐初译,全书的图表由夏洁翻译,他们辛勤有效的工作为本书出版做出了贡献。全文由陈宗基精译,并且,有幸邀请到李明院士与高金源教授作为全书的校对,王少萍教授作为第3章的校对,他们精益求精的态度,渊博的专业知识和丰富的工程实践经验保证了本书的质量。在此,我们全体译者对他们表示最诚挚的感谢。最后全书由陈宗基和张平定稿,由夏洁完成全书的集成。

　　另外,在本书的翻译过程中,得到上海交通大学出版社的大力支持,提供了相关的参考书籍;钱方针博士协助查找提供了原版书,便于我们核对图表。在这里一并表示感谢。

作 者 序

如果你是学院派的思维方式,往往会这么说:"给我模型,我就可以给你控制器",那么这本书不适合你。然而,如果你认为使用控制器设计方法来开发飞行控制律需要充分理解被控对象(航空器)的动力学特性以及实现和满足训练有素的操作人员(驾驶员)各种需求的许多问题,则本书的各章节将有助于你增进这种理解。本质上,这本书的大部分内容告诉学术研究人员:"倘若你的工作要有益于工业界的实际工程师们,那么,你需要理解,至少是赞赏本书的内容"。此外,那些刚进入航空航天工业从业的年轻工程师将发现本书覆盖了飞行控制的关键领域,非常实用。

本书各位作者都具有深厚的工程经验和应用背景,我相信这些内容反映了他们对航空工程领域的贡献。此外,章节中的大部分案例都是经过那些毕生从事航空航天工业的高级管理者审阅过的。我们希望,其中蕴含的宝贵工程经验将激励新一代的工程师、数学家和科学家参与到这项激动人心的工程——飞行控制系统的研究与实践中来。

20 世纪 70 年代末 80 年代初,仅有很少的飞行控制方面的书籍出版。然而,在 90 年代出版发行了一大批这方面的书籍。对于飞行控制的新读者而言,明白本书在飞行控制著作中的地位是有意义的。文献[1-7]不同程度反映了飞机动力学和飞行控制的基础内容。所有这些著作对课程学习最后一年或两年的本科生是有用的,同时对那些需要强化基础知识和概念,然后投入相关研究课题的研究生们也是有用的。麦克莱恩[4]、史蒂文斯和路易斯[7]的著作,为进入研究领域工作的读者扩充了必要的知识。蒂什勒所撰写的著作[8]在实际经验方面与其他著作有重要的区别,它对旋翼机、作战飞机和固定翼运输机的技术状态给出了深刻的说明,其中某些内容也包括在本书中。我们的著作被视为填补了基础理论工作和蒂什勒的优秀研究工作之间的空白。

本书以文献[1-7]所描述的飞行动力学和飞行控制为基础,通过指出它们对航空工业的飞行控制系统发展的相关性来润色这些原理。本书前 7 章涵括了飞行控制系统学科的大部分关键领域，并参考了由许多工程师撰写的最新发展方案，这些工程师都深入地参与了这些工作。最后两章考察了两种已作为研究课题的现代控制方法。本书主要涉及民用和军用固定翼飞机，限于篇幅，本书不包含旋翼机和导弹的相关资料。

本书由 9 章组成：

第 1 章"飞行控制的工业考虑"，作者是克里斯·菲勒丁和罗伯特·卢克纳。他们通过说明飞行控制系统的工业前景，勾画了全书的布局；对于那些在后续章节要作详细讨论的专题，给出了一个全面的综述。贯穿全章，作者都并行地介绍军用作战飞机和民用飞机两个主题，这个有趣的特点充分反映了他们的背景。

本章，首先说明飞行控制的总目标和飞行控制系统（flight control system，FCS）的作用。然后介绍两种类型飞机的使用要求，讨论驾驶员-飞行器系统中的电传操纵（fly-by-wire，FBW）的效益，探讨了系统可靠性、完整性、验证与确认，最后还讨论了目前的技术状态并对未来进行了令人振奋的展望。

第 2 章"飞机建模"，作者是麦克·库克。作者从他的原著[3]中总结了坐标轴系、固定翼飞机纵向和横航向动力学的运动方程的主要内容，然后从运动学方程推导出飞机的传递函数和状态方程描述。需要进一步了解这方面内容的读者，建议参看麦克的相关原著。

第 3 章"作动系统"，作者是史提芬·雷文斯克罗夫特。自从闪电战斗机的无人工复位的动力操纵问世以来，作动系统的重要性日现明显。在发展高敏捷战机的安全关键性飞控系统时，需要稳定地控制开环动态不稳定飞机，由此进一步凸显了作动系统的重要性。该章前面几节概述性介绍主飞行操纵面和辅助飞行操纵面及其运行；进而讨论性能准则和建模；最后几节讨论更前沿的专题：非线性频域响应、饱和分析、突跳谐振和故障瞬变。

第 4 章"操纵品质"，作者是约翰·霍金森和戴夫·米切尔。该章用第 2 章给出的传递函数，从驾驶员的观点来评价飞机的响应，评估操纵品质就不可避免地引申出多项评价准则，这些准则将从相关的纵向和横向运动的动力学模态开展讨论。由此引出了稳定性和控制增稳系统，以及对一些控制设计概念的讨论。显然，操纵品质这一章必然涉及对驾驶员诱发振荡（pilot-induced oscillations，PIO）的讨论，这里的 PIO 专题给出了一个全面而前沿的介绍，反映了美国最近开展的研究结果。

第 5 章"自动飞行控制系统设计考虑"，作者是约翰·芬顿。本章列出了管理复杂飞控系统开发项目所需的各项任务，给出了一个清晰而实际的分解。本章的简洁性源于对主要过程的详细分解:开发项目需求定义和验证,系统设计考虑和自动飞行控制系统(AFCS)架构,直至详细的子任务。

第6章"数字飞控系统的地面和飞行试验",作者是泰瑞·史密斯。本章讨论的技术已应用于英国主要飞机制造商——英国宇航公司,并且随着电传(FBW)战机研发而得到进一步提升。本章从飞行试验的机理、工具及其飞行试验技术到仿真试验、台架试验、地面试验,直至试飞,极好地说明了推进试验计划来达到风险和成本最小化的必要性。

第7章"气动伺服弹性",作者是布瑞恩·卡勒德维尔、罗杰·普拉特、李察·泰勒和李察·菲尔顿。本章讨论一个安全关键飞控系统如何受到飞机弹性结构的影响,这种现象称为气动伺服弹性或结构耦合现象。正如前一章提及的,英国宇航公司的系列飞机研制经验表明,为了增强飞机的机动性,飞机的开环稳定可能恶化到严重的开环不稳定。李察·泰勒和李察·菲尔顿的贡献是分别基于在拉夫堡(Loughborough)大学和兰开斯特(Lancaster)大学开展的研究项目的成果。

第8章"特征结构配置方法在民用飞机自动驾驶仪设计中的应用",作者是李斯特·法来洛和罗杰·普拉特。本章介绍在杰恩·特娄杰出管理下的GARTEUR研究组在一些大学、研究机构和飞机公司参与的鲁棒飞行控制方面的研究成果。本案例选用特征配置的方法,是因为它比其他现代控制方法更为直观。RCAM案例基于民机的一个飞行剖面,它由一个基边和一个两阶段的最后进近构成。本章试图客观评估特征配置方法在这类应用中的效果。

第9章"鹞式飞机的 H_∞ 回路成形设计",作者是里克·海德。本章介绍了一个令人兴奋地将现代控制工程应用于飞行控制的研究计划。在位于DERA贝德福德的驾驶员在环飞行模拟器上用VAAC鹞式飞机对 H_∞ 设计进行了广泛的评估,控制器与英国宇航公司和史密斯工业公司的设计结果进行对比。早期工作从里克和英国皇家空军的试飞员辛格的融洽关系中获益匪浅。

借助于飞机动力学知识的清晰描述,给出了针对线性回路成形的设计过程。随后介绍了项目实施和飞行试验,说明了采用增益调参控制器和防积分饱和的方法,同时还说明了在飞行试验中所取得的令人印象深刻的结果。

这里要感谢乔治·欧文——本系列丛书的协编,他邀请我撰写或编辑一本飞行控制著作。当然,有时我也曾后悔听从了他的劝说。然而,二十多年来,我在同英国飞行控制界的接触过程中受益匪浅,最近,我在同美国的AIAA以及欧洲的GARTEUR在导航、制导与控制方面的交往中也同样获益颇多。我对本书的工作可视为对一个巨额债务的部分偿还。显然,编著本书是团队工作的结果。我很幸运能组成如此优秀的团队,更幸运的是,能与这些高人共同工作。虽然,经验丰富的人们的时间不可避免地被各方所祈求,并不时引起一些问题,但每个人都圆满地完成各自的工作,为此我非常感谢他们的支持和友谊,使得本书得以顺利完成。此外,我还要感谢那些自愿审查各独立章节的人们,这里要感谢我所熟知的美国联邦航空局(FAA)的托尼·兰贝斯和英国宇航公司(British Aerospace)的麦克·沃克,其他各位将由各章作者致谢。

在出版由多位作者共同贡献的专著的过程中,编辑的工作是非常繁重的。我特别幸运地能与本书的责任编辑乔纳森·辛普森一道工作。乔纳森安静高效的作风给我留下了深刻的印象,许多次我都非常感谢他的支持和指导。我要感谢出版商罗宾·梅乐士伯恩,他在非常困难的时期,除了履行其正常职责外,出色地管理了本项目,还要感谢在后期加入本项目的图书制作编辑莎拉丹·尼尔斯,他注入了不可或缺的能量和激情。

最后,我要感谢潘尼·皮尔金顿,在这个项目的执行过程中,我非常赞赏他的支持和承诺。潘尼负责联络和打印工作,极富耐心地进行着平凡而繁重的编辑工作。

参 考 文 献

[1] Babister A W. Aircraft-dynamic stability and response [M]. Pergamon Press, 1980.

[2] Blakelock J H. Automatic-control of aircraft and missiles [M]. 2nd ed. Wiley, 1991.

[3] Cook M V. Flight dynamics: principles [M]. Arnold, 1997.

[4] Etkins B, Reid L D. Dynamics of flight: stability and control [M]. 3rd ed. Wiley, 1996.

[5] Mclean D. Automatic-flight control systems [M]. Prentice-Hall, 1990.

[6] Nelson R C. Flight stability and automatic control [M]. 2nd ed. McGraw-Hill, 1998.

[7] Stevens B L, Lewis E L. Aircraft control and simulation [M]. Wiley, 1992.

[8] Tischler M B. (Ed): Advances in aircraft flight control [M]. Taylor & Francis, 1996.

符 号 表

A	状态矩阵	q	俯仰速率扰动
B	输入矩阵	r	偏航速率扰动
cg	重心	s	拉普拉斯算子
C	输出矩阵	t	时间;最大翼型截面厚度
C_D	阻力系数	T_r	滚转模态时间常数
C_L	升力系数	T_s	螺旋模态时间常数
D	方向余弦矩阵;方向矩阵	T_u	轴向速率传递函数的零点
g	重力加速度		
G	传递函数矩阵	T_α	法向速度传递函数的零点
h	高度		
I_x	滚转惯性矩(绕 Ox 轴)	T_θ	俯仰速率和俯仰角传递函数的零点
I_y	俯仰惯性矩(绕 Oy 轴)		
I_z	偏航惯性矩(绕 Oz 轴)	T_τ	涡喷发动机的时间常数
I	单位矩阵	u	轴向速率摄动
I_{xz}	x 轴与 z 轴的惯量积	u	输入向量
k_q	俯仰速率传递函数增益常数	U	总轴速度
k_u	轴向速率传递函数增益常数	U_e	基准速度的轴向分量
k_w	法向(标称)速率传递函数增益常数	v	横向速度摄动
k_θ	俯仰角传递函数增益常数	v	特征向量
k_τ	涡喷发动机增益常数	V	扰动总速;总的横向速度
L	滚转力矩	V_e	基准速度的横向分量
m	质量	V_0	基准速度
M	俯仰力矩	w	法向速率摄动
M	质量矩阵	W	总法向速度
N	偏航力矩	W_e	基准速度的法向分量
N	分子矩阵	x	轴坐系的纵坐标
O	坐标轴原点	x	状态向量
p	滚转速率扰动	X	轴向力分量

y	轴坐标系的横坐标	ψ	偏航角扰动
$\mathbf{y}$	输出向量	ω_d	荷兰滚无阻尼自然频率
Y	侧力分量	ω_n	阻尼自然频率
z	轴坐标系的法向坐标	ω_p	长周期无阻尼自然频率
Z	法向力分量	ω_s	短周期俯仰振荡无阻尼自然频率
α	迎角或迎角摄动		
α_e	平衡点迎角		下标(脚注)含义
β	侧滑角摄动	0	自由流条件
γ_e	平衡航迹角	b	飞机体轴
δ_ξ	滚转操纵杆角	d	荷兰滚
δ_η	俯仰操纵杆角	e	平衡,稳态或初始条件
δ_ζ	方向舵脚蹬角	E	地轴的基准航路
Δ	传递函数的分母	p	滚转速率;长周期(沉浮)模态
ε	油门杆角度	q	俯仰速率
ζ	方向舵角扰动;阻尼比	r	偏航速率;滚转模态
ζ_d	荷兰滚阻尼比	s	短周期俯仰振荡;螺旋模式
ζ_p	长周期(沉浮)阻尼比	u	轴向速度
ζ_s	短周期俯仰振荡阻尼比	v	横向速度
η	升降舵角扰动	w	飞机风轴或稳定轴;法向速度
θ	俯仰角扰动	ζ	方向舵
θ_e	平衡点俯仰角	η	升降舵
ξ	副翼角扰动	θ	俯仰
τ	发动机推力扰动	ξ	副翼
ϕ	滚转角扰动	τ	推力

其他符号和注释的例子

x_u 表示简洁的导数简写符号,由向量导数除以适当的质量或惯性参数。

$\dot{X}_u$ 为 $\dfrac{\partial X}{\partial u}$ 的速记符表示。

$N_u^y(s)$ 速记表示的传递函数的分子多项式,该传递函数的输入为 u,输出响应为 y。

术 语 表

事故(飞机)：accident (aircraft)，意想不到的事件，导致死亡，伤害，环境破坏或物质损失。

主动控制技术：active control technology，利用反馈控制来提高飞行器的性能或可控性和操纵性。

作动器：actuator，产生运动和/或力的物理设备。

自适应控制：adaptive control，实时参数辨识和控制器更新性调整。

气动导数：aerodynamic derivative，定义飞行器的力或力矩随着控制或运动参数的变化的偏导数。

大气数据系统：air data system，由飞机的外部测量，提供飞行条件和速度矢量等信息。

适航性：airworthiness，一个概括性术语，用于描述飞机安全完成任务的能力。

混叠：aliasing，在数字系统中，由采样引起的一种现象，即当输入信号的频率大于采样频率的一半时，输入信号频率将混入输出信号低频率段上。

模拟(计算机)：analogue (computer)，用电信号模拟被研究的连续物理参数。

迎角(AoA)：angle of attack，飞机机体纵向轴与飞机速度矢量在飞机纵向平面的分量形成的夹角。

抗混叠滤波器：anti-aliasing filter，其功能是通过限制被采样信号的带宽来减少混叠，通常由自然频率小于采样频率一半的模拟滤波器来实现。

权限：authority limit，信号或物理参数的允许最大幅值。

自动驾驶仪：autopilot，旨在减轻驾驶员工作负担和/或增强武器系统性能的外环自动控制系统。

自动增稳器：autostabiliser，简单的稳定性增强系统，一般是增加阻尼，通常具有有限权限。

平均(滚动平均)：averaging (rolling average)，用于提供平滑及抗混叠作用的一种数字处理方法。

间隙：backlash，机械系统中的一种迟滞形式。

带止滤波器：bandstop filter，参见陷波滤波器。

带宽：bandwidth，设备的频率响应的幅值保持基本不变(数字定义不同)的频率范围。

波特图：Bode diagram，包含增益（通常以 dB 为单位）对频率及相位对频率的频率响应图。

转折点：break point，在一实数极点或零点项的频率响应中，产生衰减（或放大）的频率点。

机内自检测：built-in test，在飞行控制系统中通过故障检测算法自动检测系统或部件。这些检测可以连续进行，也可以在特定情况下进行，如在启动时刻。

无忧操纵：carefree handling，不管驾驶员的输入指令，基于飞行控制系统的功能来防止飞机偏离及超越过载限制。

合格审定：certification，演示系统安全性满足飞行运行要求的过程。

特征方程：characteristic equation，定义系统线性稳定特性的多项式（令传递函数的分母为零来定义）。

经典控制：classical control，在 20 世纪初期研发的若干控制系统设计和分析技术，主要方法有波特、奈奎斯特、尼科尔斯、根轨迹等。

放飞许可：clearance，见"合格审定"。

闭环控制：closed-loop control，飞机（或系统）的输出经测量并反馈，以提供修正作用。

指令通道：command path，物理输入（如飞行员的驾驶杆）和反馈点之间的控制系统组件。

条件稳定：conditionally stable，一个系统仅在一定增益范围内是稳定的，当将标称增益增加或减少足够量时，该系统可能变为不稳定。

随控布局飞行器（CCV）：control-configured vehicle，项目设计开始时就利用控制系统的能力弥补其局限性的飞行器。

控制律：control law，包括控制器、反馈滤波、非线性补偿以及调参的一种架构。

控制器：controller，提供期望控制性能的算法或滤波器，通常基于偏差信号。

库珀-哈珀评价：Cooper-Harper rating，依据感觉到的飞机可控性和操作有效性，驾驶员对飞机的操纵任务的定量的主观评价方法。

穿越频率：crossover frequency，在系统的增益等于单位值（0 dB）处，发生增益穿越；在相角等于−180°处，发生相角穿越。在这些频率处测量稳定性裕度。

阻尼：damping，确定响应性质的一种属性，表征振荡过程的衰减率。

DC 模块：DC block，见高通滤波器。

无振荡（响应）：dead-beat（response），跟踪阶跃输入时没有超调量。

死区：dead-zone，直到输入超过某个阈值之后才有输出的非线性现象。

10 倍频程：decade，频率变化十倍的频率间隔。

分贝（dB）：decibel，在每个频率处，如果 g 是功率的比值，就定义为 $10\lg g$；如果 g 是电压或信号的振幅之比，就定义为 $20\lg g$。

缺陷：defect，一个项目与规范中所限定要求的一个或多个参数不一致。

微分控制/作用：derivative control/action，与外加信号的变化率成正比的一种函数（即对时间的微分）。

描述函数：describing function，通过对系统组件的傅立叶变换基波分量的增益和相位特性进行建模，从而得到系统组件（振幅相关）的非线性逼近。

数字化：digital，用有规则的采样值函数来描述连续物理量的过程。

非相似冗余：dissimilar redundancy，不同通道采用不同的软件和/或硬件来实现相同功能的多路配置。

扰动：disturbance，会影响控制质量的无用信号或力。

回落：drop back，撤销角速率指令后，所得角度的减少量。

双工：duplex，两个硬件通道并联运行，采用交叉监视来检测单一故障。

错误：error，由于故障或人为过失造成的状态，容易导致不正确的操作。

偏差信号：error signal，一种控制系统信号，等于参数指令值和实现值之差的计算值。

失效：failure，一种事故，原来可接受的一个项目不再能完成规范定义范围内所要求的功能。

故障：fault，见缺陷。

反馈：feedback，将传感器测量信号用于系统修正的作用。

前馈：feedforward，来自指令通道的信号，绕过控制器，馈入作动器以增加下游指令——可以改善瞬态响应而不影响系统的稳定性。

飞行控制律：flight control laws，有广泛能力，例如，可监控独立信号通道的可能故障的飞行控制系统的控制律（或算法）。

飞行包线：flight envelope，用高度、空速/马赫数、载荷系数来定义的约束飞机运行的边界。

飞行管理系统：flight management systems，协助飞行机组管理各飞机系统（如，燃料和导航）的系统。

电传（光传）：fly-by-wire (light)，直接通过电气（或光纤），而不是通过杆、钢索和杠杆组成的机械系统来连接驾驶员的操纵杆、驾驶盘或驾驶接口。

飞行品质：flying qualities，见操纵品质。

频率响应：frequency response，输出信号的幅值和相位相对于正弦输入信号的频率变化而变化的特性。

全权限：full authority，允许最大可用范围。

全状态反馈：full-state feedback，所有的系统状态都作为反馈信号。

功能需求文档：functional requirements document，功能需求的规范（例如控制律）。

增益：gain，提供信号缩放比例能力的控制律参数。

增益裕度：gain margin，导致系统不稳定前，允许增加或减少增益的系数。

增益调参：gain schedule，控制律的一个或多个增益随某些被测变量调整变化。

调节器：governor，调节控制参数的机械系统。

操纵（或飞行）品质：handling (or flying) qualities，关于飞机如何轻松或安全飞行（对特定的任务）的驾驶特性。

悬挂（及挂通）：hang-off (also hang-on)，当指令响应未能在可接受的时间内达到其稳态值的瞬态响应特性，它们与欠调和超调相关。

硬偏：hard-over，一种使操纵面迅速驱动到其权限极值的故障。

危险：hazard，系统的一种状态，往往在某些初始事件后出现，能引发事故。

高通滤波器：high-pass filter，衰减低频信号，使高频信号通过。

滞环：hysteresis，一种非线性函数，输入增加时的输入输出关系不同于输入减少时的输入输出关系。

指令接口：inceptor，可变力和/或运动的物理设备，使驾驶员指令能输入飞行控制系统。例如，中心驾驶杆、侧杆或油门杆。

攻角：incidence，见迎角。

事故征候：incident，导致设备或财产受损，或可能使得人员受伤，或可能导致事故的事件。

积分滤波器：integrating filter，对信号起积分作用的函数。

完整性：integrity，无缺陷或损坏（在可接受的范围内）。

突跳谐振：jump resonance，不期望出现的非线性饱和现象，其频率响应特性有突跳现象。

通道：lane，在多路配置中一个包含控制系统的所有硬件和功能要素的信号通路。

有限权限：limited authority，仅能进入全部可达范围的一部分。

极限环：limit cycle，系统的有限幅值和固定频率的振荡，涉及非线性特性。

外场可更换部件或零件：line-replaceable unit or item，现场可安装到飞机上的设备。

线性系统：linear system，无非线性，缩放任何输入信号时，所有输出信号也按相同系数缩放，适用叠加原理。

线性二次型高斯（LQG）：linear quadratic Gaussian (LQG)，一种线性设计方法，它采用一个二次型代价函数和高斯噪声来求解最优反馈增益值。

低通滤波器：low-pass filter，使高频信号衰减，允许低频信号通过的函数。

最小相位：minimum phase，系统在复平面的右半平面没有零点。

任务-关键：mission-critical，与安全-关键相对应，能力的损失将引起任务有效性的降低。

模式（FCS）：mode (FCS)，FCS 的一个可选择的功能，例如地形跟随。

现代控制：modern control，通常认为是 1960 年后开发的一系列控制系统设计和分析技术。

多入多出（MIMO）系统：multi-input multi-output（MIMO）system，至少有两个输入和两个输出的系统。通常认为这种系统具有显著的相互作用或交叉耦合。

多路传输：multiplex，有几个硬件通道，能够检测和隔离设备故障。

多变量控制：multivariable control，适用于多入多出系统的控制理论和技术。

自然频率（阻尼）：natural frequency（damped），当系统受到突然激励时，在该频率处系统将趋于振荡。

尼科尔斯曲线：Nichols chart，频率响应矩形图，是增益单位为分贝（dB）、相位单位为度，频率为参变量的曲线。图线包含闭环增益和相位特性叠加的等值线，假设采用单位负反馈。

噪声：noise，通常是无用信号，它破坏期望信号。

非线性特性：nonlinearity，该特性引入幅值相关性，系统不再具有线性特性，输出与输入幅值不再成比例。

非最小相位：nonminimum phase，在复平面的右半平面具有零点。

陷波器：notch filter，在规定频率范围内产生很大的衰减，一般最小衰减处不是低于就是高于该频率范围。

奈奎斯特图：Nyquist diagram，系统的频率响应是复平面的极坐标曲线，频率为参变数。

开环：open-loop，没有任何反馈。

阶：order，特征多项式的极点数，注意：一对复极点算两个极点。

过增益：overgearing，控制系统的增益已经增加到超出最优性能点。

超调：overshoot，瞬态响应特性，即对指令输入的响应超过其稳态值，通常用百分比来度量。

Pade 近似：Pade approximation，建立一个低阶传函来近似指数函数的技术（即，模拟纯时间延迟）。

相位：phase，正弦输入信号和相应输出信号之间的相对角度。

相位超前滤波器：phase advance filter，提供低频率相位超前，以增加高频增益为代价的函数。

相位裕度：phase margin，系统在达到不稳定时，可以容忍的相位滞后（或超前）的值。

相平面分析：phase-plane analysis，两个系统状态的直角坐标图，通常采用位置和速度，用以分析系统的行为，特别是存在非线性特性时。

相位滞后滤波器：phase-retard filter，提供高频衰减功能，导致的相位损失在更高频处得到恢复的函数。

驾驶员诱发振荡（PIO）：pilot-induced oscillation（PIO），驾驶员无意中通过控

制输入触发并使飞机进入持续振荡的现象,起因于驾驶员与系统动态的不良耦合。

对象:plant,被控制的装置,例如飞机。

极点:pole,传递函数分母多项式的实根或复根,有时也被称为系统的特征值。

功率谱:power spectrum,功率对频率的图形,功率被定义为信号幅值的平方。

主飞行控制装置:primary controls,系统安全运行所必需的基本控制装置。例如,升降舵、副翼和方向舵。

比例、积分和微分:proportional, integral and derivative,具备相位超前和跟踪能力的三项控制器。

四余度:quadruplex,有4个硬件通道,可以检测和隔离两个相同的故障。

合格鉴定:qualification,演示系统满足客户需求的过程。

随机故障:random failure,由于硬件的多种退化机理引起的故障。

速率限制:rate limit,参数变化速率的物理或功能限制,在作动系统中特别重要。

可重构控制:reconfigurable control,在故障发生后,重新分配系统功能或硬件,使之保持令人满意的运行。

冗余:redundancy,采用多重组件或软件,以提高系统的完整性。

调节器:regulator,设计目的以抗干扰,保持期望参数值恒定为主、指令跟踪为辅的控制器。

可靠性:reliability,系统无故障的概率。

谐振频率:resonant frequency,在该频率,系统的输出幅值与输入幅值之比最大。

上升时间:rise time,系统在阶跃输入响应下,从 10% 上升到 90% 稳态值所用的时间。

风险:risk,事故频度或概率,以及后果的组合。

鲁棒性:robustness,系统不过度降低性能,而容忍其参数变化的能力。

剧降:roll-off,极限频率下的增益降低率(通常规定为 dB/10 倍频或 dB/倍频程)。

根轨迹:root locus,显示闭环极点作为某一个系统参数的函数而变化的关系图,通常该系统参数取开环增益,但也有例外。

安全:safe,觉察到的风险低于最大可接受风险的状态。

安全性:safety,在规定条件下,对系统不导致危及人生命状态的预期。

安全关键:safety-critical,故障或设计错误会导致人的生命危险。

采样和保持:sample and hold,从一系列离散数字脉冲中产生模拟信号的设备。

饱和:saturation,达到权限限制、速率限制或加速限制的状态。

辅助操纵:secondary controls,这些操纵对于系统的安全运行不是基本的,但如果不具备(如襟翼)就可能导致系统性能降低。

自监测：self-monitoring，一个通道计算和检测自身故障的能力。

传感器：sensor，检测指令接口位置、反馈测量或调参信息的物理设备。

伺服机构：servomechanism，称为随动机构的控制系统，准确跟踪变化的输入信号是设计的出发点，通常扰动抑制的任务是次要的。

伺服阀：servovalve，用于控制阀或作动筒来切换液压流的压力、控制流动方向和流量的液压装置。

建立时间：settling time，系统对指令输入的响应进入稳态值的指定百分比范围（通常取 5%）所用的时间。

侧滑角：sideslip，飞机速度矢量与其在飞机纵向平面的分量形成的夹角。

相似冗余：similar redundancy，不同通道由相同的软件和硬件来实现相同功能的多路配置。

单入单出（SISO）：single-input single-output（SISO），只有一个输入及一个相关受控输出的系统。

稳定裕度：stability margin，系统稳定性的一种度量——参见增益裕度和相位裕度。

确认：validation，确定需求正确且完整的过程。

验证：verification，对一个过程结果的评估，以确保与提供给该过程的输入和标准的正确性和一致性。

目　　录

1 飞行控制的工业考虑

1.1 引言

在一个广泛的工程专业领域内,对于整合各种技术和努力来实现一个成功的系统设计而言,飞行控制是一项令人兴奋的技术挑战。雄心勃勃的飞机研制计划,以及飞机制造商之间的激烈竞争,持续激励着飞行控制系统(FCS)领域的发展,使得系统性能进一步提升和开发效益进一步改善。为了实现这些目标,需要利用一切可以利用的资源,需要不同的独立组织间的协调和紧密合作,以便最充分利用以下力量:

- 培养下一代工程师以及提供基础理论研究的优秀大学研究机构;
- 进行方法和新技术改进和创新的研究部门;
- 在严格的成本和时间约束下,将理论和新技术应用于新产品开发的工业设计部门;
- 实际使用飞机,并对未来的飞机给出需求定义的用户的丰富经验。

高效协作的主要障碍来自不同的工作方法。通常情况下,研究者是理论导向的,而工业界的工程师则习惯于运用经验方法来解决实际问题,即便相关的理论依据尚不存在。这两组人员目前显然存在着沟通困难,这是源于他们所属组织的兴趣不同,此外,还有其他逻辑上可解释的原因。McRuer 和 Graham 在对飞控系统发展的头 80 年历史的详细综述中对这方面进行了综述[1]。这项综述指出,在飞行控制设计的开始阶段(1900—1940 年),理论和实践是各自独立发展的。

那时,技术进步是由完成设计的能工巧匠和发明家所驱动,他们几乎没有,甚至根本没有任何理论的支持。飞机的稳定性和控制性能是通过飞行试验进行评估的。第一台自动控制装置是由 L·奥布里、H·S·马克西姆和 E·斯佩里等在 1910 年前发明的。同一时期,科学家和理论学家(G. H. Bryan, L. Bairstow, Melville Jones 等)研究给出了飞行动力学的理论基础,然而,由于没有计算机可用,设计计算非常困难,那时的飞机设计师并不愿意做飞机动力学的稳定性分析,因为那既要对飞机的纵向运动,又要对飞机的横向运动求解四阶多项式。

在 20 世纪 40 年代末,随着涡轮喷气发动机的应用以及由于飞机速度、高度飞行包线的大范围扩大,出现了各种新的问题。那时,理论研究已经取得了重大的进展,特别是在反馈控制领域,在 Nyquist、Bode、Nichols 及其他方法的稳定性判据方面取得了突破性成果。理论与实践的融合成了合乎逻辑的结果。从那时起,飞行控制系统开始同时利用工程与理论的方法进行设计,现代高性能民机和喷气式军机的数字飞控系统,如果没有高度协调的分析和实验技术是不可能设计的,它包括基于稳定性理论的飞行品质评估,来处理驾驶员在回路的操纵。现代技术已经发展到可以如此来设计复杂的飞控系统:利用高性能计算机及软件、采用先进的设计方法;建立复杂的模型;设计和实现智能功能;产生大量的设计和分析结果——这些都大大超出了设计师基于模型进行设计和评估所能付出的人力和智力。今天,工业界必须先充分评估新方法,然后才能应用于设计过程,他们更注重应用投入和性能改进之间的平衡。

本章的目的是对本质上更接近于学术界的学生介绍工业界对飞行控制设计与研发方面的考虑。本章阐述飞行控制系统研发的目标,综述军机和民机飞行控制技术的现状,重点放在战斗机和大型运输机(见图 1.1)。

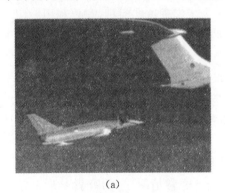

(a)　　　　　　　　　　　　　　　　(b)

图 1.1　先进军机和民机的研发试验

(a) 先进的军机研发试验:欧洲"台风"战斗机正与 VickerVC10 加油机进行空中加油试验
(b) 先进的民机研发试验:空客 A320 起飞阶段确定最小拉起速度的飞行试验

本章突出了军机和民机应用中的相似之处和不同点,由于作者的背景缘故,叙述带有欧洲工程师的观点。

1.2　飞行控制的总体目标

在研究飞行力学[2-4]和飞行控制[5]时,通常假设飞机为刚体并可通过一组机体轴坐标系来定义,如图 1.2 所示。刚体动力学有 6 个自由度,3 个沿轴向线运动和 3 个绕轴转动。作用在飞行器上所有的力和力矩都可以在这个框架中建模。

图中,CoG 是飞机的重心, U_0, V_0, W_0, P_0, Q_0 和 R_0 是稳态平衡点的线速率和转动速率; u, v, w, p, q 和 r 是这些速率的小扰动变化。η 是鸭翼偏角,δ_{ib} 是内

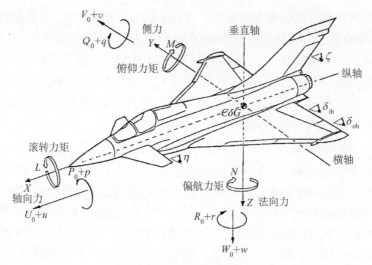

图 1.2　飞机机体轴坐标系

襟翼偏角,δ_{ob} 是外襟翼偏角,ζ 是方向舵转角。

　　飞行器,从气球、滑翔机到超声速导弹和空间飞行器。每一种飞行器都有自己的飞行包线,这取决于各自的物理性能。图 1.3 显示了一个典型超声速飞机的飞行包线,它由马赫数和高度来定义,马赫数涵盖速度和大气可压缩性效应,高度涵盖空气温度和密度。飞行包线的边界由图中显示的物理极限所确定:失速边界对应于飞机机翼的升力难以支持飞机重力时的大迎角和低动压,性能边界对应于大气稀薄使得喷气发动机难以维持正常运作,温度边界对应于流动空气的黏性摩擦致使机体动能加热,载荷边界是考虑高动压下作用于机身的气动载荷,为防止飞机颤振提供足够的裕度。

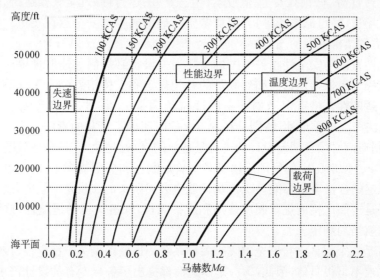

KCAS:以 kn(节)表示的校准空速

图 1.3　典型超声速飞机的飞行包线

作用在飞行器上的力和力矩基本上在这个包线范围内变化，如果我们可以控制力和力矩，就可以控制飞机的平移和滚转加速度，进而控制它的速度、高度和位置。FCS通过飞机气动操纵面或者发动机提供的推力来达到控制飞机的目的，通常是控制推力大小，现代军机还控制推力的方向。FCS功能通常可分成两类：主控制功能（俯仰控制、滚转控制和偏航控制）和辅助控制功能（如，增升装置、减速板和减升板）。本书把重点放在主控制功能。

1.2.1　军用飞机

从工业界的角度来看，设计军机的总要求是设计一种满足军方用户的使用要求、可安全运行并在可接受的成本和时间范围内能够设计、制造和维修的飞行器。作为获得飞机性能和安全的重要步骤，FCS必须精心设计、充分考虑需求和来自机体及系统硬件等物理限制的约束。飞机的飞行控制律（FCL）可采用驾驶员在回路模式和自动飞行模式。FCL是提供获得期望性能和飞机操纵品质的基础，它还提供了巨大的、潜在的操纵灵活性。

对飞机制造商和设备供应商的基本要求是设计一个飞控系统，使之能在大范围的飞行条件下和搭载机内外各种载荷和设备的条件下，提供良好的操纵品质；使之能在较低的驾驶员工作负荷下有效执行多种任务。此外，FCS还应该这样设计，使得新的飞行模式，如自动飞行模式，在开发的后续阶段中可以很容易地添加到系统中去。

1.2.2　民用飞机

在民用航空方面，新飞机的规范是由飞机制造商依据市场调查和与潜在的航空公司用户协商后制定的。其总体目标可以表述如下：将给定数量的乘客或者货物从 A 处运送到 B 处，做到高安全、低成本、生态友好、运行性好（全天候运行、起飞和着陆要求的场长、高可靠系统等）。用户希望以最低成本来安全运行飞机。乘客希望安全、舒适和票价低廉的飞行。

适航性直接与安全性相关。民机及其相关设备必须满足适航性要求。适航性高度地依赖于提供给运营商和驾驶员的各类规定和支持信息（如《飞行手册》等）的准确性。适航性合格审定当局颁布的适航条例是法律。这一事实赋予了适航证（CoA）在法律上的重要性，特别是在发生事故时明确了产品的责任。为了获得适航证，飞机制造商必须证明新设计的飞机是适航的：也就是说，它符合适航要求。重量超过5 700 kg（12 500 lb）的民用运输机必须满足欧洲和美国规章 JAR（25）[6] 和 FAR（25）[7] 规定的合格审定标准。CoA 保证航空公司购买的飞机是适航的，然后航空公司的责任是遵照严格的规章制度使用和维护飞机，保持飞机的适航性，这些规章制度也由适航当局制定。

FCS是一个保证飞行安全的飞行关键系统。适航条例关于稳定性、控制和操纵品质的要求不是很具体，因此，每一个制造商都提出了各自专有的设计需求和规范，常采用更为具体的军用设计规范和准则，例如参考文献[9]。为了证明符合性，要求有一个系统性的、便于理解的、有充分文件证明的设计过程；利用仿真和飞行试验，对所有可能的使用条件（包括所有种类的故障），进行系统是否具有正确功能的测试和验证。

1.3　飞控系统的作用

1.3.1　历史

最早一代的飞控系统是机械连接的，典型结构如图 1.4 所示。它表明系统是由棒、杆（a）和钢索、滑轮（b）组成的。飞行员的驾驶舱控制器和使飞机机动飞行的操纵面之间通过机械直接连接。从而保证了较高的系统完整性，减小了飞机失去控制的概率。

驾驶和操纵飞机所需的驾驶杆/驾驶盘、方向舵-脚蹬所产生的力受驾驶员的生理能力限制，从利林塔尔和莱特兄弟时代以来这种状况从未改变。随着飞机在大小和速度上的演变，移动操纵面抵消气动载荷的力大大超过了任何一名驾驶员的操控能力。驾驶员需要一种辅助动力，从而设计了气动平衡面（1910 年应用于 Moisant 和布莱里奥特 XI 单翼机[12]）和调整片（1920 年）。飞机及其操纵面的进一步改进导致了对操纵力的更大需求，二战末期，在飞机上安装了一种液压助力器，它将操纵面的气动力，分别分给了驾驶员和助力装置，它仍能保持有与无助力飞机相似的操纵感觉。接着引入了全动力操纵控制。它们被称为是不可逆的，这是因为操纵面的气动铰链力矩在操纵面偏转时产生的反作用力太小，不能被驾驶员感受到。由于驾驶员可以通过对操纵面受力的感受来感觉飞机的速度，因此在切断飞行员感觉与操纵面受力的连接后，就必须增加人工感觉环节。由于取消了调整片，液压动力操纵面带来了减小气动阻力，提高操纵面效率的好处。可逆的机械操纵系统在高动压下可能会引起操纵面的颤振，液压作动器引入了高的机械刚性，从而大大改善了飞机操纵面的颤振特性。

飞行员的驾驶舱控制器和液压作动器之间的机械连接的作用被进一步转变为信号传输而不再是功率传输。为了改善在跨声速和亚声速范围的飞行动态性能，以及增加自动飞行功能，有必要将增稳系统和自动驾驶仪的信号引到基本手动控制回路。虽然机械连接简单可靠，但信号处理通过包含计算机的电气连接更容易实现。由飞控计算机计算得到的电气信号可以实现更复杂的、更高水平的功能，来改善安全性能和飞行性能。虽然早期的系统是模拟系统，但目前的数字飞控系统由最先进的计算机、惯性传感器、气流传感器和压力传感器等单元组成。消除了座舱控制器与操纵面之间的直接机械连接，并用电气信号代替，引出了电传这一专门术语，从而允许驾驶员直接指令飞机运动，而不是控制操纵面的偏转角，以获得飞机运动。

FCS 发展所获得的优点往往伴生着必须解决的缺陷和问题。每一个新增加的部件解决了一个问题，又会引出其他问题，同时增加了 FCS 的系统复杂性。开始时新系统显得不够可靠，由于飞控系统是一个安全关键系统，新技术不断被引入，仅当系统被评估为充分成熟时,它们的优点才是经过验证的。参考文献[12]对飞机稳定性和控制技术的发展历史,给出了一个很好的综述。

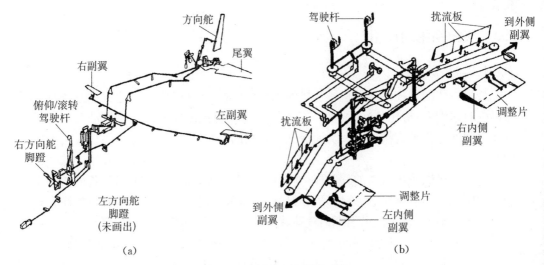

图 1.4　机械式飞机操纵系统

(a) 战斗机的俯仰、滚转和偏航轴　(b) 运输机的横滚轴

1.3.2　军机的发展

在 1960 和 1970 年代,随着电子技术革命,飞控设计师们开始扩展他们的视野。当时的一些重大项目,如 PANAVIA 旋风战斗机和通用动力公司的 F-16 战斗机采用更先进的增稳系统和自动驾驶仪,来满足其性能要求和任务目标。正是在这一时期,引入了主动控制技术(ACT)和随控布局飞机(CCV)的概念。ACT 意味着利用 FCS 主动地补偿机体空气动力学特性的不足,而 CCV 隐含着飞机机体与 FCS 的并行与互补设计,来获得性能的改进。潜在的收益包括:为改善性能而采用不稳定布局、带有高度非线性气动特性的飞机的稳定与控制,高机动性和大迎角过失速飞行,自动防止失速和尾旋,自动结构保护和阵风减缓,所有这一切都提高了安全性、减轻了驾驶员的负荷。ACT 和 CCV 的共同要素是它们都要求一个全权限、具有飞机响应反馈、全时域工作的 FCS,因此,电传飞行控制系统就成为必不可少的了。

飞行控制界所倡导的 ACT/CCV 概念所能获得的各种好处,即使受到一些怀疑,但也被气动设计师们欣然接受了,为了满足性能不断增长的要求,他们已努力进行着设计的权衡①。一些电传飞控系统验证项目开始得到推进,这些验证通常是成功的,但大多数还未能达到批产飞机的要求,多数是基于已有的机体和基本上模仿被替代的系统功能,很少能真正实现上述的收益。涉及全时域电传飞控系统的安全

---

① 一旦 ACT 被认可,这种情况就会发生逆转,气动设计人员开始制定雄心勃勃的计划,而飞行控制公司却采取了谨慎的方法与之应对。

性问题导致了保留机械操纵系统作为备份模式。这些项目也在一定程度上受到可用计算机技术的制约：当时机载模拟计算机已相当成熟，但机载数字计算机仍然处于起步阶段，在计算速度和内存方面受到显著的性能制约。

在英国，英国宇航公司(BAe)电传操纵(FBW)美洲虎项目[13]在 1981 年首飞，是首次试图解决这些问题的项目。其开始的目标就是按生产标准设计、研发和确认一个新系统来替换已有的 FCS。它是一个全时域、全权限的数字电传系统，没有备份模式。飞机通过加装配重和边条等措施逐步变成纵向不稳定，随之带来了性能的改进。由电传美洲虎计划成功验证的 FCS 进一步发展到 BAe 的实验机计划 (EAP)，EAP 验证机于 1986 年首飞[14]，成功地演示验证了 1970 年代早期，ACT/CCV 倡导者所预见的收益，例如无忧操纵和通过放宽静稳定性提高性能。

在德国，ACT 也有一些重大进展。MBB 在改型为 CCV 演示验证机的单座 F-104G 星式战斗机上研制和验证了一个四余度全权限数字 FCS[15]。这个项目 (1977—1984 年)几乎与电传操纵美洲虎项目同时执行，在 F-104 验证机前机身安装鸭翼，在尾部添加配重，形成不稳定布局。在 294 次飞行的试飞项目中，它成功地演示验证了数字四余度系统。后续的战斗机机动能力增强计划中，Rockwell/DASA X-31 过失速验证机安装了一个数字电传系统[16]。经过 510 次飞行的试飞项目(1990—1994 年)，两架飞机都成功验证了 70°大迎角飞行。

接着，由这些验证机获得的经验被应用于欧洲战机"台风"飞机的 FCS 演示验证中[17]，利用该飞机构型，ACT/CCV 获得了丰硕的研究成果。

在其他地方，主要是在美国，也有很多成功的军用电传验证机计划，它们对飞行控制技术的贡献也是公认的，例如麦克唐纳飞机公司/美国空军的 F-4 高生存飞行控制系统(1972 年首飞)，通用动力公司的 AFTI/F-16(1982 年)，麦道公司的 S/MTD F-15(1988 年)，格鲁门 X-29(1984 年)和更近期的波音/麦道 X-36。最著名的当前在产的例子是洛克希德·马丁公司的 F-22 猛禽，波音/麦道的 F-18 大黄蜂和军用运输机 C-17，诺斯罗普的 B-2，SAAB 的 JAS-39"鹰狮"和达索公司的"阵风"。

这些计划没有巨大的经费投入和持续的努力是不可能完成的。这些计划也伴生着对设备供应商的巨大需求：提供更快的数字计算机和更高的存储量、更高带宽的执行机构和改进的传感器(以测量飞机运动和大气数据)。提高设备的可靠性存在持续的压力，在保证系统所需的可用性和安全性指标条件下，减少硬件冗余(例如将四余度改为三余度)来减轻重量和降低成本。系统级的余度管理变得更为复杂，要通过可靠的故障检测、故障隔离和重构策略来提供最佳的故障容忍能力。监控功能必须适应日益增长的需求：飞行机组需要了解系统的状态、飞行过程中需要得到电子检查单的支持，维修人员需要自检功能、故障报告和诊断的数据记录，以便减少维护工作量和降低成本。

1.3.3 民机的发展

民用运输机的喷气时代始于二战之后的德哈维兰彗星 1 号(1949 年 7 月 27 日

首飞)和波音 B707 飞机(1954 年)。四发的 B707 可以运载 200 名乘客。尽管飞机重量达 150 t,飞控系统只需要在方向舵和扰流板上使用液压助力器,升降舵和副翼都是气动力内平衡的,以降低操纵力[18]。早期方向舵的弹簧调整片设计进行了改进,以防止方向舵卡死的可能性。在高侧滑角时,反向气动铰链力矩会驱使方向舵卡死[12]。

第二代民机的研发始于 20 世纪 60 年代和 70 年代初(如空客 A300、波音 B727,B737,B747,洛克希德 L1011 和麦道 DC9,DC10),在飞行关键功能中引入和使用了液压助力器和液压执行机构后,人感系统变得必不可少。非全时的稳定功能,如偏航阻尼器加入到飞控系统中。安装了具有全天候运行的自动着陆模态的,基于模拟电子技术的自动驾驶仪。自动驾驶仪指令通过电机到钢索扇形摇臂,交联到机械信号通道。霍克·西德利和英国飞机公司率先开发了三叉戟 Trident 和 BAC 1 - 11 的自动着陆系统。波音 B737 的自动驾驶仪首先提供了所谓的驾驶盘操纵(CWS)模态,允许手动控制增强操纵。

俄罗斯的图波列夫 144(1968 年)和英法的协和号(1969 年)是唯一的超声速民用运输机。协和号装备了三轴全权限模拟电子飞控系统,在每一个操纵面上有一个机械备份。电气连接为三余度,提供驾驶员到操纵面的直接指令,类似于机械连接。使用电子信号简化和提供了信号处理能力,例如,可以增加阻尼反馈,切换到自动驾驶仪。

第三代民机(如空客 A300 - 600,A310,波音 B747 - 400,B757,B767,麦道 MD80,MD90,MD11)的特征是具有改进功能的玻璃座舱和数字系统。模拟设备更多地被数字设备代替,完成了从可逆到不可逆的伺服控制转换,但是对于所有关键飞行功能,驾驶员输入和作动器之间仍然是机械连接的。在 A310 上,对于非关键功能,如滚转扰流板、配平和前缘缝翼/襟翼控制,电信号传输获得重视并被采用。飞行自动化的一个重大进展是引入了可以自动执行预编飞行计划的飞行管理系统。

第四代民机(即空客 A319/A320/A321,A330/A340,波音 B777)的特点是全时域、全权限的电子飞控系统(电传),采用具有更低故障概率的电子和液压设备(即期望飞机在十亿飞行小时中失事概率低于一次)。A320(1987 年)是首架民用电传飞机,它的侧杆概念和飞行控制功能在协和号飞机和 A300 的试验机上进行了评估,以降低开发风险。所有 A320 的操纵面都是液压驱动和电信号传输的。还提供了可机械操纵安定面和方向舵的备份模态。FCS 的结构特征是采用非相似余度和能故障自检测的全双工飞控计算机。在 B777 上,驾驶员指令自传统驾驶盘引入,由具备 3×3 三余度结构的飞控系统来处理。正常的指令通道由一个可转换的指令通道(直连模态)作备份,最终的机械备份模态使用了水平安定面和一对扰流板。

到 1998 年,电传操纵技术已经被航空公司应用了十多年,拥有超过一万名训练有素的驾驶员,以及 1000 架以上的电传民用飞机在世界范围运行。

1.4 服役飞机的要求

1.4.1 军机的使用要求

战斗机有很多覆盖空-地和空-空模式的任务剖面,包括攻击性和防御性任务。战斗机的起飞和着陆可在常规的跑道、适当宽度的道路或备降着陆带、航母甲板(垂直起降和着陆)或偏远站点(如已经清理的森林空地)上进行。参考文献[8]将战斗机归类如下:

- Ⅰ类,小型、轻型飞机;
- Ⅱ类,中等重量、低机动-中等机动飞机;
- Ⅲ类,大型、重型、低机动-中等机动飞机;
- Ⅳ类,高机动飞机。

军机的客户(空军、海军或海军陆战队)所定义的使用要求源于有效完成任务使命的目的,由它定义了机体和系统的特征,依次还确定了飞控系统的设计要求。每个任务都由一系列任务要素组成,面向任务要素进行任务裁剪的控制模态设计可以减轻驾驶员的工作负荷,达到任务效能最大化。一个典型的任务可以由下列要素组成,它们取决于行动是陆基的还是基于航母的,还取决于飞机设计为常规动力还是推力矢量(如鹞式)起飞和着陆的:

- 滑行;
- 起飞:常规/短距/垂直/弹射/滑跃起飞;
- 加速和爬升;
- 侦察;
- 空-空格斗机动(常规−4g 到＋9g,没有俯仰和倾斜角限制);
- 紧编队飞行;
- 空中加油;
- 地形跟踪;
- 对地攻击;
- 下降和进近着陆;
- 着陆:常规/短距/垂直/拦阻着陆。

上述列表给出了一些为了满足军机任务要求,在设计飞控系统时需要考虑的典型的作战使用要素。军机依据其作用与能力(两者应得到很好的匹配,因为作用牵引能力),来执行上述任务要素的组合。参考文献[8]定义了如下的飞行阶段类型:

- A类,非终端飞行阶段,要求快速机动,精确跟踪,或精确的飞行轨迹控制;
- B类,非终端飞行阶段,通常采用渐进机动,不要求精确跟踪,虽然仍需要精确的航迹控制;
- C类,终端飞行阶段,通常采用渐进机动,并要求精确的航迹控制;

- D类,终端飞行阶段,使用垂直/短距起降技术,通常要求精确的航迹控制。

对于所有种类的飞机和在每类飞行阶段,都会有一系列任务或使命要素。对于这些任务的每个要素,参考文献[8]定义了飞机的飞行品质等级,也确定了允许的飞行品质的定量测量方法:

- 等级1:飞行品质明确胜任该飞行阶段任务;
- 等级2:飞行品质胜任完成该飞行阶段任务,但在任务效能方面略有下降,或增加了驾驶员负荷,或两者兼有;
- 等级3:飞行品质使飞机具有可控性,但任务的有效性显然不足,或驾驶员工作负荷接近他的能力极限。

为了确定驾驶员关于任务的飞行品质评价的更多的细节,在飞行中和有人驾驶仿真评估中常常使用库珀-哈珀评价尺度[19],得到的评级通常用来量化驾驶员的评价。

从系统运行的观点来看,系统状态是用它的可用性来定义的。这就要求考虑系统可能的故障模式,就余度管理而言,这对飞控系统设计有重要的影响。仅有好的飞行品质还不够,系统还必须具有足够的完整性来满足安全性和任务需求。参考文献[11]定义了如下的运行状态:

- 运行状态1(正常使用),是FCS的性能、安全性和可靠性的正常状态;
- 运行状态2(受限使用),是一种低于设备正常使用的状态,或性能降级或整个飞控系统只有非关键操作失效,机组人员的工作负荷中度增加,正常状态FCS的可用模式选用受限,从而使任务效能降低,但是可以完成期望任务;
- 运行状态3(最低安全使用),是一种FCS性能、安全性和可靠性降级的状态,但仍允许安全终止精确跟踪或机动任务,安全巡航、在预定的或改变的机场下降和着陆,但这时驾驶员工作负荷过大,任务的有效性不足,预定的诸如精确跟踪和机动任务不能满意地完成;
- 运行状态4(即刻紧急着陆可控),是FCS的一种降级工作状态,这时继续安全飞行已不可能;但还维持足够的控制可让发动机再次起动,受控下降和即刻紧急着陆;
- 运行状态5(撤离飞行条件可控),是FCS的另一种降级工作状态,其能力只局限于操纵飞机进入机组人员可以完成安全撤离的飞行条件。

在设计标准文档(参考文献[8-11])中,基于多种飞机的大量的飞行经验,总结了广泛的、详细的设计要求和指导方针。这些信息提供了FCS设计得很好的起点,但必须补充附加的设计要求,以覆盖新型飞机的特性,这在现存标准中是不会涉及的。

1.4.2　民机的使用要求

与军机不同,制造民用运输机只有一个任务:将乘客或货物从一处运送到另一处。任务由下列飞行阶段组成：

- 滑行；
- 起飞，包括起飞滑跑和抬前轮；
- 在推力和空速变化的不同状态下爬升；
- 最低直接运营成本巡航；
- 转弯（典型倾斜角小于 30°）；
- 以慢车或减油门方式下降；
- 进近（非精密进近，3° ILS 进近等）；
- 错失进近的复飞；
- 拉平；
- 着陆滑跑。

飞机的飞行包线用高度、马赫数和法向过载定义了使用边界。FCS 必须对全飞行包线中所有允许的重量和重心（cg）组合提供稳定性和可控性，即重量在最大起飞重量和最小重量之间、重心在前、后限制之间。以上性质必须在合格审定试飞中进行演示验证，飞行速度可在失速速度和最大稳定飞行速度（V_{Fc}/Ma_{Fc}）之间以验证飞机的稳定性。此外，飞机必须设计成对于所有构型和设计条件，在高达 1.15 倍的设计俯冲速度（V_D/Ma_D；[6，7 节，JAR/FAR 25.335(b)]）的情况下，无弹性不稳定。

为了保证可靠的航线服务，飞机必须具有在大范围气象条件下安全运营的完美能力，即小于 30 kn 的侧风起飞、在低到接近 0 的能见度和高湍流下安全飞行。极端的天气条件，如火山爆发或热带风暴，会破坏飞机的重要部件，极端风切变会超过飞机的性能，这时就必须绕航飞行。

必须经合格审定的允许飞行包线限制了飞机可以飞行并安全改出的飞行状态。限制机动载荷由文献[6，7 节，JAR/FAR 25.337]定义。载荷系数典型的最大值为：

- $n_{z,\,min} = -1.0g$，$n_{z,\,max} = +2.5g$（对于洁净构型）；
- $n_{z,\,min} \approx 0.0g$，$n_{z,\,max} = +2.0g$（缝翼和/或襟翼放出）。

最大高度受制于最大压力差，座舱结构和增压系统是据此设计的。实际上对民机最重要的是，寻求能在多种飞行条件下的巡航直接运营成本的性能最优，从而选择发动机使其性能限制一般不会限制飞行包线的使用，或只要对经济运行的飞行范围没有负面影响。

在正常运营的航线飞行中，经合格审定的飞行包线只有很少一部分被使用，因为：

- 为了提供乘客良好的舒适感，载荷系数很低（垂直载荷系数 n_z 在 0.85 g 和 1.15 g 之间）；
- 飞机倾斜角小于 30°；

- 空速在最小使用速度和最大使用速度 V_{MO} 或最大马赫数 Ma_{MO} 之间,其中最小使用速度在起飞时是 1.2 倍的失速速度,在着陆时是 1.3 倍的失速速度加上风的增量。在前缘缝翼或襟翼打开或当起落架放下的情况下,最大使用速度和最大马赫数要相应降低。

军机的规范和设计标准(见参考文献[8-11])包含大量的经验和知识。由于在民机规范 JAR/FAR 25[6,7] 中没有定义操纵品质的数值要求,民机开发商基于军用规范定义了专用的飞行品质设计准则。民用运输机归入第三类飞机(大型、重型、低机动到中等机动飞机),其飞行阶段减少到如下情况:

- B类,非终端飞行阶段,通常采用渐进机动,无需精确跟踪,可以要求准确的航路控制[这类包括:爬升(CL)、巡航(CR)和下降(DE)];
- C类,终端飞行阶段,通常采用渐进机动,需要准确航迹控制[这类包括:起飞(TA),进近(PA)、复飞(GA)和着陆(LA)]。

民机 FCS 设计师也采用前一节中列出的军机的飞行品质等级。由于在飞行包线的极限边界处,并不要求也没必要提供良好的飞行品质,开发飞行控制律时可以定义一个缩小一级的操纵品质设计包线。表 1.1 给出了一个例子,使用了下列符号:

H	海拔高度
n_z	垂直载荷系数
V_2	起飞速度,参见 FAR/JAR25.107
V_{FE}	襟翼放下速度,参见 FAR/JAR25.1511
V_{LE}	起落架放下速度,参见 FAR/JAR25.1515(b)
V_{LS}	最低可选速度
V_{MO}, Ma_{MO}	最大使用限制速度,马赫数,参见 FAR/JAR25.1505
o	运行包线的下标
min	最小值
max	最大值

表 1.1　操纵品质的设计飞行包线举例

飞行阶段类型	飞行阶段	空速		高度		载荷系数	
		$V_{o,min}$	$V_{o,max}$	$H_{o,min}$/ft	$H_{o,max}$/ft	$N_{z,o,min}$	$N_{z,o,max}$
B	爬升(CL)	V_{LS}	$min(V_{LE}, V_{FE}, V_{MO}/Ma_{MO})$	0	30 000	0.5 g	2.0 g
	巡航(CR)	V_{LS}	$min(V_{LE}, V_{FE}, V_{MO}/Ma_{MO})$	0	30 000	0.5 g	2.0 g
	下降(DE)	V_{LS}	$min(V_{LE}, V_{FE}, V_{MO}/Ma_{MO})$	0	30 000	0.5 g	2.0 g

（续表）

飞行阶段类型	飞行阶段	空速		高度		载荷系数	
		$V_{o, min}$	$V_{o, max}$	$H_{o, min}$/ft	$H_{o, max}$/ft	$N_{z, o, min}$	$N_{z, o, max}$
C	起飞 (TO)	V_2	$min(V_{LE}, V_{FE}, V_{MO}/Ma_{MO})$	−400	10 000	$0.5g$	$2.0g$
	进近 (PA)	V_{LS}	$min(V_{LE}, V_{FE}, V_{MO}/Ma_{MO})$	0	10 000	$0.5g$	$2.0g$
	着陆 (LA)	V_{LS}	$min(V_{LE}, V_{FE}, V_{MO}/Ma_{MO})$	−400	10 000	$0.5g$	$2.0g$

1.5　电传飞控的收益

电传飞控系统的主要收益是能在飞机飞行包线的每一点可裁剪系统的特性，这是通过随飞行条件调参的飞行控制律（FCL）实现的。

飞机飞行控制系统使用数字计算机，从而使得复杂的算法得以实现。

1.5.1　军机的收益

飞行控制律中编入的诸多功能，使得 ACT 技术提供的性能优越性得到充分实现，包括：

- 由迎角限制和侧滑角限制提供的无忧操纵[①]，可以自动防止失速和失控，以及自动限制法向加速度和滚转速率以免机体的过度应力；
- 面向多种飞机外挂构型优化了全飞行包线的操纵品质；
- 飞机敏捷性提供了机身指向和/或速度矢量的快速改变，从而增强了目标捕获和规避的机动能力；
- 由控制不稳定的飞机而获得的性能收益，即提高升阻比、增加最大升力能力、从而提高飞机的转向能力；
- 为了扩展传统的飞行包线，应用推力矢量来增强或取代气动力的控制作用；
- 由于包括推力矢量在内的控制作用的优化配平设置，阻力减小；
- 在出现系统故障或战损后，控制重构可允许继续执行任务或飞机安全返航；
- 先进的自动驾驶仪明显减轻了驾驶员工作负荷，提高了武器系统性能；
- 由于减小了机械系统复杂性和引入了 BIT 机内测试，维护成本得以降低。

（注意，对于战斗机而言，从 FCS 系统中去掉机械操纵系统所减小的重量近似于电传系统的电子设备所增加的重量。但是，对于大飞机而言，重量的减小是很大的收益。）

---

① 无忧操纵功能是设计在一定的情况下来辅助驾驶员，但是这不能代替正规的驾驶和驾驶员培训。"无忧虑"这个词在民用航空中不用，以免造成误解。

　　为了获得这些收益,基本的做法是建立合适的控制系统和控制律结构,这是系统成功的基础,需要很好地掌握各种系统设备、安全性、飞行力学和飞行控制方面的知识。但是,这些性能的收益也带来明显的代价——使系统更复杂,然而,可获得的性能收益和安全收益往往很容易说服投资方。

1.5.2　民机的收益

电传技术对于民用飞机的收益:

- 改善飞机的固有动力学性能,即稳定性、操纵品质、抗扰动能力和乘坐舒适性;
- 提供飞行包线保护,必要时允许驾驶员全权指令,而不偏离安全飞行包线,或产生飞机过度应力;
- 在常规的控制任务中,通过减轻驾驶员工作负荷,来增加安全性,使其能够专注于执行更高级别的飞行导引任务;
- 通过在同类飞机中提高通用性来减少航空机务人员的培训费用(交叉机组证书);
- 更高效的使用机组人员资源,如一名驾驶员可以驾驶同一型号等级的不同类型的飞机;
- 很容易完成飞机构型的改变,提供开发的灵活性和升级潜力;
- 通过改进的可维护性和更高的遣派率来降低运营成本;
- 去掉较重的机械部件来减轻飞机重量。

与军机不同,今天的电传操纵民机在几乎全部飞行条件下依然具有固有稳定性。由于引用电传操纵技术的初期还缺乏经验,这种考虑是有必要的,同样出于安全考虑,必须设有简单的备份模式,使得驾驶员的操纵可以直接传递到操纵面。如今,十多年的运行经验已经证实了电传操纵的成熟性和可靠性。具有全时间增稳的非固有稳定性民机的设计似乎也是可行的。放宽静稳定度的飞机可提供更好的性能和更低的直接运营成本,但是必须认识到机体的不稳定和人为的稳定化所带来的系统复杂性。

1.6　飞控系统的实现

1.6.1　军机——设计注意事项和系统概述

　　为了获得与先前的机械操纵系统同样级别的系统完整性,必须采用多重信号源和多通道计算来提供冗余,它们交叉监控以隔离故障设备和确保安全使用[20]。还需要有缜密的机内自检测能力,以保证每次飞行前,确保系统"安全可飞",并可对故障进行识别和定位。现代军机趋于采用三余度结构,依靠交叉通道监控和通道内自监测来实现所要求的完整性,从而确保相关的系统使用的安全性。FCS 必须设计成具有相应余度等级和相关余度管理的系统架构,以及全面的机内自检测能力,来保证有必要的可靠性和完整性水平。该系统的设计还必须基于覆盖正常运行和故障模式的全面安全分析。

飞行控制律增益调整所需的信息通常来自大气数据系统,如图 1.5 所示。其中包括一组适当安置的外部探头,提供总压、静压和局部气流测量值,以测量气流速度和方向(迎角和侧滑角)[21]。为探头找到合适的安装位置是飞机布局设计的任务之一。由于受到其他飞机设备的使用要求(例如,前置雷达)的制约,往往无法获得理想的安装位置。探头的定位也要避免诸如前体涡所产生的不稳定气流。飞行控制计算机中使用探头测量值来计算飞机的真实速度矢量,即其大小和方向,其方向是由迎角和侧滑角来定义的。虽然这一点看起来是很简单,但可靠、准确地测量大气数据通常是很困难的(但是可能的),需要进行大量的研究推导必要的复杂算法,处理各种来源的局部数据,以获得完整全面的测量值。大气数据系统在用于 FCS 之前,必须通过整个飞行包线内的试飞进行校准。

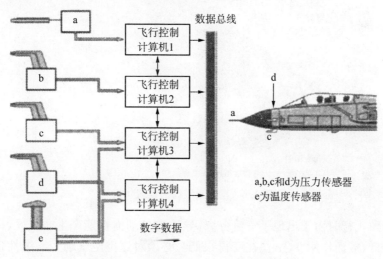

图 1.5   大气数据系统——传感器和计算

经校准的大气数据可用于驾驶舱显示器,也可用于增益调参和提供反馈信号来保持稳定飞行和实现飞行包线限制。大气数据系统的设计要保证能提供高度完整性的信息;例如,在图 1.5 的布局中,b,c 和 d 是多孔探头,用于从压力数据中求解局部气流角,该系统可能提供三余度迎角和侧滑角、四余度空速和高度信息。实际上,大气数据的质量和完整性取决于各个传感器的位置和测量能力。大气数据信息由飞机惯性传感器信息进行补充。

战斗机的 FCS 必须被设计成并经合格审定可适应不同的飞机构型,包括装载广泛种类的飞机载荷[22, 23]。通常是针对一个基本构型来设计飞行控制系统,例如带轻型外挂物的飞机,使用常规的空气动力学数据,依据以往型号经验加入参数误差,再考虑由风洞试验和由手册的经验计算获得数据的不确定性。如果飞机要装载有明显差别的载荷,如外挂翼下或机身下重型油箱,这就要针对每一载荷类型来设计飞行控制律,分别考虑它们不同的惯性和空气动力特性。图 1.6 是一架携带重载荷的旋风飞机示意图,由于要运载和释放这些载荷,意味着会有飞机质量、惯性和重心的明显变化。飞机及其飞控系统必须设计成可以携带大量的各类装备,包括大量平衡的或不平衡的组合载荷。在设计时需要考虑的其他重要因素是:燃油状态、高升力装置、减速板、机翼后掠角(对于旋风 Tornado, F - 111 等),性能编排、动力装置接口(或集成),备份模态,起落架操作和地面操控,这些在设计中都会对稳定性、操纵品质和机体载荷方面有显著的影响。对所有的载荷组合,FCS 应能防止机体的过度应力、预防自动失速和尾旋。

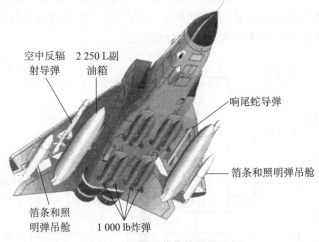

图 1.6　携带重载荷的狂风飞机

　　大迎角飞行时由于出现了气流分离,导致空气动力性能产生非线性,机翼和尾翼效率降低,舵面作用变化,往往变得很低。必须对这类空气动力非线性建模并在设计中予以考虑。当飞机从亚声速到超声速飞行穿越跨声速区域时,也会经历明显的空气动力非线性随马赫数的变化。这是由于激波诱导气流分离,空气可压缩性效应使得飞机的气动中心向后移动。非线性空气动力学性能建模是一个具有挑战性的课题,虽然最初的风洞数据可以提供较好的预测,但为了获得经确认的飞机特性的空气动力学描述,飞行试验及后续的参数识别还是必不可少的。

　　飞行控制律的设计可提供良好的飞机操纵品质[24],较低的驾驶员工作负荷,较高的抗驾驶员诱发振荡(PIO)能力。为了获得成功的设计,适当的设计准则是必不可少的,首先进行鲁棒反馈设计获得好的抗扰动稳定性,然后进行设计得到期望的操纵特性。PIO 现象是由于驾驶员指令(无意中)与飞机响应反相,导致出现持续的振荡,这一现象从 20 世纪 50 年代起偶有出现,但在电传系统中变得较为普遍。在英国,从 1970 年开始的研究中获得了对该问题的较好的理解,并提出了防止 PIO 出现的设计方法[25]。在过去十年中它持续地引起了广泛的关注,在一些重大事故之后人们立即进行了大量的研究,这些工作主要在美国进行,目的是避免这类现象再次发生[26]。在飞行之前,飞机的操纵品质必须经过一个周密的综合测试计划来验证,它们包括理论分析、离线仿真和驾驶员在回路的地基(也可能是飞行)模拟验证。

所用的控制律算法和控制策略必须在飞机的座舱界面内可方便实现,座舱界面包括操纵接口、开关和显示器,应当与驾驶控制策略相协调。图 1.7(摘自 EPA 飞机[14])为现代战斗机驾驶舱的例子,具有下列特性:A 是俯仰/滚转中心杆,B 是用于偏航控制的方向舵脚蹬,C 是左右发动机油门调节杆,D 是减速板(收/放)开关,E 是 FCS 控制装置,包括测试、模式选择和复位开关;F 是 3 个多功能显示器,用于显示所有飞行数据(导航、发动机、系统、武器等),包括 FCS 状态和告警;G 是一个平视显示器,显示少量的飞行数据;H 是自动飞行模态预选按钮,I 是气压备份仪器面板;J 是一个备份告警面板;K 是起落架(收起/放下)选择开关。

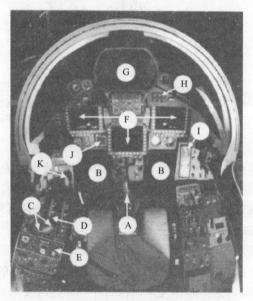

图 1.7　电传操纵战机的现代化座舱

电传系统中复杂的电子部件和计算简化了昔日复杂的机械系统,只保留了作动系统和驾驶员控制器。对于后者,相关的人感系统在多数情况下被简化为一个简单的定值弹簧加一个黏滞阻尼器。驾驶员身姿保持不变,依然使驾驶员与操纵杆系和感觉系统相适应。侧面安装的驾驶杆和一个大后靠角座椅对于极端 g 机动是需要的,但是多数战斗机还是安装中央杆,工作效果很好。杆位置的选择需要经过合理的全驾驶舱设计评估,包括座椅、设备、显示器和开关的设计,以及考虑如何将它们组合在一起以获得最佳操作效果。控制器采用符合人体工程学的设计,允许腕、肘、肩部舒适地运动到所需位置。这样的设计,对于在机动中精确控制和持续保持高杆力操纵时,要优于那些只用腕部动作操纵侧杆的方案。进一步的讨论可见参考文献[27]。

测量飞机刚体运动的 FCS 的运动传感器也测量机身结构的多种弹性模态引起

的高频结构振荡,如图1.8所示,它表明了EPA飞机机翼的第一结构弯曲模态。惯性传感器输出的高频分量通常需要衰减,以免在这些频率上激励飞机的飞行控制舵面,从而进一步激发弹性模态,否则将产生所谓的机体/FCS结构耦合[28]①。信号衰减通过在反馈通道引入模拟或数字滤波器得以实施,例如陷波器(带宽截止)。滤波器设计的主要约束是需要满足规定的弹性模态稳定性要求,和最大限度地减小由滤波器引入的刚性飞机闭环频率特性的附加相位延迟,以尽量减少对可达到的飞机操纵品质的影响。载荷、燃油状态和飞行条件对飞机的弹性模态的影响会引起模态频率和响应幅值的变化,因此结构模态滤波器的设计需要适应这些变化。

机翼第一结构弯曲模态
(7.4 Hz)

夸张情况的
弹性位移

图1.8 飞机结构振动模态

在数字飞控计算机中,用来实现FCL功能的数字技术既提供了极大的灵活性,又可实现高度复杂的控制功能,其缺陷是存在固有延迟,会影响闭环稳定性,还会影响安全关键软件的放飞许可问题。对于数字FCL,设计和仿真使用的模型必须考虑数字处理效应,以反映实现中带来的差异,避免系统在地面和飞行试验中出现意外的结果。需要抗混叠滤波器来限制输入信号的带宽,消除高频分量的影响,避免由于数字采样效应产生的对低频的混叠效应。要用控制律规范的形式化方法来获得功能性和实现性需求,包括控制律元素的执行序列和定时要求。

需要明确地制定设备规范,完整地定义设备在应用环境下的功能、性能和可靠性的要求等级。设备的设计和制造必须满足其规范要求,此外,作为系统合格鉴定过程的一部分,需要有充分的试验来表明与规范的符合性,以及确认FCL设计和放飞许可过程中使用的模型(见1.9节)。实现FCS功能所需的硬件包括先进的传感器,作动系统[18]和数字计算机及其接口。

对军机,通常采用相似余度结构,并行使用三或四组相同的设备,以及采取交叉监控来诊断和隔离故障设备。多余度数字计算机也常用模拟或机械(对于稳定飞机)备份系统,来达到所需的系统完整性。系统的设计和开发过程要确保不发生共模故障(即由于相同的原因,任何软件或硬件故障会同时影响某一多路传输系统的

---

① 作为气动伺服弹性的一部分,结构耦合与飞机颤振密切相关,有时又相混淆,飞机颤振是源于气动力和机体弹性力的相互作用,随着动压增加,最终导致发散性和毁灭性的振荡。

两个或更多通道），或发生概率极小。它涉及电气、液压能源和计算机、传感器与作动通道的物理隔离，使用光纤通信线路连接各飞控计算机（电气隔离）进行交叉监控，加强系统抗电磁干扰能力，同时精心设计余度管理系统以防止故障的蔓延。在设计中，共模点要尽可能避免，在无法避免的地方（例如，机械组件中的驾驶员的操纵接口，作动系统的作动器和轴承等）必须设计成物理上很鲁棒。系统的实现必须有一个全面的故障模式和影响分析，并进行全系统完整的地面试验（包含故障试验），以证实系统满足其安全性要求。

飞行控制计算软件是安全关键部件，其开发过程要符合严格的规范。软件测试是非常广泛的，但是对于证实软件及其包含的功能设计没有错误是非常必要的。一些航空器事故开始被归因于软件故障，但后来发现是由于程序性错误或设计错误，而软件是准确地按照要求执行的。

最终，值得注意的是，对于战斗机 FCS 的完整性要求通常不像对民用飞机的要求那样高。例如，一个电气或液压故障导致 IV 类飞机的损失概率可能会被确定为小于 10^{-5}/fh。以目前的技术，一个四余度数字电传系统带有二余度液压系统具有较好程度的完整性（典型的损失概率为 2×10^{-6}/fh）。但必须注意，战斗机驾驶员还有弹射座椅作为一个应急备份，而民机的机组人员和乘客没有这样的选择——因此，对于民机，安全性要求自然是更严格的。

1.6.2　民机——设计注意事项和系统概述

前面章节中讨论过的一些系统性问题也适用于民机，为了避免重复，我们将着重讨论现代民机飞控系统在飞行导引和控制系统中所起的作用。为了更好地理解需要对整个系统做一个简短的回顾。图 1.9 示出了它的基本结构要素。

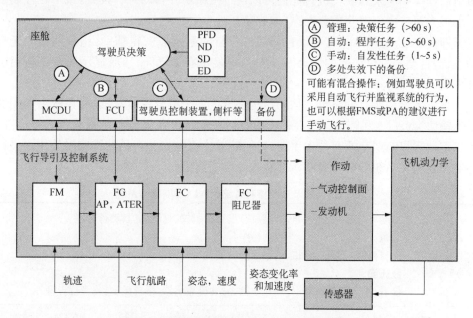

图 1.9　现代民用运输机的综合导航飞控系统

- 给驾驶员提供信息的显示器:主飞行、导航、发动机和系统显示器(PFD, ND, ED, SD);
- 驾驶员接口控制装置;
- 用于下列功能的计算机系统:
  - 飞行控制(FC),包括俯仰、偏航和滚转的基本阻尼器;
  - 飞行导引(FG),自动驾驶仪(AP)和自动油门(ATER);
  - 飞行管理(FM);
- 测量飞机状态的传感器;
- 执行指令的作动器。

这样的系统允许驾驶员在 3 个自动化级别上驾驶飞机:

(1) 手动模式,驾驶员使用侧杆或驾驶盘和脚蹬给出目标指令值(加速度或角速率),如果传感器反馈信息丢失就直接指令操纵面。对于精确的手动驾驶要求控制装置必须提供灵敏的触觉反馈。

(2) 自动模式,驾驶员使用遮光罩控制装置[空客称之为飞行控制装置(FCU),波音称之为方式控制板(MCP)]来选择速度、高度、垂直速度和航向控制指令值。通过按压按钮可以准备、激活或停用这些模式。自动驾驶仪/自动油门系统计算由 FCS 执行的控制信号,驾驶员在主飞行显示器(PFD)上监控自动驾驶仪的工作。

(3) 管理模式,驾驶员通过在多功能控制显示器(MCDU)上的键盘启动预先编制的飞行计划,或输入新的飞行计划。

该系统架构反映了典型的驾驶方式:管理长周期的飞行事项,自动完成中等周期的事项,手动完成即时的飞行事项。在任何时候,驾驶员都是这个系统的管理者,由他们选择如何来驾驶飞机。他们可以通过按钮断开自动飞行模式,或可在控制装置上强力超越阈值以获紧急操纵(本能断开)。

即使在手动操纵中,驾驶员也可以操作自动系统以获得辅助:指令值输入至自动系统,自动驾驶仪需要的俯仰和滚转指令显示在 PFD 和导航显示器及飞行指引仪杆上。

飞机系统和所有的飞机文档的结构都遵循一个编号系统,该编号系统由美国航空运输协会(ATA)制定。ATA 标准 100 的规范是工业界推荐的格式和内容标准,用来规范飞机制造商撰写技术手册,以便航空公司在相关产品的维修时使用。飞行控制及其相关系统的最重要的章节在表 1.2 中给出。

表 1.2　涉及飞行控制系统的 ATA 100 编号系统

ATA 22	自动飞行控制系统:自动驾驶仪/飞行指引仪、自动油门、飞行管理
ATA 24	电源
ATA 27	飞行控制:飞控计算机、驾驶员控制装置、作动器等
ATA 29	液压源
ATA 31	仪表:主飞行显示器、导航显示器、发动机显示器、系统显示器、飞行告警等

(续表)

| ATA 32 | 起落架:起落架放下/收上、前轮转向、刹车、防滑等 |
| ATA 34 | 导航:大气数据惯性基准系统(ADIRS)、甚高频全向无线电信标(VOR)、测距器(DME)、仪表着陆系统(ILS)等 |

现代民用飞机至少配备两套 FMS 和两套 AP 和 ATER,每个系统通常配置一个控制通道和一个故障监控通道(两个双工结构)。例如,如果一个 AP 系统发生故障,另一个将接管工作,只有当第二个故障出现时 AP 功能才完全失去。这个安全逻辑被称为故障运行/故障保护。故障会导致一些使用限制,但飞行任务还能完成。

FCS 是全系统的内回路,对飞机控制是必不可少的,因此必须在全部飞行时间内保持控制功能。一个故障发生后,至少有一个备份模式提供对飞机的控制。

诸如 FCS 那样的飞行关键系统,要求最高的完整性:造成飞机损失的系统故障必须是极不可能出现的,即它的概率必须小于 $10^{-9}/\text{fh}$(参考 FAR 和 JAR 25 的 25.1309 条)。这就需要冗余的、高可靠的部件。此外,由于航空公司需要提高遣派率,还要引入附加的冗余部件,即使在远离下一个维修基地的情况下出现了某些故障,飞机还能按原定航班安全飞行。4 个双通道系统,每个通道都具有小于 $10^{-4}/\text{fh}$ 的故障概率,这对于满足上述要求是必要的。软件对于每个数字 FCS 都是基本的组成部分。飞行的关键软件必须依据严格的规范进行开发,并需要经过广泛的测试。机载系统的软件开发规范由参考文献[29]定义,这些标准已被合格审定当局采用。

软件错误是非常危险的。它们显然会引起相同的冗余硬件同时失效。在规范中,一种故障会产生相同的余度部件的相同失效效果,这类故障被称为共模故障。证明复杂软件,如飞控软件无故障运行的工作量极其庞大。进行 100% 的测试以证明其正确性是不可能,或者异常昂贵。因此,软件的可信度来自于严谨的软件设计和开发过程,以及合理的、大量的输入组合测试。

相对于上述军用飞机的相似余度方案,一种新增的安全措施是采用非相似余度方案。该方案可保证当软件故障或硬件故障使得所有相同的余度部件失效时,不会损失飞行关键功能。非相似余度可以屏蔽共模故障,有助于在软件和硬件故障下,获得必要的系统的可靠性和完整性。非相似系统的构建可考虑简化算法,或减少功能。非相似可以在设备级(软件和硬件的非相似),也可以在功能级来实现,如滚转可以通过副翼控制,也可通过滚转扰流板控制,因此可以构建两个不同功能来实现滚转控制。

1.7 军机的现状和未来挑战

1.7.1 欧洲台风战机

在积累了近 30 年的经验之后,军用飞机的电传操纵系统的应用已成为一种成熟和标准的做法。就现状,欧洲"台风"战机的飞控系统已处于飞行控制技术的前沿,本文仅给出概述,在参考文献[17]中有更详细的介绍。图 1.10 示出了欧洲"台风"战机—鸭翼—三角翼布局,并被优化后来满足英国、德国、意大利和西班牙这 4 个伙伴国的军方需求。

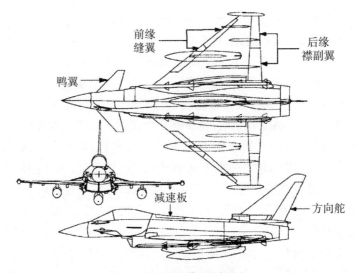

前缘缝翼

后缘襟副翼

鸭翼

减速板

方向舵

图 1.10 欧洲战机"台风"

该飞机在俯仰和偏航方向是气动不稳定的,因此要依赖全时电传系统来保持稳定。必须用先进的 FCS 硬件技术来稳定不稳定飞机。该高性能超声速敏捷战斗机具有以下操纵面:

- 两个内侧和两个外侧后缘襟副翼;
- 两个内侧和两个外侧前缘缝翼;
- 两个鸭翼;
- 一个方向舵;
- 一个安装在机背上的减速板。

后缘襟副翼对称偏转用于稳定和控制俯仰通道,在中低迎角范围内进行性能优化。这些操纵面非对称偏转用于滚转控制。鸭翼只能对称偏转,与襟副翼协调运用,以提供俯仰稳定、控制和配平。在大迎角范围,配平方案考虑了横向控制特性,有助于提供满意的抗偏离和随后的抗尾旋。方向舵在全飞行包线中提供航向控制,在高马赫数和大迎角时提供稳定性。前缘缝翼随迎角和马赫数调参,以优化大迎角性能和横航向稳定性以及跨声速时的俯仰特性。

欧洲"台风"战机的 FCS 示意图如图 1.11 所示。它是一个全时全权限四余度数字系统,所有硬件和软件部件都被设计为满足其特定功能和完整性。在整个系统发生故障时没有备份系统。该系统使用的传感器可给出以下信息:

- 增稳必需的反馈信息,如俯仰、滚转和偏航角速率;

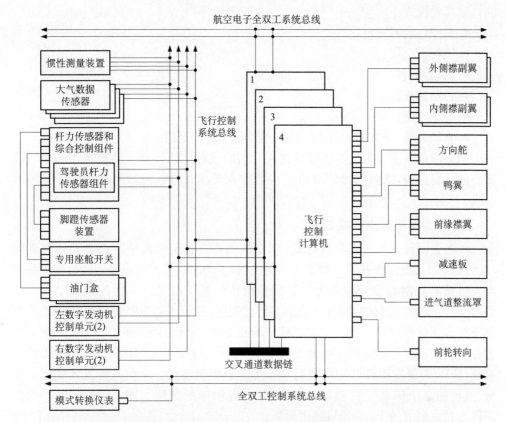

图 1.11 欧洲"台风"战机 FCS 架构及其与飞机动力装置、航电和通用控制系统的接口

- 防止失速/尾旋和增益调参信息,如迎角和侧滑角;
- 自动过载限制信息,如法向加速度;
- 基本调参变量,如马赫数和压力高度;
- 控制指令,如俯仰杆、滚转杆和方向舵脚蹬的输出;
- 来自驾驶舱的离散指令,如起落架收/放,减速板收进/打开等。

飞行控制律提供飞机增稳和控制的基本功能,具有以下特性:

- 自配平机动,紧随驾驶员指令的高敏捷响应,提供优良的操纵品质;
- 滚转机动和自动协调转弯时最小化侧滑响应;
- 重力矢量和惯性耦合效应的自动补偿;
- 湍流最小响应,甚至在剧烈湍流情况下,机头运动最小化。

FCL 提供更先进的功能是:

- 自动迎角限制;
- 自动过载限制和滚转速率限制,对应于实际载荷配置的结构载荷限制;
- 操纵面随着动压的自动使用限制,避免机体局部过应力。

除了这些重要的功能以外,飞机的 FCS 拟被开发为能涵盖多种基本的和先进的自动驾驶模式：

- 典型自动驾驶仪；
- 飞行指引仪；
- 自动油门；
- 自动进近；
- 自动攻击；
- 自动返航，即在驾驶员迷失方向的情况下自动返航。

七架演示验证飞机已经建成并进入它们的飞行试验计划。随着伙伴国政府签署产品投资协议，欧洲"台风"战机很快会加入英国、德国、意大利和西班牙空军的服役。

1.7.2 军机未来的挑战

作为美国联合攻击战斗机(JSF)项目的世界上首架电传短距起飞和垂直着陆(ASTOVL)飞机正在开发。对于这一类飞机，主动控制技术对提高驾驶员操纵品质和飞机精确控制有很大的潜力。英国的推力矢量飞机先进飞行控制(VAAC)项目[30]，在一架经改进的"鹞"式飞机的飞行试验中，进行了驾驶员低操纵负荷先进控制策略的评估和演示。BAe承担了部分研究工作，在评估任务和期望飞机响应特性方面来研究垂直起落飞机由喷流支持飞行时的操纵品质。英国综合飞行/推力控制系统(IFPCS)研发项目[31]中的飞行和推力综合控制还是一个更大研发计划的一部分，其目的在于降低先进技术在未来飞机应用中的风险。图 1.12 示出了用于IFPCS技术研究的 P112 项目的试验机。

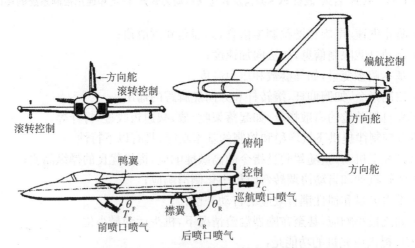

图 1.12   P112 先进短距起飞和垂直着陆飞机

尽管当前的应用还是趋于被限制在单项的集成，例如，飞行控制系统和推力控制系统的集成，全机飞行器管理系统的实施似乎是未来重要的发展方向。这样一个系统可能集成传统分离的各系统的功能，有可能带来诸如能量管理的高效，设备空间和质量的减少等性能提高。此外,这样的系统将利用重构技术和先进的诊断技术来改善可靠性和可维修性,并降低拥有成本。

对未来隐形飞机,需要先进的大气数据系统,来适应最小化外部测量装置和采用光学(基于激光)测量装置。这些飞机的特殊外形,例如,减小反射面的设计,旨在降低可观测性而减小操纵面的数量和尺寸,采用推力矢量和前置吸气/吹风装置等创新控制方法,都可能导致高非线性气动特性。对于某些任务,无人机(UAV)可能将变成首选的武器平台。这些技术的引进将给战斗机的设计者提出挑战。

1.8   民机的技术发展水平和未来挑战

1.8.1   空客电传系列

第一架电传民用飞机是空客 A320,于 1987 年 2 月 22 日完成首飞。十二年来,已形成了以 A319,A320,A321,A330 以及四发的 A340 为代表的空客电传飞机系列。这样一个飞机系列的概念给航空公司带来了很大的好处,使他们可以配置不同飞机组成机群来满足各种航线和任务的需求,同时保证可以用相同的方式来运营和维护所有的飞机。为了得到这个好处,设计任务就更具挑战性,因为任何一个更改都必须进行分析,以满足各类飞机的通用性。因此,必须有一个经充分考虑的设计理念,该设计理念对整架飞机,包括对 FCS 的影响都要有清晰的预见。

文献[32-34]给出了 A320 的 FCS 描述,A330 和 A340 的体系架构(类似于 A320),代表了当今民用航空的技术发展水平。A330 飞机的操纵面布局如图 1.13 所示。

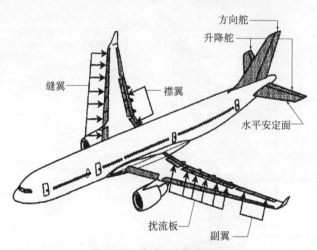

图 1.13   空客 A330 操纵面

- 一个可配平的水平安定面;
- 两个升降舵;
- 两个内侧和两个外侧副翼;
- 6 对扰流板;

- 一个方向舵；
- 每一侧机翼上 7 个前缘缝翼；
- 每个机翼上两个后缘襟翼。

所有飞行操纵面都是电气控制和液压驱动的。安定面和方向舵都有附加的机械连杆作为备份。两台非相似计算机用来处理驾驶员和自动驾驶仪指令输入，以及对主操纵面的控制：

(i) 3 台主飞行控制计算机（FCPC）解算正常的、备用的或直连的控制律，每台计算机可以控制多达 8 个作动器伺服回路。

(ii) 两台辅助飞行控制计算机（FCSC）解算直连控制律，每台计算机能够控制多达 10 个作动器伺服回路。

这两类计算机还辅以前缘缝翼/襟翼控制计算机（SFCC）来控制高升力装置（缝翼和襟翼）。这些计算机在功能、硬件和软件上都是非相似的，每台计算机都有一非相似的控制和监控通道。这些计算机安装在驾驶舱下面的航电设备架上。ARINC429 数据总线是单源多槽单向数据传输总线，定义了航电系统中数据间的数据交换标准[35]。飞控计算机之间，以及与其他航电系统之间，如大气数据/惯性基准装置（ADIRU）、无线电高度表、自动驾驶仪、飞行告警计算机、维护计算机等采用ARINC429 数据总线接口。离散信号（28 V/开或者地/开）用于传播单一的逻辑信息，以表征系统的状况。模拟信号用于作动器控制。安装了 3 个独立的液压系统，它们分别由发动机驱动泵、电动泵或者冲压空气涡轮提供动力。

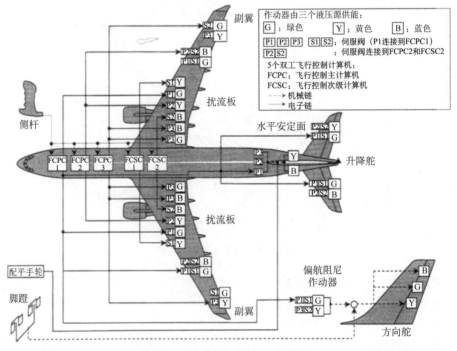

图 1.14 空客 A330 的 FCS（简图）

图 1.14 是 A330 的 FCS 的概要图。它示出了从驾驶员控制装置经由 5 台计算机到达作动器的伺服阀的信号流。每个副翼和升降舵都有两个作动器。通常一个作动器是主动的,而另一个是被动的(阻尼模式)。除扰流板外的所有作动器,都可以由两台计算机中的一台控制。余度管理系统决定哪台计算机控制哪个作动器,以及哪个作动器驱动操纵面。为了避免该图过于复杂,只画出了正常状态下传输信号连线;图中的每一条线都代表了多余度总线连接。为了将故障或电磁干扰降到最小,线路安装采用物理隔离。在那些特殊的区域(如暴露于发动机爆裂区、轮胎和机轮爆裂区、鸟撞击区)必须采取特殊的预防措施。

原理示意图(见图 1.15)显示了从驾驶员控制装置到操纵面的信号通路,隐去了系统冗余。这种功能描述可用于飞行控制律设计中。

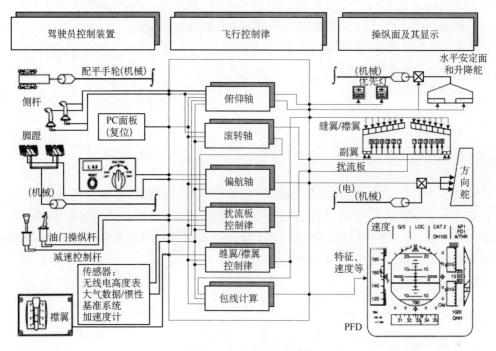

图 1.15　信息流原理图

从图 1.16 中,我们可以在驾驶舱里发现以下的控制和显示器:侧杆(A)被固定在侧向控制台,用于引入俯仰和滚转指令。它们有恒定的弹簧力特性。互链的方向舵脚蹬通过方向舵(B)实施偏航控制。减速控制杆(C),俯仰配平手轮(D),方向舵配平面板(E)和襟翼控制杆(F)安装在中央操纵台上。发动机/告警显示器(G)和主飞行显示器(H)为 FCS 提供了状态和告警信息。如果选择 FCS 页面,则在系统显示器(I)上显示出操纵面位置信息。优先灯被安置在遮光罩(J)内,灯亮则表示驾驶员已经优先考虑了侧杆控制。顶部面板的按钮开关(K)提供对所有飞控计算机的控制。

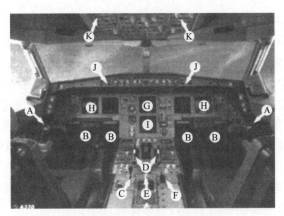

图 1.16　A330 座舱里的 FCS 部件

测量各类参数,用于反馈或控制器增益调参的传感器包括:

- 3 个大气数据/惯性基准装置;
- 2 个无线电高度表;
- 多个加速度计。

用于地面扰流板逻辑等的其他传感器:

- 机轮转速计;
- 起落架开关;
- 推力杆位置传感器。

飞行控制律(FCL)提供了主控制功能(俯仰、滚转和偏航)和辅助控制功能(减速板和地面扰流板)。此外,它们解算使用速度和限制速度以及飞行包线保护功能相关的参数,并在主飞行显示器(PFD)上显示这些结果。对于正常运行(即系统没有因故障而被降级)提供的 4 个模式是:

- 地面模式;
- 起飞模式;
- 飞行模式;
- 拉平模式。

这些模式之间的转换是平滑的,不会对驾驶员控制飞机的能力产生不良影响。正常控制律提供的全飞行包线保护如下:

- 过载限制;
- 大迎角保护;
- 高速保护;
- 俯仰角保护;
- 倾斜角保护。

设计包线保护功能以免超出设定的边界。它们只协助驾驶员启动正确操控,但不会接管驾驶员的决策作用或承担安全飞行的责任。在多路系统出现故障时,FCL

屏蔽保护功能或由正常控制律降级,转到备用控制律,或直连控制律,这取决于相继发生的故障的数量和性质。

下面给出了 4 种正常 FCL 模式的简短描述,更多的信息可参见文献[33]。

1.8.1.1 地面模式

在地面,侧杆偏转直接对应于升降舵、副翼和滚转扰流板的偏转。没有自动俯仰配平。方向舵脚蹬同时操控方向舵和前起落架的前轮。前轮由刹车和转向控制装置(BSCU)控制。前轮转角控制权限限制在±6°,该限制值随着地速的增大而减小。在低地速情况下可以操纵转向手柄获得高转弯速度,转向手柄安装在侧杆近旁(前轮转角可高达±75°)。

1.8.1.2 起飞模式

起飞模式不是一个独立的模式,它是地面模式和飞行模式的结合。在离地升空之后,飞行模式逐步融入地面模式,以实现从地面模式的侧杆与操纵面的直连关系平滑转换到飞行模式的过载和滚转速率指令控制律。进而,包线保护功能也逐步启用。

1.8.1.3 飞行模式

正常俯仰控制律:

正常俯仰控制律是一个具有自动配平功能的过载指令控制律。低速情况下,过载与俯仰速率混合。在水平飞行时,侧杆位于中位,控制律提供了短期航迹稳定和对扰动补偿功能。转弯飞行时,提供俯仰补偿直至倾斜角达 33°。过载指令控制律使按规章(FAR/JAR 25.171,25.173 和 25.175)要求的对速度的静稳定性几乎是中性的。静稳定性在低速情况下由大迎角(AoA)保护来维持,在高速/马赫数情况下由高速保护来维持。两者都需要俯仰姿态保护的辅助。正常俯仰控制律具有以下功能:

过载限制:

- $-1.0g$~$+2.5g$(对于洁净构型,即前缘缝翼/襟翼收起);
- $0.0g$~$+2.0g$(前缘缝翼张开)。

它仍然能提供足够的机动能力,即使在急骤规避机动中,也不会有结构过载的风险。

大迎角保护:

大迎角保护功能保证正向速度稳定性,在驾驶员的不慎操作或大气扰动作用下,防止飞机进入失速。如果被保护的迎角超过 α_{prot}($\approx 1.13 V_{slg}$[①]),将激活迎角指令控制律。侧杆输入被等效为迎角指令,当侧杆在中位时指令是 α_{prot},而 α_{max} 是极限迎角,它小于失速迎角,对应侧杆处于最后端。

---

① V_{slg} 是 $1g$ 失速速度,在 JAR/FAR 25.103 中用一个特殊条件定义,它采用了空客电传飞机的专门设计特性。

高速保护：

$V_{MO}(Ma_{MO})$是最大使用限制速度（马赫数），在正常飞行中驾驶员不允许有意超出该值。如果空速超过$V_{MO}+6\,kn(Ma_{MO}+0.01)$的阈值（该阈值在高航向加速度或低俯仰姿态情况下将适当减小），驾驶员的低头指令权限被平缓地降低到零，并自动引入抬头指令。因此，即使驾驶员突然向前满推侧杆，空速也绝不会超过$V_{MO}+30\,kn(Ma_{MO}+0.07)$，对于一个长时间的全低头推侧杆指令，最大空速也被限制在$V_{MO}+15\,kn(Ma_{MO}+0.04)$。

俯仰姿态保护：

俯仰姿态被限制于$+30°$抬头（低速$+25°$）$\sim-15°$低头。俯仰姿态保护减少了驾驶员的权限，在达到限制值前约$5°$时开始减少驾驶员俯仰操作权限，在限制值处取消其权限，使其不产生任何超调。

正常滚转控制律：

正常滚转控制律包括以下两个控制律：

a 倾斜角可达$33°$的滚转速率指令/倾斜角保持控制律；

b 倾斜角超过$33°$的倾斜角指令控制律。

对于控制律a，滚转速率指令正比于侧杆偏转，并被限制在$15°/s$内。倾斜角保持由侧杆在中位提供，最高可达$33°$的倾斜角，带有自动协调转弯和转弯补偿。它允许在正常的航线飞行中转弯飞行，不需俯仰输入。控制律b也被称为倾斜角保护。

倾斜角保护：

$33°$以上的倾斜角，要引入正螺旋稳定性。最大倾斜角被限制在$67°$（大迎角保护下为$45°$，高速保护下为$40°$）。转弯补偿随着倾斜角变小而减小，因此需要驾驶员拉侧杆。在$67°$倾斜角，过载为$2.5g$时可以保持水平飞行。

正常偏航控制律：

正常偏航控制律是一个控制至操纵面（从脚蹬到方向舵）的直连控制律，由方向舵偏转极限来限制其最大偏转度，从而在高动压下提供了结构保护。提供了下列功能：

- 偏航阻尼；
- 协调转弯；
- 发动机故障状态下自动配平。

湍流阻尼功能：

该功能可减轻大气扰动对结构振动的影响。这是向结构动力学主动控制发展跨出的第一步。所有的柔性长机身，如A330/A340，往往有纵向和横侧向的香蕉状结构模态，会导致驾驶舱和机身后部不舒适的加速度。该功能将加速度信号反馈回方向舵和升降舵，可以减轻约50%的振动。

机动载荷减缓：

在高过载机动飞行中，机翼内侧和外侧两对副翼和3对外侧扰流板会向上自动偏转。这将给机翼内侧重新分配升力,从而降低了机翼弯矩。俯仰力矩则通过升降舵得到自动补偿。

1.8.1.4 拉平模式

为了提供一个常规的拉平(这时驾驶员必须逐渐拉回侧杆,使拉平过程中俯仰姿态角缓慢增大),当飞机接近地面时,纵向控制律自动地从飞行模式转为拉平模式:

- 停用自动配平;
- 启用一个带过载和俯仰速率反馈的经修正的正常控制律。

1.8.2 波音 B777 飞机

波音 B777 飞机的 FCS 的设计理念由其总要求确定,即提供与 B747[36] 那样的传统机械操纵飞机驾驶舱布局的通用性,从而导致了不同于空客的设计理念。驾驶员使用传统的驾驶盘来给出俯仰和滚转指令。双套组件提供了驾驶杆的触觉。控制力随着速度的增大而增大。在自动驾驶仪控制模式,6 个逆向驱动的作动器驱动驾驶杆、驾驶盘和脚蹬(只在进近和着陆的时候起作用)到达自动驾驶仪的指令位置。飞机的控制律在参考文献[37]中介绍。

系统是一个三/三余度结构:3 个主飞控计算机(PFC)处理驾驶员指令[38]。每一台 PFC 有 3 个通道(指令、监控和备份),其硬件和软件都是非相似的。操纵面指令传给 4 个模拟执行控制电子(ACE)单元,来控制作动器的伺服回路。备份指令通道(直连模式)通过 ACE 直接可用。最终的机械备份模式可控制水平安定面和一对扰流板。

B777 是首架使用新型 ARINC 629 数据总线标准的飞机[39]。3 条飞控系统专用的 ARINC 629 数据总线用作 PFC 和 ACE 之间的通信。

1.8.3 民用飞机未来的挑战

渴望进一步降低事故率、新飞机项目、新技术的日趋成熟,设计过程的改进等,都将推动未来 FCS 在以下几个方面的进化:

(1)飞机失控已成为美国飞机事故的主因,也占世界其他国家事故统计的首位,虽然这期间,增强的近地告警系统已经减少了受控飞行撞地相关事故的数量。电传技术提供了提高整体安全水平的新机遇。飞机事故分析所得的经验教训必须用于今后的改进。

(2)新技术的成熟有望提供如下改进:

- 灵巧作动器,即作动器有自己的控制回路,或者不由中央液压系统的流体驱动;
- 光传飞控,即信号通过光纤传输;
- 光传能源,即控制动力通过光学系统传递;
- 可变弯度,通过改变翼形来控制机翼弯度。

(3)新的大型飞机具有柔性结构,如后续衍生出的空客 A340 - 600 或拟议的空客 A3XX,要求飞行动力学与结构动力学更紧密地开展跨学科的协作开发。

(4) 可运载 600 名或更多乘客的巨型飞机的庞大尺寸(如 A3XX)给所有学科带来了新的挑战,飞行控制面临的主要问题是这类飞机的庞大操纵面:例如水平安定面将变得像 A310 的机翼那样大,机翼与机身是刚性连接的,但安定面必须是可动的才便于配平。简单的比例放大并不总是可行的和适当的,因此需要新的思路和新的解决方案。

(5) 新功能的集成随着数据链技术的进步变得可行,如增强型近地告警系统(EGPWS)或新的空中交通管制功能,这会影响未来的 FCS 系统。

(6) 有望作为协和号飞机继任者的超声速运输飞机,对 FCS 也提出了新的挑战。

民用飞机的技术发展很可能会被应用于未来的第三类军用飞机上,如加油机、运输机,空中预警机(AWACS)和海上巡逻机。民用系统的适应化改造会产生成本-效益的解决方案,但与民用运输机相比,增强机动性是需要的。

1.9　飞控系统开发过程

1.9.1　当前状态

今天,新的民用飞机项目的研制阶段从上马开始(项目正式起动,首批部件下单,合同签署)到首飞,要持续约 3 年。经过一年左右的试飞,第一架飞机才交付给发起用户,用户期望得到的是一个成熟的产品。由于不再需要制造样机,设计就必须在实验室里做得完美。具有硬件在回路的高保真仿真构建了一架虚拟飞机,即所谓的"飞机-1"。这种技术途径需要一个结构化的和定义好的 FCS 开发过程,并且需要广泛使用先进的计算机辅助设计方法。

军用飞机的情况类似,3 年再次成为从合同签署到验证机首飞的典型时间周期,验证机成为被期望产品的代表。这样的时间要求对于飞机机体、发动机和设备制造商而言是非常苛刻的,良好的规划和协调成为项目成功的关键。对于新的军用飞机,其试飞项目一般会跨越几年时间。因为与民机相比,为了获得优秀的性能,大量新的和未经验证的技术被集成进飞机系统,这些技术需要针对高动态任务、可能的装备载荷和大飞行包线范围开展演示验证。军用飞机的验证机研发也许是激励竞争性的重要缘由,导致了验证机在两个或更多的团队间进行飞行评比。这正是美国当今的做法,一个较近期的例子就是优选了洛克希德的 YF-22,而不是选择诺斯罗普的 YF-23。目前,洛克希德·马丁公司的 X-35 和波音/麦道格拉斯 X-32 正在竞争联合攻击战斗机的产品合约,这个合约有大约 3000 架飞机的预期生产量。

1.9.2　系统开发过程

描述 FCS 的开发过程可用一些不同的模型。我们选择使用如图 1.17 所示的 V 形模型,分析步骤列在 V 形的左侧,综合步骤列在 V 形的右侧。可以注意到,对于军机和民机,这个过程基本上是相同的。

　　在许多参考文献中给出了"验证"和"确认"的定义,通常使用不尽一致的词汇和诠释。例如,文献[29]给出的定义如下:

　　验证(verification):对一个过程的结果的评估,以确保相对于该过程的输入和标准而言该结果的正确性和一致性。

　　确认(validation):确定需求正确和完备的过程。

　　验证和确认的测试活动被描绘在 V 形的两边之间。产品规范自顶向下进行,始于飞机总体级别的规范,系统级规范来自飞机总体规范,但包含更多细节要求。设备级规范同样来自系统规范,设备规范可以分为硬件规范和软件规范,它常常代表着与设备供应商的合同界面。

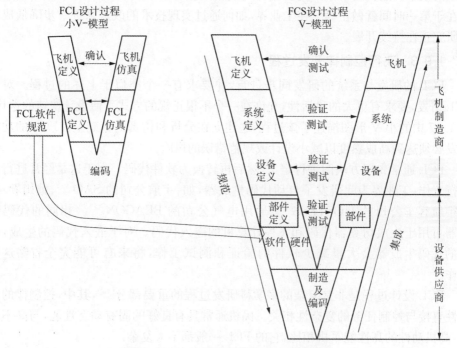

图 1.17　由 V 模型定义的 FCS 设计流程

　　一个具有可跟踪性和符合性的过程可以确保需求的双向对应,即每个高层次的需求由一个或多个低层次需求来涵盖,而对于每个低层次的需求都有一个高层次的来对应。供应商以同样的系统化方式生产硬件和软件,飞机制造商(对飞机总体负责)严密地监控这一过程。设备制造和软件开发位于 V 形的底部。

　　产品集成在 V 形的右边自底向上进行,当验证测试完全成功通过,集成步骤才告完成。对于每一项需求,必须定义一组预期结果和适宜的测试,以便进行符合性验证。这些结果在每个处理过程中都有正式文档记录,以获得符合性证据和提供可追溯性。V 形的两边之间的连线定义了不同层次过程的验证和确认活动:

- FCS 设备试验在专用试验台架上进行;

- FCS 系统试验在铁鸟台架上进行;
- 飞机级别的测试开始在飞行模拟器上进行,再结合铁鸟("飞机-1")试验,接着是地面试验,然后是飞行试验。

当所有的合格审定和合格鉴定试验通过后,飞机进入服役阶段。当飞机成功地完成所有的运行任务后,才最终确认飞机规范。

对于复杂的数字系统,以上过程必须是非常正规的,以保证是一个可见的、安全的、正确的和有充分的文件证明的研制过程。在 FCS 开发过程中,一个修改必然带来下游产品的更改,从而极大地增加了成本。不仅应考虑飞控部门的重复性工作造成的成本,还应考虑相近的其他专业,例如载荷、颤振、系统和试验部门的重复工作造成的成本。这就要求减少更改循环周期的数量,尤其在开发过程的后期,重点必须在于第一时间就做正确。在工业界,如何通过实现技术的改进来进一步降低成本的研究正在持续开展。

1.9.3　飞行控制律开发过程

FCL 的研发与系统的研发同步进行,并要求有一个类似于上述的过程。对于 FCL 研发,要求有更大的灵活性,允许在一个不很正规的方式下使设计快速的迭代。图 1.17 中的小 V 形图描述了该过程,它建立在分析和仿真的基础上。FCL 的功能开发必须达到高成熟度以减小设计或规范错误的风险。

FCL 通常先用方块图进行定义,然后再转换为软件代码。由于这是经常进行的例行工作,工业界为此研发了自动代码生成器,如:宇航公司的 SAO[40]、戴姆勒-奔驰宇航客车公司的 HOSTESS[41]、通用电气公司的 BEACON[42]。相同的代码生成器可用于生成仿真器代码和飞控计算机的嵌入代码。对于嵌入代码的生成,合格的代码生成器会大量减少软件的验证和测试工作,将来有可能完全省略这些工作。

FCL 设计过程是非常复杂的多学科研发过程的重要部分[43],其中,控制律的复杂性直接与控制任务的复杂性相关。民机通常具有良好的固有动态性能,与高不稳定、高机动性的高性能军机相比,它的 FCL 一般都不太复杂。

图 1.18 给出一个简化的典型 FCL 设计过程。当设计理念确立后,需做出如下诸方面的重要决策:手动和自动控制策略,飞机与驾驶员交互界面(操纵接口、显示等)、驾驶员控制权限、提高飞行品质和增强控制功能(如包线保护)。FCL 设计理念还取决于 FCS 体系架构:拟用的操纵面,安全性概念(余度管理和相似和非相似部件的使用),还要受到飞机物理特性的影响。往往在不完全了解重要设计参数,如飞机的空气动力特性、系统性能等的情况下,定义控制律结构和预期的功能。这些主要的决策决定了 FCS 研发的性能、质量和成本。如果由经验不足的设计团队承担设计任务,又没有一个明晰的设计理念,则项目将充满风险。管理政策也存在类似的风险,如"只对以前的设计做最小更改"的规定,将会禁止工程师考虑必要的重大改动。

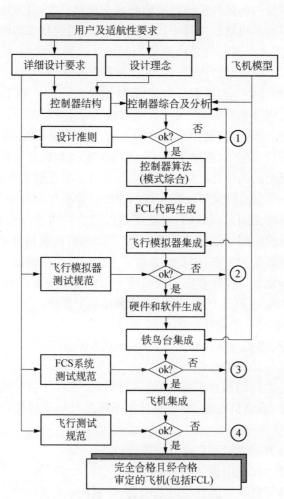

图 1.18 飞行控制律设计过程

图 1.18 显示了 4 个主要的迭代回路。

（1）回路 1,离线设计:控制器参数设计,稳定性和增稳飞机主要在计算机线性仿真中的响应特性评估。系统架构和 FCL 结构一经建立,增益、滤波器和非线性函数就可设计。有很多技术可用于确定合理的参数值和获得鲁棒设计结果[44]。

（2）回路 2,驾驶员在回路的仿真:在有人驾驶仿真中评估增稳飞机的操纵品质。

（3）回路 3,铁鸟台试验:验证 FCL 的硬件实现,以保证在实际条件下的正确运行。

（4）回路 4,飞行试验:针对客户和适航要求提出的飞机规范,进行设计结果确认。

这 4 个设计回路必须彻底执行,以防止飞机进入服役时还保留尚未被发现的重大设计缺陷。首先最重要的是,让驾驶员和乘客的生命处于危险中是完全不可接受的;其次,对正在服役的机队纠正设计缺陷的成本异常巨大,可能威胁到公司的经济生存性。近年民机和军机研制项目中,通过试飞发现的设计缺陷的例子可以参见文献[45],该文献还指出许多问题是由不适当的设计过程导致的,技术和组织问题也负有责任。

在设计过程中,需要各类工程设计专家和管理人员参与 FCL 的设计工作。这些人员包括仿真工程师和驾驶员、飞控计算机设计人员和实施者、测试人员和飞行合格审定当局人员。因此,控制律功能必须具有良好的可视性,以便在设计中得到充分的理解。在设计过程中,其他工程人员必须能够接替设计工作而没有太大的困难。控制律功能规范的高可视性对于顺利实施设计过程是极为重要的。

作为 FCL 的一部分,控制算法在飞机的飞控计算机中每隔数毫秒要执行一次。因此这样的控制算法必须是高效的,以便能在可用的时间帧内完成解算,从而保证控制回路内可接受的时间延迟。高阶控制器、多维表格查询和复杂的非线性函数会提高对计算机的计算能力要求,需要认真给以考虑。数值准确度要求和潜在的控制器算法的增益调参也是飞控计算机工程实施中需要考虑的重要内容。

欲成功设计和实施 FCL 的设计师,必须满足如下要求:
- 完整、清晰和明确的设计要求;
- 在飞行力学、飞机操纵品质、飞行控制和控制理论方面的经验和知识;
- 理解飞行器气动力特性;
- 了解各专业之间的相互依存关系:飞行力学、飞行导引与控制、空气动力学、结构动力学、发动机控制、电气和液压系统及其电子部件以及驾驶技术和维护等;
- 适当的工具和高度自动化的计算设施;
- 应用设计技术和使用设计工具的经验;
- 识别系统和硬件设备的效应及其限制,特别是非线性效应;
- 掌控设计的定义和功能规范的严谨流程;
- 完美的计划和管理层的充分支持;
- 知道什么可能会出错。

无论采用哪种控制器设计方法,都可以认为,一个好的设计师(至少)会给出一个可接受的设计,在满足上面所列的各项要求的情况下,好的设计的前提是要有好的设计师。

1.9.4　成本考虑-经常性成本和非经常性成本

民用运输机或战斗机是航空公司或军方用户的一项重大投资,典型的成本是两千万至两亿美元甚至更多,取决于飞机的大小和能力;一架新飞机的研制成本可能超过 10 亿美元。这些巨额资金明确地表明,当一个新飞机项目启动时,意味着飞机制造商已把生存命运作为赌注。因此要广泛进行市场潜力、客户需求,以及新技术成熟度的分析。FCS 实施过程中,由于系统的巨大复杂性,成本往往被低估。关于成本的详细讨论超出了本章范围,但对某些方面将进行简要介绍。

　　飞机制造商面临激烈竞争,因此他们致力于以最具竞争性的价格提供最好的产品。一架飞机的成本可以分成非经常性成本和经常性成本,前者在很大程度上与生产飞机的数量无关(如研发成本、工装、测试等),后者是生产每一架飞机所发生的成本(如劳动力成本、材料和其他生产成本)。虽然经常性成本和非经常性成本对于开发商来说是最重要的,然而,客户(空军,海军,海军陆战队和航空公司)最关心的是单架飞机成本,还有被分成拥有成本和运营成本的直接运营成本(DOC)。这些成本受到机组成本、燃油和维护成本、备件成本、飞机日利用率和飞机定价等方面因素的影响。

　　引用新加坡航空公司执行官对客户感受的描述:"飞机制造商在机舱里做的事使我们花钱;飞机制造商在舱板下做的事(如电子设备)使我们省钱(如维护计算机);他们在客舱里所做的事使我们挣钱"。

　　FCS硬件兼有非经常性成本(研制)和经常性成本(生产),它们都源于要满足飞机的性能要求。例如,精确的驾驶员指令跟踪和良好的抗干扰能力都需要FCS具有高带宽性能:作动系统的高速率和高带宽、飞控计算机的高处理能力就成为必要,使控制回路中的滞后和计算延迟降到最低。性能越好,设备成本就越高,但这个关系不是线性的。

　　FCS软件引入了一个重大的非经常性成本(研发成本),在软件设计和飞控计算机(FCC)代码植入两方面都要投入。工业部门开发的软件要达到相应的质量标准,以及使设计者学会使用新方法和新工具的培训是对软件设计的主要投入。对于机载FCL软件,代码的安全关键特性导致了与异常严格的测试过程相关的巨大成本,这对于为软件通过飞行合格审定提供必要的证据而言是必须的。值得一提的是,控制器算法通常只占FCL的5%~10%,而它们的运算只占FCC计算量的约20%~30%。其他70%~80%的计算量都被用于安全监控、余度管理、机内自检测和作动系统回路闭环。在某些情况下,FCC也可包括大气数据系统计算。

1.10　结语

　　通过本章的介绍,我们了解到在早期的飞行控制中,理论和实践的发展是各自独立的,技术的进步是由能工巧匠和发明家所驱动的,他们在几乎没有理论支持的条件下完成了设计。这种做法对于现代飞机的研发是不可能的,而且风险太大。特别是在过去三十年中,理论的应用已经获得了巨大的进步。飞行控制设计的坚实理论基础已经建立,并已经应用了多年。在大西洋两岸以及世界其他地区,获得了一些相当杰出的飞行控制成果(包括欧洲空客飞机和欧洲"台风"战斗机)。

　　目前,最新理论和工程实际之间确实存在一种新的分离趋势—正如McRuer和Graham在文献[1]中指出的。特别是在FCL设计领域,由于计算工具允许理论工作者研究出很复杂的方法,但这些复杂方法超出了现有的工业设计过程的可接受能力(也许甚至是必要的)。航空航天工业界认识到有必要提高其能力,并一直在寻找新的设计方法,以提供更好的产品,降低成本,保持竞争力——因此全力支持新的先进方法的研发。工业界对引进这些新方法的任何犹豫,都可能会被新方法研发者视为目光短浅。必须了解工业界是非常乐意接受新方法的,但工业界的本性是谨慎的,需要清晰地了解新方法带来的改进,诸如更好的性能,应用的便宜和实施的改进,以证明重大成本改变的必要性。

如本章中指出的,与 FCS 研发相关的最大问题是问题的规模和复杂性,即

- FCS 是高度集成的系统,其安全关键特性要求其必须具备较高的完整性;
- FCS 表现出显著的非线性动力学效应,它们是来自飞行力学,以及它们的控制律软件功能和硬件特性;
- FCS 需要一个先进的人机界面,以便于驾驶员操作;
- FCS 必须可以在极大数量的不同运行条件下获得满意的性能,包括在故障条件下的满意性能。

复杂性——没有简单的途径可避开这个问题,需要满足要求苛刻的高性能飞行器必将导致系统的复杂性。一个系统性的、结构化的设计过程,一个管理整个设计过程的适宜的计算环境,这对于设计复杂性的管理是非常重要的。它还必须辅之以在各专业领域必要的工程技能和知识;高度责任心和良好的团队工作;最后,但同样重要的是,整体 FCS 设计任务计划要有鲁棒性和现实性。

本章我们从工业界的角度,对飞机的飞行控制进行了广泛的综述,强调了先进数字电传飞控系统设计中必须考虑的一些因素。我们尽可能地解释了军机和民机的电传飞控系统设计中的异同之处。虽然两类飞机在设计实施中有差异,但许多设计考虑方面是两者相同的:驾驶舱界面、飞行品质、驾驶员在回路的仿真、飞行包线、系统结构和余度管理、自检测、增稳系统、自动保护系统、大气数据系统、液压驱动系统、数字飞行控制运算,与飞机其他系统的集成,机体柔性模态、客户需求、性能和成本的考量,当然还有安全性。我们还强调了一些只能通过工业界和研究机构的共同努力来应对的新挑战。我们希望本书能激励读者在这个复杂的和引人入胜的研究领域的学习中,对未来知识进行探索。

1.11　致谢

作者衷心感谢下列飞行控制专家的支持,他们审阅了本章内容并提出了建设性的意见:Wolfgang Alles (RWTH Aachen), John Gibson(Consultant), Bernd Krag (DLR),Tony Lambregts (FAA), Mike Walker (BAe) and Harry Widger (BAe).

1.12　参考文献

[1] Mcruer D, Graham D. Eighty years of flight control: triumphs and pitfalls of the systems approach [J]. A/AA J. Guid. Control, July-August 1981. 4(4).

[2] Etkin B. Dynamics of atmospheric flight [M]. John Wiley & Son, 1972.

[3] Cook M V. Flight dynamics principles [M]. Arnold, London, 1997.

［4］ Stevens B L, Lewis E L. Aircraft control and simulation ［M］. John Wiley & Son, 1992.

［5］ Brockhaus R. Flugregelung ［M］. Springer-Verlag, Berlin, Heidelberg, New York, 1997.

［6］ Joint aviation requirements (JAR)－25: large aeroplanes. Joint Aviation Authorities ［S］. Hoofddorp, The Netherlands.

［7］ Federal aviation regulations (FAR) part 25: airworthiness standards transport category airplanes ［S］. Federal Aviation Administration (FAA), USA.

［8］ UK MoD def. stan. 00－970: design and airworthiness requirements for military aircraft ［S］. 1983.

［9］ USAF MIL－8785－C: military specification, flying qualities of piloted airplanes ［S］. 1980.

［10］ USAF MIL－1797－A: military standard, flying qualities of piloted vehicles ［S］. 1990.

［11］ USAF MIL－9490－D: general specification for flight control systems—design, Installation and test of piloted aircraft ［S］. 1975.

［12］ Abzug M J, Larrabee E E. Airplane stability and control—a history of the technologies that made aviation possible ［M］. Cambridge Aerospace Series, Cambridge University Press, UK, 1997.

［13］ Nelson J R, Smith T D. Improved combat performance using relaxed static stability and a spin prevention system ［C］. AGARD Conf. Proc. , CP－409,1984.

［14］ Mccuish A, Caldwell B D. Development and flight experience of the control laws and the aeroservoelastic solution in the experimental aircraft programme ［M］.//in TISCHLER MB. (Ed.): Advances in aircraft flight control Taylor and Francis, 1996.

［15］ Korte U. Some flight test results with redundant digital flight control systems ［C］. AGARD Conf. Proc. , CP－384, 1985.

［16］ Beh H, Hofinger G, Huber E. Control law design and flight test results of the experimental aircraft X－31A ［M］.//in TISCHLER, M. B. (Ed.) : Advances 54 Flight control systems in aircraft flight control, Taylor and Francis, 1996.

［17］ Kaul H J. EF2000—The Flight Control System ［C］. IMechE Conf. Proc. 'EF2000—Technology for the 21st Century', 1996.

［18］ Raymond E T, Chenoweth C C. Aircraft flight control actuation system design ［C］. Society of Automotive Engineers, 1993.

［19］ Cooper G E, Harper R P. The use of pilot rating in the evaluation of aircraft handling qualifies ［S］. NASA TN D－5153, 1969.

［20］ Lloyd E, Tye W. Systematic safety (safety assessment of aircraft systems) ［M］. Civil Aviation Authority, London, 1982.

［21］ Gracey W. Measurement of aircraft speed and altitude ［R］. NASA RP－1046, 1980.

［22］ Store Carriage, Integration and Release ［C］. Royal Aeronautical Society symposium proceedings, 1990.

［23］ Aerodynamics of store integration and separation ［C］. AGARD Conf. Proc. , CP－570, 1996.

［24］ Gibson J C. The definition, understanding and design of aircraft handling qualities ［R］. Delft University of Technology, report LR－756, 1995.

［25］ Gibson J C. The prevention of PIt by design ［C］. AGARD Conf. Proc. , CP－560, 1994.

［26］ Aviation safety and pilot control—understanding and preventing unfavourable pilot-vehicle interactions ［M］. National Academy Press, 1997.

［27］Gibson J C, Hess R A. Stick and feel system design ［C］. AGARD－AG－332, March 1997.

［28］Caldwell B D. The FCS/structural coupling problem and its solution ［C］. AGARD Conf. Proc. , CP－560, 1994.

［29］Software considerations in airborne systems and equipment certification ［R］. RTCA DO－178B, Washington D. C. , 1992.

［30］Shanks G T, Gale S L, Fielding C, et al. Flight control and handling research with the VAAC Harrier aircraft in TISCHLER, M. B.（Ed.）［M］.//Advances in aircraft flight control Taylor and Francis, 1996.

［31］Fielding C. Design of integrated flight and powerplant control systems ［C］. AGARD Conf. Proc. , CP－548,1993.

［32］Favre C. Modern flight control system a pilot partner towards better safety ［C］. ISASTI '96 Conference, Proceedings, 1996.

［33］Faver C. Fly-by-wire for commercial aircraft: the Airbus experience in TISCHLER ［M］.// M. B.（Ed.）: 'Advances in aircraft flight control', Taylor & Francis 1996.

［34］KRAHE C. Airbus fly-by-wire aircraft at a glance ［J］. FAST Airbus Technical Digest, (20), Toulouse, 1996.

［35］ARINC specification 429－15. Mark 33 digital information transfer system (DITS) ［M］. Irvine, California, 1995.

［36］Bartley G. '777 flight controls' in ARINC 'Plane talk'［M］. p~a. 9－15, August 1995.

［37］McWHA J. The Boeing Company—777 systems overview ［C］. Royal Aeronautical Society symposium proceedings, 1993.

［38］Aplin J. Primary flight control computers for the Boeing 777 ［C］. Proceedings of INFAUTOM '94, ENSA, Toulouse, 1994.

［39］Arinc Specification 629－4: multi-transmitter data bus ［C］. Irvine, California, April 1996.

［40］Brii~. RE D, Ribot D, Pilaud D, et al. Specification tools for Airbus onboard systems. ERA Technology ［C］. Proceedings of the 1994 Avionics Conference and Exhibition, Heathrow, 1994.

［41］Kroger A. Data flow oriented control law design with the graphical language HOSTESS ［C］. ERA Technology, Proceedings of the 1994 Avionics Conference and Exhibition, Heathrow, 1994.

［42］Rimval C M, et al. Automatic generation of real-time code using the BEACON CAE Environment ［C］. Proceedings of the 12th IFAC World Congress, Sidney, Australia, 1995.

［43］Irving J E. Flight control law process model ［J］. GARTEUR FM(AG08)/TP－088－2, 1995.

［44］Magni J E, Bennani S, Terlouw J. Robust flight control ［M］. Lecture Notes in Control and Information Sciences No. 224, Springer-Verlag Berlin Heidelberg New York, 1997.

［45］Norton W J. Balancing modelling and simulation with flight test in military aircraft development ［C］. AGARD Conf. Proc. , CP－593, 1997.

2 飞 机 建 模

2.1 引言[①]

用适当的形式建立飞机的数学模型对飞行控制系统设计和分析是非常必要的。设计过程的主要内容是进行控制律的开发，因此，控制工程的数学工具发挥着重要作用，最适宜的飞机模型是用经典的小扰动运动方程来描述。以这种方式描述的飞机模型数学上是线性的，因此它易于代数解算；纵向与横向运动是解耦的；而且 6 个自由度方程被分为两组，每组分别描述 3 个自由度。线性化运动方程最重要的优势是可以相对容易地对飞机的基本飞行动力学进行完整的描述。

用状态空间形式描述线性化运动方程既直接明了，又易于用矩阵理论对其进行求解和进行后续分析。飞行动力学分析作为控制律设计的基础，其关键性及重要性毋庸置疑。对于每个飞控系统的设计者，要构建一个好的飞控系统，必须在设计过程的每个阶段了解飞控系统对飞机起什么作用，以及满足什么飞行品质要求，而不能仅将飞机的状态方程当作是一个被控对象，并假设控制器的鲁棒性可以应付飞机特性的所有要求。控制律设计的任何方面缺少功能直观性都是不可接受的，这可以通过使用下述内容建立的简单分析方法，在比较增稳飞机与未增稳飞机的飞行动力学中得到体现。

当然，对于飞行控制系统设计来说，除了控制律开发，还有更多的系统架构设计、硬件安装、冗余策略的设计和关键飞行软件设计。这些都对设计者带来巨大的挑战。建立完整的非线性模型，利用计算仿真工具，对飞行控制系统设计的各方面进行充分的分析及开发，才可以得到令人满意的结果。虽然非线性飞机建模在本章的内容之外，但是不能因此认为只采用线性飞机模型就可以完成令人满意的控制律设计。在控制律设计中，设计者必须意识并考虑到上面列出的飞行控制系统的各方面之间的相互依存关系。最后，控制律还必须在包括飞行控制系统架构的飞机完整

[①] 本章包含了摘录自 M. V. Cook 的"*Flight dynamics principles*"的部分，经出版商 Arnold, Hodder Headline Group 允许，在这里被再版。

非线性描述环境中进行评估。只有当设计过程中的每个步骤对飞行品质的影响被充分理解并确认,才能算成功完成了飞行控制系统设计。因此,正确理解飞机动力学是进行这个步骤的重要前提。

下面的段落给出飞机运动方程的结构,方程本身和通过运动方程描述的基本动力学特性,并给出简短的说明。本章内容覆盖了飞控系统设计研究所需基本知识的最低要求,如果读者希望更深入理解本专业,可以参考文献[1],其中包括推导的全面说明、解释及验证案例。

2.2　数学结构

未增稳飞机的基本输入-输出关系是通过空气动力学传递函数来描述的,它是对机体动力学最简单最基本的描述。它描述了飞行条件和大气扰动作用下的控制-响应的函数关系。这些基本关系如图 2.1 所示。

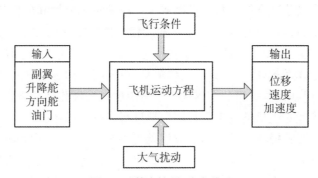

图 2.1　基本控制-响应关系

这一结构的核心是飞机的数学模型,它通常被称为运动方程。运动方程提供了所定义的建模约束下控制产生响应的完整描述。响应通过位移、速度和加速度等变量的测量得到。飞行条件定义了模型使用的条件,包括以下参数,如:马赫数、高度、飞机的几何形状、质量和配平状态。在本章内容中,模型提供了飞控系统设计和分析的基础,针对该应用,运动方程最合适的方式是线性化得到的小扰动方程。它描述了相对于初始状态的运动,初始状态通常称为平衡状态。当飞机机体通过飞行控制系统增稳时,运动方程很容易被修改为新构型的模型,通过求解该运动方程得到的传递函数不再是基本空气动力学的传递函数,而是增稳飞机的传递函数。

由上述内容可知,建立数学模型来描述飞机、其控制系统和所处的大气扰动等是非常必要的。任何飞行动力学分析的成败将取决于模型对所要解决问题的适用性。为了设计飞行控制系统,通常选择使用简单的近似模型,其优点就是可以获得最大的功能直观性。这类模型具有潜在的优势,可增强对复杂系统的物理概念的理解,进而可以更容易地解释闭环控制回路对飞机飞行动力学的影响。通常,使用近似模型造成响应保真度的损失远远小于它所增加的设计功能直观性,因此,对于给定应用,最好的模型是最简模型,可以在保证响应保真度的同时提供最大的功能直观性。

2.3 坐标系和符号

2.3.1 地球坐标系

因为只考虑常规的大气飞行,所以通常在与地固连的地球坐标系下考虑飞机运动方程。地球坐标系的公认定义是,在地球表面上选一基准点 O_0 作为右手正交坐标系 $O_0x_0y_0z_0$ 的原点,其中 O_0x_0 指向北,O_0y_0 指向东,O_0z_0 沿重力矢量垂直向下。常规的地球坐标系如图 2.2 所示。

平面 $O_0x_0y_0$ 显然定义了与地球表面相切的本地水平面。因此,在基准点 O_0 附近大气中飞机的航迹完全可以用它在坐标系里的坐标来描述。假设地球是平的,其垂直方向与重力矢量重合。因为只对短周期运动感兴趣,"平板地球假

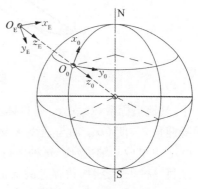

图 2.2 常规地球坐标系

设"就完全适用于考察水平直线飞行运动。水平直线飞行假定飞机在某一恒定高度的水平面内飞行,无论它之后做何运动,其姿态都由水平面来确定。

水平面 $O_Ex_Ey_E$ 定义为平行于在地球表面的平面 $O_0x_0y_0$。唯一的区别是,O_Ex_E 轴指向飞机飞行的任意方向,而不是指向北。O_Ez_E 轴如前所述垂直指向下。因此,只需要将原点 O_E 定在大气中最适宜的一点,我们经常使之与机体坐标系的原点重合。以这种方式定义的地球坐标系 $O_Ex_Ey_Ez_E$ 称为基准路径地球坐标系,通过重力矢量与地球相关联,并为短周期飞机运动提供惯性基准系。

2.3.2 机体固连坐标系

2.3.2.1 广义机体坐标系

我们习惯于定义一个与飞机固连并随飞机移动的右手正交轴系统。因此,当飞机受到扰动偏离其初始飞行条件时,坐标轴与机体一起移动,并且移动可以用相对移动坐标轴的扰动变量进行量化。坐标轴可以以任意方式与机体固连,但最好是以公认的标准定向固连。最通用的坐标系称为机体坐标系 $Ox_by_bz_b$,如图 2.3 所示与飞机固连。平面 Ox_bz_b 为飞机的对称面,这样便于定义 Ox_b 轴使其与机身基准几何水平面平行。因此在正常飞行姿态下,Oy_b 指向右舷,Oz_b 轴指向下。坐标系的原点 O 选在机体上一个方便的基准点上,通常与重心重合,但不是必须与重心重合。

2.3.2.2 空气动力学、气流或稳定坐标系

通常定义一组与飞机固连的坐标系,如图 2.3 所示,使 Ox 轴与合成速度向量 V_0 平行。这一类坐标系被称为空气动力学、气流或稳定坐标系。在稳定对称飞行

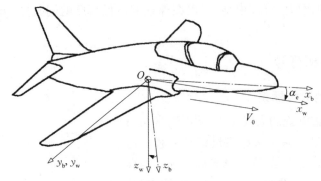

图 2.3　移动坐标轴系

中,气流坐标系 $Ox_wy_wz_w$ 是机体坐标系的一种特殊情况,将它绕 Oy_b 轴旋转一个机身迎角 α_e,使 Ox_w 轴与速度矢量重合。因此,平面 Ox_wz_w 仍然为飞机的对称面、Oy_w 轴和 Oy_b 轴重合。每种飞行条件下,飞机都有一个确定的迎角 α_e 值。因此,对于每一种飞行条件,机体上的气流坐标系的定向各不相同。然而,对于任意给定的飞行条件,气流坐标系的指向是在初始条件下被定义的并与飞机固连,并在后续的扰动飞行中随着飞机一起移动。

2.3.3　扰动变量

用选定的与飞机固连的坐标系的各方向上分解为各自分量的力、力矩、线速度、角速度和姿态来描述飞机的运动。为方便起见,开始时最好假定一个广义机体坐标系。首先,假设开始时飞机在做稳态直线运动,但不一定是水平飞行,当机体迎角为 α_e 时,稳态速度 V_0 可分解为 U_e,V_e 和 W_e 3 个分量,如图 2.4 所示。当飞机作定常非加速飞行时,飞机处于平衡态,此时,作用在机身上的力和力矩平衡,总和为零。该初始条件通常称为配平状态。

一旦飞机偏离平衡状态,力与力矩平衡被打破,产生的瞬态运动用扰动变量描述。该扰动变量如图 2.4 所示,变量汇总如表 2.1 所示。

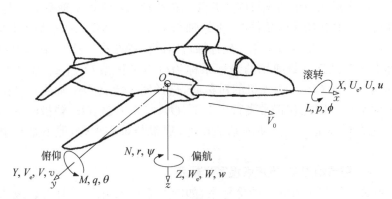

图 2.4　运动变量标注

表 2.1 运动变量汇总表

	配平状态			扰动状态		
飞机坐标轴	Ox	Oy	Oz	Ox	Oy	Oz
力	0	0	0	X	Y	Z
力矩	0	0	0	L	M	N
线速度	U_e	V_e	W_e	U	V	W
角速度	0	0	0	p	q	r
姿态角	0	θ_e	0	ϕ	θ	ψ

这些变量的正方向由右手坐标系决定。线变量,如力、速度等分量的运动方向与相关的坐标轴方向相同时,即为正。角变量,如力矩、角速率、姿态角等的分量用右手旋转判断其正方向,右机翼向下是正向滚转,机头向上是正向俯仰;从飞行员视角看机头右偏是正向偏航。

表 2.2 给出了关于扰动变量的简单说明,其目的是定义模型中所使用变量的物理特性。

表 2.2 扰 动 变 量

X	轴向阻力	
Y	侧向力	气动力、推力和重力等各分量的总和
Z	正常升力	
L	滚转力矩	
M	俯仰力矩	气动力、推力和重力等各分量的总和
N	偏航力矩	
p	滚转角速度	
q	俯仰角速度	各轴角速度分量
r	偏航角速度	
U	轴向速度	
V	侧向速度	重心处的总线速度分量
W	法向速度	

要注意,总的线速度扰动的各分量(U, V, W)是稳态平衡分量与瞬态扰动分量(u, v, w)的和,即

$$U = U_e + u$$
$$V = V_e + v \tag{2.1}$$
$$W = W_e + w$$

2.3.4　对称飞行中的角度关系

既然假设飞机做稳定直线运动,但不一定是水平飞行,与飞机固连的为机体坐标系,那么就可以将各稳态角及扰动角联系起来,如图 2.5 所示。

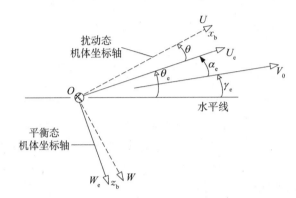

图 2.5　对称飞行中的广义机体坐标轴

稳态的速度矢量 V_0 表明了航迹,γ_e 是稳态航迹角,α_e 是稳态迎角,θ_e 是飞机的稳定俯仰姿态角。扰动过程中的相对角度变化也如图 2.5 所示,它说明在扰动过程中的某个瞬间,与机身共同移动的坐标轴的变化及其相应运动。因此,稳态航迹角的计算公式如下:

$$\gamma_e = \theta_e - \alpha_e \tag{2.2}$$

当飞机固连坐标系为气流坐标系,而不是机体坐标系时,有

$$\alpha_e = 0 \tag{2.3}$$

在特殊情况下,当坐标系为气流坐标系且初始条件是水平飞行时

$$\alpha_e = \theta_e = 0 \tag{2.4}$$

同样注意到俯仰姿态角扰动 θ 与迎角的扰动 α 是相同的,因此可得

$$\tan(\alpha_e + \theta) \equiv \tan(\alpha_e + \alpha) = \frac{W}{U} \equiv \frac{W_e + w}{U_e + u} \tag{2.5}$$

2.3.5　坐标系选择

什么时候选择气流坐标系?什么时候选择机体坐标系?

这个问题的答案取决于要用运动方程做什么。选择合适的坐标系可以使运动方程的分析简单化。从基本原理出发,最好选择广义机体坐标系,因为所得方程可适用于多数应用情况。若有需要,简化方程采用气流坐标系形式更为直接易懂。此外,将基于气流坐标系的方程扩展到适用于更一般的情况也不容易。

由于在建模中采用的是哪种坐标系并不是显而易见的,因此在使用运动方程时

必须考虑到这些因素。然而,参照式(2.3)或式(2.4)及其引用的 α_e 和 θ_e 的值,就很容易了解所采用的坐标系。在一般情况下,选择哪种坐标系去建立模型并不是特别重要,只要所建模型描述了所需研究的飞行条件,最终结果并不依赖于坐标轴系的选择。然而,对于飞行控制系统设计者而言,了解飞机数学模型是基于哪种坐标系的,并且在该坐标系下正确的开展设计工作是必要的。

2.4 欧拉角及飞机姿态

绕右手坐标系中的 3 个轴,通过右手转动所定义的角被称为欧拉角。考虑的旋转方向及围绕三轴旋转的次序是非常重要的,因为角度不服从交换律。机体固连坐标系与地球坐标系间的夹角称为飞机的姿态角。因此,姿态角是欧拉角的特例。如图 2.6 所示,$Ox_0y_0z_0$ 为基准或参考坐标系,$Ox_3y_3z_3$ 为飞机固连坐标系,可以是广义机体坐标系或气流坐标系。将 $Ox_3y_3z_3$ 依次绕每一轴转动,使之与 $Ox_0y_0z_0$ 重合,便可得到飞机相对于基准坐标系的姿态。因此,首先使 Ox_3 轴旋转一个滚转角 ϕ 到达 $Ox_2y_2z_2$;然后,使 Oy_2 轴旋转一个俯仰角 θ 到达 $Ox_1y_1z_1$;最后,使 Oz_1 轴旋转一个偏航角 ψ 到达 $Ox_0y_0z_0$。显然,当以地球坐标系为基准考虑飞机姿态角时,$Ox_0y_0z_0$ 和 $Ox_Ey_Ez_E$ 是重合的。

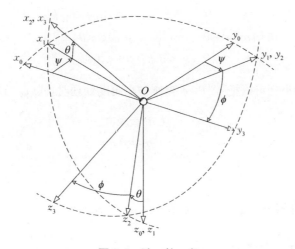

图 2.6 欧 拉 角

我们常常需要将运动变量及其他参数从一个坐标系转换到另一个坐标系。显然,描述姿态的角度关系可以扩展到用来描述一个坐标系相对于另一个坐标系的角度指向。

2.4.1 线变量变换

本章讨论的线变量可以是加速度、速度、位移等。若设 $Ox_3Oy_3Oz_3$ 是线变量在坐标系 $Ox_3y_3z_3$ 中的分量,$Ox_0Oy_0Oz_0$ 是同样的线变量变换到坐标系 $Ox_0y_0z_0$ 中的分量。如图 2.6 所示,依次旋转且保证正确的顺序的变换可表示为

$$\begin{bmatrix} Ox_3 \\ Oy_3 \\ Oz_3 \end{bmatrix} = \boldsymbol{D} \begin{bmatrix} Ox_0 \\ Oy_0 \\ Oz_0 \end{bmatrix} \tag{2.6}$$

其中，方向余弦矩阵 $\boldsymbol{D}$ 由下式给出：

$$\boldsymbol{D} = \begin{bmatrix} \cos\theta\cos\psi & \cos\theta\sin\psi & -\sin\theta \\ \sin\phi\sin\theta\cos\psi - \cos\phi\sin\psi & \sin\phi\sin\theta\sin\psi + \cos\phi\cos\psi & \sin\phi\cos\theta \\ \cos\phi\sin\theta\cos\psi + \sin\phi\sin\psi & \cos\phi\sin\theta\sin\psi - \sin\phi\cos\psi & \cos\phi\cos\theta \end{bmatrix} \tag{2.7}$$

如上所示，方程(2.6)将线性变量由 $Ox_0y_0z_0$ 变换到 $Ox_3y_3z_3$。

2.4.2　角速率变换

最有用的角变量变换是飞机机体坐标系的角速度 p, q, r 到相对于基准坐标系的姿态角速率 $\dot{\phi}, \dot{\theta}, \dot{\psi}$ 的变换。将角速度矢量叠加到如图 2.6 所示的坐标轴上，很容易得到其转换关系。参照地球坐标系的姿态角速率，其基准轴 $Ox_0y_0z_0$ 与地球坐标系轴 $Ox_Ey_Ez_E$ 重合，于是飞机的机体角速度与姿态角速率间的关系如下：

$$\begin{bmatrix} p \\ q \\ r \end{bmatrix} = \begin{bmatrix} 1 & 0 & -\sin\theta \\ 0 & \cos\phi & \sin\phi\cos\theta \\ 0 & -\sin\phi & \cos\phi\cos\theta \end{bmatrix} \begin{bmatrix} \dot{\phi} \\ \dot{\theta} \\ \dot{\psi} \end{bmatrix} \tag{2.8}$$

当飞机扰动小到可以把 ϕ, θ, ψ 当作是小角度处理时，式(2.8)可近似为

$$\begin{aligned} p &= \dot{\phi} \\ q &= \dot{\theta} \\ r &= \dot{\psi} \end{aligned} \tag{2.9}$$

2.5　操纵量符号

2.5.1　气动力操纵面

一般情况下，飞行员的正向操纵动作将引起正的飞机响应，而操纵面的正向位移将引起负的飞机响应。因此，

（1）在滚转运动中：右压杆为正⇨杆向右位移⇨右副翼向上左副翼向下（负向）⇨右机翼向下的滚转响应（正向）；

（2）在俯仰运动中：拉杆为正⇨杆向后位移⇨升降舵后缘向上（负向）⇨机头向上的俯仰响应（正向）；

（3）在偏航运动中：蹬右方向舵脚蹬为正⇨方向舵脚蹬正向位移⇨方向舵后缘向右偏转（负向）⇨机头向右的偏航响应（正向）。

滚转和俯仰控制杆位移分别记作 δ_ξ 和 δ_η，方向舵脚蹬位移记作 δ_ζ。副翼、升降舵和方向舵位移分别记作 ξ，η 和 ζ，如图 2.7 所示。需注意，既然副翼是差动的，故位移 ξ 通常取每个副翼单独位移的均值。

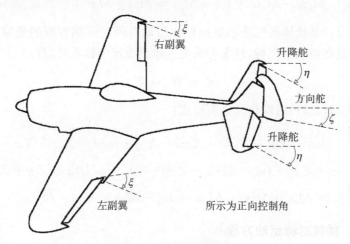

图 2.7   气动操纵面标注

2.5.2   发动机控制

发动机推力 τ 由油门杆位移 ε 控制。正向油门杆位移通常是前推油门，使推力增加。以涡轮喷气发动机为例，推力与油门杆角度间的关系可近似用一阶滞后传递函数表示：

$$\frac{\tau(s)}{\varepsilon(s)} = \frac{k_\tau}{(1 + sT_\tau)} \tag{2.10}$$

式中：k_τ 是适宜的增益常数；T_τ 是延迟时间常数（一般为 2～3 s）。

2.6   解耦的小扰动运动方程

2.6.1   纵向对称运动方程

纵向解耦运动方程分别由轴向力、法向力和俯仰力矩方程组成，各自都符合牛顿第二定律。方程中，干扰力和力矩是由空气动力和重力效应、大气扰动及气动操纵面的运动引起的。

纵向运动方程是非线性的，通过假设飞机运动是在配平状态附近的小扰动来进行线性化，从而易于求解。方程(2.11)为纵向运动方程，含有系数 X_u，X_w 等，称为气动稳定性导数，其中符号。表示向量导数。例如，X_u 代表在 x 方向上由速度扰动(u)引起的力 X 的变化。忽略高阶导数，该变化写作 $\frac{\partial X}{\partial u} \cdot u$，可用简化符号 $\overset{\circ}{X}_u$ 表示：

$$\begin{cases} m\dot{u} - \mathring{X}_u u - \mathring{X}_{\dot{w}}\dot{w} - \mathring{X}_w w - (\mathring{X}_q - mW_e)q + mg\theta\cos\theta_e = \mathring{X}_\eta\eta + \mathring{X}_\tau\tau \\ -\mathring{Z}_u u + (m - \mathring{Z}_{\dot{w}})\dot{w} - \mathring{Z}_w w - (\mathring{Z}_q + mU_e)q + mg\theta\sin\theta_e = \mathring{Z}_\eta\eta + \mathring{Z}_\tau\tau \\ -\mathring{M}_u u - \mathring{M}_{\dot{w}}\dot{w} - \mathring{M}_w w + I_y\dot{q} - \mathring{M}_q q = \mathring{M}_\eta\eta + \mathring{M}_\tau\tau \end{cases} \quad (2.11)$$

公式(2.11)是机体坐标系的纵向对称运动有因次解耦方程的最常用形式。如果假设飞机是在做水平飞行,且参考系为气流或稳定坐标系时,有:

$$\theta_e = W_e = 0 \quad (2.12)$$

从而,方程(2.11)可简化为最简形式:

$$\begin{cases} m\dot{u} - \mathring{X}_u u - \mathring{X}_{\dot{w}}\dot{w} - \mathring{X}_w w - \mathring{X}_q q + mg\theta = \mathring{X}_\eta\eta + \mathring{X}_\tau\tau \\ -\mathring{Z}_u u + (m - \mathring{Z}_{\dot{w}})\dot{w} - \mathring{Z}_w w - (\mathring{Z}_q + mU_e)q = \mathring{Z}_\eta\eta + \mathring{Z}_\tau\tau \\ -\mathring{M}_u u - \mathring{M}_{\dot{w}}\dot{w} - \mathring{M}_w w + I_y\dot{q} - \mathring{M}_q q = \mathring{M}_\eta\eta + \mathring{M}_\tau\tau \end{cases} \quad (2.13)$$

2.6.2 横向对称运动方程

横向运动方程分别由侧向力、滚转力矩和偏航力矩方程组成:

$$\begin{cases} \left[\begin{matrix} m\dot{v} - \mathring{Y}_v v - (\mathring{Y}_p + mW_e)p - (\mathring{Y}_r - mU_e)r \\ -mg\phi\cos\phi_e - mg\psi\theta_e \end{matrix}\right] = \mathring{Y}_\xi\xi + \mathring{Y}_\zeta\zeta \\ -\mathring{L}_v v + I_x\dot{p} - \mathring{L}_p p - I_{xz}\dot{r} - \mathring{L}_r r = \mathring{L}_\xi\xi + \mathring{L}_\zeta\zeta \\ -\mathring{N}_v v - I_{xz}\dot{p} - \mathring{N}_p p + I_z\dot{r} - \mathring{N}_r r = \mathring{N}_\xi\xi + \mathring{N}_\zeta\zeta \end{cases} \quad (2.14)$$

方程(2.14)是机体坐标系的横向非对称运动有因次解耦方程的最常用形式。同上,如果假设飞机是在做水平飞行,且参考系为气流或稳定坐标系时,利用方程(2.12),则上述方程可进一步化简为式(2.15)。

$$\begin{cases} m\dot{v} - \mathring{Y}_v v - p\mathring{Y}_p - (\mathring{Y}_r - mU_e)r - mg\phi = \mathring{Y}_\xi\xi + \mathring{Y}_\zeta\zeta \\ -\mathring{L}_v v + I_x\dot{p} - \mathring{L}_p p - I_{xz}\dot{r} - \mathring{L}_r r = \mathring{L}_\xi\xi + \mathring{L}_\zeta\zeta \\ -\mathring{N}_v v - I_{xz}\dot{p} - \mathring{N}_p p + I_z\dot{r} - \mathring{N}_r r = \mathring{N}_\xi\xi + \mathring{N}_\zeta\zeta \end{cases} \quad (2.15)$$

2.7 运动方程的状态空间形式

线性时不变(LTI)多变量系统的运动方程或状态方程可以写作:

$$\dot{x}(t) = Ax(t) + Bu(t) \quad (2.16)$$

式中:

$x(t)$是n维状态变量的列向量,称作状态向量;

$u(t)$ 是 m 维输入变量的列向量，称作输入向量；

A 是 $n \times n$ 维状态矩阵；

B 是 $n \times m$ 维输入矩阵。

由于系统是线性时不变的，矩阵 A 和 B 具有常数元素。方程(2.16)是一组 n 维联立的线性微分方程的等效矩阵方程，可直接用该描述形式来构造小扰动飞机运动方程。

相应的输出方程通常写作：

$$y(t) = Cx(t) + Du(t) \tag{2.17}$$

式中：$y(t)$ 是 r 维输出变量的列向量，称作输出向量；C 是 $r \times n$ 维输出矩阵；D 是 $r \times m$ 维前馈矩阵。

一般 $r \leqslant n$。同样，矩阵 C 和 D 含有常数元素。

对于大多数飞机问题，为方便起见，常选择输出变量为状态变量，则有

$$y(t) = x(t)，且 r = n$$

故：

$$C = I(n \times n \text{ 维单位矩阵})$$
$$D = 0(n \times m \text{ 维零矩阵})$$

输出方程可简化为

$$y(t) = Ix(t) \equiv x(t) \tag{2.18}$$

从而只需飞机的运动方程即可推导出其状态方程。

2.7.1 纵向运动方程

考察机体坐标系的纵向运动方程(2.11)，等号左边用加速度形式可以重写为

$$\begin{cases} m\dot{u} - \mathring{X}_{\dot{w}}\dot{w} = \mathring{X}_u u + \mathring{X}_w w + (\mathring{X}_q - mW_e)q - mg\theta\cos\theta_e + \mathring{X}_\eta\eta + \mathring{X}_\tau\tau \\ m\dot{w} - \mathring{Z}_{\dot{w}}\dot{w} = \mathring{Z}_u u + \mathring{Z}_w w + (\mathring{Z}_q + mU_e)q - mg\theta\sin\theta_e + \mathring{Z}_\eta\eta + \mathring{Z}_\tau\tau \\ I_y\dot{q} - \mathring{M}_{\dot{w}}\dot{w} = \mathring{M}_u u + \mathring{M}_w w + \mathring{M}_q q + \mathring{M}_\eta\eta + \mathring{M}_\tau\tau \end{cases} \tag{2.19}$$

由于飞机的纵向运动用 4 个状态变量 u, w, q 和 θ 来描述，就需要有 4 个微分方程。因此，附加一个给出俯仰角速率相对于姿态角速率关系的辅助方程，它来自小扰动假设所得的方程(2.9)。

$$\dot{\theta} = q \tag{2.20}$$

联立方程(2.19)和方程(2.20)，写成矩阵方程形式：

$$M\dot{x}(t) = A'x(t) + B'u(t) \tag{2.21}$$

其中

$$\boldsymbol{x}^{\mathrm{T}}(t) = \begin{bmatrix} u & w & q & \theta \end{bmatrix} \quad \boldsymbol{u}^{\mathrm{T}}(t) = \begin{bmatrix} \eta & \tau \end{bmatrix}$$

$$\boldsymbol{M} = \begin{bmatrix} m & \mathring{X}_{\dot{w}} & 0 & 0 \\ 0 & (m - \mathring{Z}_{\dot{w}}) & 0 & 0 \\ 0 & -\mathring{M}_{\dot{w}} & I_y & 0 \\ 0 & 0 & 0 & 1 \end{bmatrix}$$

$$\boldsymbol{A'} = \begin{bmatrix} \mathring{X}_u & \mathring{X}_w & (\mathring{X}_q - mW_e) & -mg\cos\theta_e \\ \mathring{Z}_u & \mathring{Z}_w & (\mathring{Z}_q + mU_e) & -mg\sin\theta_e \\ \mathring{M}_u & -\mathring{M}_w & \mathring{M}_q & 0 \\ 0 & 0 & 1 & 0 \end{bmatrix}, \ \boldsymbol{B'} = \begin{bmatrix} \mathring{X}_\eta & \mathring{X}_\tau \\ \mathring{Z}_\eta & \mathring{Z}_\tau \\ \mathring{M}_\eta & \mathring{M}_\tau \\ 0 & 0 \end{bmatrix}$$

通过对方程(2.21)两端左乘质量矩阵 $\boldsymbol{M}$ 的逆,得到纵向状态方程:

$$\dot{\boldsymbol{x}}(t) = \boldsymbol{A}\boldsymbol{x}(t) + \boldsymbol{B}\boldsymbol{u}(t) \tag{2.22}$$

其中

$$\boldsymbol{A} = \boldsymbol{M}^{-1}\boldsymbol{A'} = \begin{bmatrix} x_u & x_w & x_q & x_\theta \\ z_u & z_w & z_q & z_\theta \\ m_u & m_w & m_q & m_\theta \\ 0 & 0 & 0 & 0 \end{bmatrix}, \ \boldsymbol{B} = \boldsymbol{M}^{-1}\boldsymbol{B'} = \begin{bmatrix} x_\eta & x_\tau \\ z_\eta & z_\tau \\ m_\eta & m_\tau \\ 0 & 0 \end{bmatrix}$$

状态矩阵 $\boldsymbol{A}$ 的系数是以机体坐标系的简明形式表示的气动稳定性导数,而输入矩阵 $\boldsymbol{B}$ 的系数是简明形式表示的控制导数。导数简明形式的定义直接遵循上述关系。因此,总纵向状态方程可写为

$$\begin{bmatrix} \dot{u} \\ \dot{w} \\ \dot{q} \\ \dot{\theta} \end{bmatrix} = \begin{bmatrix} x_u & x_w & x_q & x_\theta \\ z_u & z_w & z_q & z_\theta \\ m_u & m_w & m_q & m_\theta \\ 0 & 0 & 1 & 0 \end{bmatrix} \begin{bmatrix} u \\ w \\ q \\ \theta \end{bmatrix} + \begin{bmatrix} x_\eta & x_\tau \\ z_\eta & z_\tau \\ m_\eta & m_\tau \\ 0 & 0 \end{bmatrix} \begin{bmatrix} \eta \\ \tau \end{bmatrix} \tag{2.23}$$

同时,输出方程非常简单,为

$$\boldsymbol{y}(t) = \boldsymbol{I}\boldsymbol{x}(t) = \begin{bmatrix} 1 & 0 & 0 & 0 \\ 0 & 1 & 0 & 0 \\ 0 & 0 & 1 & 0 \\ 0 & 0 & 0 & 1 \end{bmatrix} \begin{bmatrix} u \\ w \\ q \\ \theta \end{bmatrix} \tag{2.24}$$

2.7.2　横向运动方程

基于机体坐标系的横向小扰动运动方程(2.14)可以用与上节完全相同的方法处理,得到横向状态方程:

$$
\begin{bmatrix} \dot{v} \\ \dot{p} \\ \dot{r} \\ \dot{\phi} \\ \dot{\psi} \end{bmatrix} = \begin{bmatrix} y_v & y_p & y_r & y_\phi & y_\psi \\ l_v & l_p & l_r & l_\phi & l_\psi \\ n_v & n_p & n_r & l_\phi & l_\psi \\ 0 & 1 & 0 & 0 & 0 \\ 0 & 0 & 1 & 0 & 0 \end{bmatrix} \begin{bmatrix} v \\ p \\ r \\ \phi \\ \psi \end{bmatrix} + \begin{bmatrix} y_\xi & y_\zeta \\ l_\xi & l_\zeta \\ n_\xi & n_\zeta \\ 0 & 0 \\ 0 & 0 \end{bmatrix} \begin{bmatrix} \xi \\ \zeta \end{bmatrix} \tag{2.25}
$$

注意到,当横向运动方程基于气流系[对应方程(2.15)]时,横向状态方程(2.25)从五阶降到四阶,成为

$$
\begin{bmatrix} \dot{v} \\ \dot{p} \\ \dot{r} \\ \dot{\phi} \end{bmatrix} = \begin{bmatrix} y_v & y_p & y_r & y_\phi \\ l_v & l_p & l_r & l_\phi \\ n_v & n_p & n_r & n_\phi \\ 0 & 1 & 0 & 0 \end{bmatrix} \begin{bmatrix} v \\ p \\ r \\ \phi \end{bmatrix} + \begin{bmatrix} y_\xi & y_\zeta \\ l_\xi & l_\zeta \\ n_\xi & n_\zeta \\ 0 & 0 \end{bmatrix} \begin{bmatrix} \xi \\ \zeta \end{bmatrix} \tag{2.26}
$$

然而,这种情况下各导数是相对于飞机气流坐标系而不是机体坐标系,因此数值会稍许不同。同上所述,简明形式表示的横向稳定导数和控制导数的定义也来自运动方程的代数运算。

2.8　飞机响应的传递函数

飞机响应的传递函数描述了输入变量和输出变量间的动态关系。由于飞机的数学模型是由解耦的小扰动运动方程组成的,因此,纵向输入变量与横向输出变量之间的传递函数并不存在,反之亦然。当飞机由全量耦合小扰动运动方程组描述时,那就不一定是这种情况,当对直升机建模时常用这种描述。

所有的传递函数都写成拉普拉斯算子 s 的两个多项式之比。尽管所有正规的传递函数中分子多项式都至少比分母多项式低一阶,然而偶尔在飞机应用中也会出现非正规的传递函数。例如,描述对输入变量的加速度响应的传递函数就是非正规的,其分子和分母多项式是同阶次的。需要注意的是,当使用一些非正规传递函数时,理解传递函数的物理意义会很有帮助。通常用简化符号表示飞机响应传递函数,如,俯仰姿态角 $\theta(s)$ 对升降舵 $\eta(s)$ 的响应可表示为

$$
\frac{\theta(s)}{\eta(s)} \equiv \frac{N_\eta^\theta(s)}{\Delta(s)} \tag{2.27}
$$

式中: $N_\eta^\theta(s)$ 是用 s 表示的俯仰姿态角响应对升降舵输入的分子多项式;而 $\Delta(s)$ 是用 s 表示的分母多项式,它对所有纵向响应传递函数都相同。同理,副翼引起的滚转角

速度响应可写为

$$\frac{p(s)}{\xi(s)} \equiv \frac{N_\xi^p(s)}{\Delta(s)} \tag{2.28}$$

其中,在此情况下,$\Delta(s)$是分母多项式,对所有横向响应传递函数都相同。因为$\Delta(s)$与上下文相关,所以对它正确识别通常不存在问题。

分母多项式$\Delta(s)$称作特征多项式,当它等于零时,表述的是特征方程。因此,$\Delta(s)$完整地描述了飞机的纵向或横向稳定性,且$\Delta(s)$的特征根或极点描述了飞机的稳定模态。因此,飞机的稳定特性可以简单地通过检查响应传递函数来确定。

2.9 传递函数矩阵

借助一些运算方法可以很方便地求解描述线性动态系统的通用状态方程(2.16)和方程(2.17)。因为A,B,C和D是常数矩阵,假设为零初始状态,则方程(2.16)和方程(2.17)的拉氏变换为

$$\begin{cases} sx(s) = Ax(s) + Bu(s) \\ y(s) = Cx(s) + Du(s) \end{cases} \tag{2.29}$$

整理该状态方程,可得

$$x(s) = (sI - A)^{-1}Bu(s) \tag{2.30}$$

式中:I为单位矩阵,与A具有相同的阶次。联立输出方程和方程(2.30),消去状态向量$x(s)$,可给出输出向量$y(s)$为

$$y(s) = [C(sI - A)^{-1}B + D]u(s) = G(s)u(s) \tag{2.31}$$

其中,$G(s)$为传递函数矩阵。通常传递函数矩阵有以下形式:

$$G(s) = \frac{1}{\Delta(s)}N(s) \tag{2.32}$$

$N(s)$为多项式矩阵,其元素为所有响应传递函数的分子。分母$\Delta(s)$是特征多项式,对所有传递函数都相同。

当处理运动方程的显式解时,输出方程可以由方程(2.18)及$y(s) = x(s)$简化关系给出。因为$C = I$且$D = 0$,此时方程(2.31)可以简化为

$$G(s) = (sI - A)^{-1}B \tag{2.33}$$

2.10 对控制的纵向响应

2.10.1 纵向传递函数矩阵

方程(2.23)和方程(2.24)给出了简洁的纵向状态方程。将A,B和I代入方程

(2.33),可得纵向传递函数矩阵:

$$
\boldsymbol{G}(s) = \begin{bmatrix} s-x_u & -x_w & -x_q & -x_\theta \\ -z_u & s-z_w & -z_q & -z_\theta \\ -m_u & -m_w & s-m_q & -m_\theta \\ 0 & 0 & -1 & s \end{bmatrix}^{-1} \begin{bmatrix} x_\eta & x_\tau \\ z_\eta & z_\tau \\ m_\eta & m_\tau \\ 0 & 0 \end{bmatrix} = \frac{1}{\Delta(s)} \begin{bmatrix} N_\eta^u(s) & N_\tau^u(s) \\ N_\eta^w(s) & N_\tau^w(s) \\ N_\eta^q(s) & N_\tau^q(s) \\ N_\eta^\theta(s) & N_\tau^\theta(s) \end{bmatrix}
$$

$$(2.34)$$

方程(2.34)给出的传递函数完整描述了飞机的操纵输入引起的对称平面内的线性动态响应。该响应隐含了由飞机的稳定特性所决定的动态特性。由它们表达的传递函数和响应变量是线性的,因为整个建模过程是基于在平衡点附近发生的小扰动运动假设进行的。

当推力保持常值时,$\tau=0$,下列 4 个传递函数给出由升降舵引起的响应,通常写为

$$
\frac{u(s)}{\eta(s)} \equiv \frac{N_\eta^u(s)}{\Delta(s)} = \frac{k_u(s+1/T_u)(s^2+2\zeta_u\omega_u s+\omega_u^2)}{(s^2+2\zeta_p\omega_p s+\omega_p^2)(s^2+2\zeta_s\omega_s s+\omega_s^2)} \tag{2.35}
$$

$$
\frac{w(s)}{\eta(s)} \equiv \frac{N_\eta^w(s)}{\Delta(s)} = \frac{k_w(s+1/T_\alpha)(s^2+2\zeta_\alpha\omega_\alpha s+\omega_\alpha^2)}{(s^2+2\zeta_p\omega_p s+\omega_p^2)(s^2+2\zeta_s\omega_s s+\omega_s^2)} \tag{2.36}
$$

$$
\frac{q(s)}{\eta(s)} \equiv \frac{N_\eta^q(s)}{\Delta(s)} = \frac{k_q s(s+1/T_{\theta_1})(s+1/T_{\theta_2})}{(s^2+2\zeta_p\omega_p s+\omega_p^2)(s^2+2\zeta_s\omega_s s+\omega_s^2)} \tag{2.37}
$$

$$
\frac{\theta(s)}{\eta(s)} \equiv \frac{N_\eta^\theta(s)}{\Delta(s)} = \frac{k_\theta(s+1/T_{\theta_1})(s+1/T_{\theta_2})}{(s^2+2\zeta_p\omega_p s+\omega_p^2)(s^2+2\zeta_s\omega_s s+\omega_s^2)} \tag{2.38}
$$

运动方程的解导出了由式(2.34)描述的传递函数分子和公分母多项式形式。在式(2.35)~式(2.38)中显式地将多项式分解为实根和复根对。由于根可表为时间常数、阻尼比和自然频率,上述描述形式就可以快速提供这些有用的基本信息。需要指出分子和分母因式是常规飞机的经典描述形式。有时,一对复根可能变成两个实根,反之亦然。然而,这并不意味着飞机的动态响应特性会有很大改变。响应所表现的差异可能是明显的,但并不一定会很大。

传递函数的公分母为特征多项式,它决定了飞机的稳定性。升降舵输入引起的所有变量的响应受分母参数,即阻尼比和自然频率的影响。各响应间的区别则完全由它们各自的分子决定。因此,充分重视分子对决定响应动态的作用是很重要的。各变量的响应形状由公分母确定,而其特殊性由它们各自的分子确定。

2.10.2 纵向特征方程

通常把特征方程因式分解为两对复根,常方便地写为

$$
\Delta(s) = (s^2+2\zeta_p\omega_p s+\omega_p^2)(s^2+2\zeta_s\omega_s s+\omega_s^2) = 0 \tag{2.39}
$$

方程(2.39)中的二阶特征根分别代表长周期和短周期稳定模态。这些稳定模态完全描述了飞机在小扰动运动条件下的纵向稳定特性。因此,飞机的纵向动态特性可以看作是一对松耦合的质量-弹簧阻尼系统,同时,对飞机在平衡状态受扰运动的分析,可以直接与质量-弹簧阻尼机械系统的特性作对比。然而,飞机的阻尼和频率特性从本质上说并不是机械的,它们完全是由飞机的空气动力学特性导出的。观察到的飞机动力学与它的空气动力学特性之间的联系将在下面描述。基于对飞机动力学的物理特性的观察与理解可以做出简化的近似。

2.10.3　短周期俯仰振荡

典型的短周期模态是绕 Oy 轴的俯仰阻尼振荡。一旦飞机的俯仰平衡状态受到扰动,该模态即被激发,会显示出一个典型的二阶振荡环节特性,其中主要变量为迎角 α,或等效于 w,俯仰角速度 q 和俯仰姿态角 θ。这些现象通过参照运动方程解中的特征向量很容易被证实。通常,模态的无阻尼自然频率在 $1\sim10\,\text{rad/s}$ 范围内,衰减通常是收敛的,尽管阻尼比通常比期望的低。因为模态的周期短,惯性和动量效应使得在该模态时间范围内的速度响应可以忽略。因此,在短周期扰动中,速度保持不变($u=0$)是一个很好的近似。

在飞行和操纵品质评价中飞机的短周期响应特性特别重要。短时段的性能由短周期模态主导,所以很容易获得忽略长周期特性的降阶运动方程。通过观察短周期俯仰振荡的特性,可以简化纵向运动方程使之仅描述短时段动力学特性。因为在降阶运动方程中依旧保留了决定短时段动力学特性的各项,由此仍可观察到决定物理性能的重要空气动力学机理。

短周期俯仰振荡几乎是唯一的振荡,其主要变量是俯仰速度 q 和迎角 α,且速度几乎保持不变,因此 $u=0$。从而,速度方程和与速度相关的项可以从纵向运动方程(2.23)中去掉。整理后的方程可写为

$$\begin{bmatrix} \dot{w} \\ \dot{q} \\ \dot{\theta} \end{bmatrix} = \begin{bmatrix} z_w & z_q & z_\theta \\ m_w & m_q & m_\theta \\ 0 & 1 & 0 \end{bmatrix} \begin{bmatrix} w \\ q \\ \theta \end{bmatrix} + \begin{bmatrix} z_\eta \\ m_\eta \\ 0 \end{bmatrix} \boldsymbol{\eta} \tag{2.40}$$

进而假设运动方程基于飞机气流坐标系,且飞机开始处于稳态水平飞行,故

$$\theta_e \equiv \alpha_e = 0 \text{ 且 } U_e = V_0$$

由于 $z_\theta = g\sin\theta_e\theta$,故

$$z_\theta = m_\theta = 0$$

方程(2.40)可化简到最简形式:

$$\begin{bmatrix} \dot{w} \\ \dot{q} \end{bmatrix} = \begin{bmatrix} z_w & z_q \\ m_w & m_q \end{bmatrix} \begin{bmatrix} w \\ q \end{bmatrix} + \begin{bmatrix} z_\eta \\ m_\eta \end{bmatrix} \boldsymbol{\eta} \tag{2.41}$$

此时,这些推导是基于气流坐标系的。可以用方程(2.33)手工计算出传递函数矩阵:

$$G(s) = \frac{N(s)}{\Delta(s)} = \frac{\begin{bmatrix} s-m_q & z_q \\ m_w & s-z_w \end{bmatrix}\begin{bmatrix} z_\eta \\ m_\eta \end{bmatrix}}{\begin{bmatrix} s-z_w & -z_q \\ -m_w & s-m_q \end{bmatrix}} = \frac{\begin{bmatrix} z_\eta\left(s+\left(m_q+z_q\dfrac{m_\eta}{z_\eta}\right)\right) \\ m_\eta\left(s+\left(m_w\dfrac{z_\eta}{m_\eta}-z_w\right)\right) \end{bmatrix}}{s^2-(m_q+z_w)s+(m_q z_w - m_w z_q)}$$

$$(2.42)$$

这些传递函数可以进一步简化,因考虑到:

$$\left| z_q\frac{m_\eta}{z_\eta} \right| \gg | m_q |$$

$$| z_w | \gg \left| m_w\frac{z_\eta}{m_\eta} \right|$$

且 $z_q \cong U_e$。

因此,描述升降舵所致响应的两个短周期传递函数可写成

$$\frac{w(s)}{\eta(s)} = \frac{z_\eta\left(s+U_e\dfrac{m_\eta}{z_\eta}\right)}{s^2-(m_q+z_w)s+(m_q z_w - m_w U_e)} \equiv \frac{k_w\left(s+\dfrac{1}{T_a}\right)}{s^2+2\zeta_s\omega_s s+\omega_s^2} \quad (2.43)$$

$$\frac{q(s)}{\eta(s)} = \frac{m_\eta s - z_w}{s^2-(m_q+z_w)s+(m_q z_w - m_w U_e)} \equiv \frac{k_q\left(s+\dfrac{1}{T_{\theta_2}}\right)}{s^2+2\zeta_s\omega_s s+\omega_s^2} \quad (2.44)$$

式中:k_w, k_q, T_a, T_{θ_2}, ζ_s 和 ω_s 表示近似值。显然,用式(2.43)和式(2.44)做简单推导,就容易建立描述飞机的纵向短周期瞬态动力学的重要参数与机体气动特性间的关系。

由传递函数可见,降阶的特征方程可以写成

$$\Delta(s) = s^2 + 2\zeta_s\omega_s s + \omega_s^2 = s^2 - (m_q+z_w)s + (m_q z_w - m_w U_e) = 0 \quad (2.45)$$

与经典的质量-弹簧阻尼系统对应,就可给出该短周期模态的阻尼和自然频率,近似为

$$\begin{cases} 2\zeta_s\omega_s = -(m_q+z_w) \\ \omega_s = \sqrt{m_q z_w - m_w U_e} \end{cases} \quad (2.46)$$

方程(2.46)等号右式完全可以用经典的质量-弹簧阻尼器的方法给出相同的解释。显而易见,气动导数提供了刚性和黏性俯仰阻尼,虽然不止一项气动参数对阻尼和自然频率有影响。因此,短周期动态系统的气动原理比经典质量弹簧阻尼器略

为复杂,而且各种气动参数的作用并不总是有利的。然而,对于传统飞机,其整体气动特性通常用稳定的短周期模态描述。

通常,导数 z_w 取决于机翼的升力曲线[①]斜率,导数 m_q 主要取决于水平尾翼的黏性桨阻特性,两者都是负数。导数 m_w 是俯仰运动气动刚性的一个度量,同样取决于水平尾翼的气动特性。m_w 的符号由 cg 的位置决定,随 cg 沿机身前移具有更大的负值。因此,当 cg 在机身足够靠前的位置时,短周期模态是稳定的。当 m_w 变号时,cg 在机身上的位置称为操纵固有中性点,因此 m_w 也是飞机的稳定裕度的度量。由式(2.45)和式(2.46)可得,对应 $(m_q z_w - m_w U_e)$ 变号的 cg 位置,称为操纵的固有操纵点,其值为飞机操纵的固有操纵裕度的度量。

2.10.4　长周期模态

长周期模态一般是速度 u(与俯仰角 θ 和高度 h 耦合)的小阻尼低频振荡。该模态的重要特征是在扰动过程中迎角 $\alpha(w)$ 基本保持不变。同样,这些观察可以很容易通过参照运动方程解的特征向量进行验证。长周期变化或多或少地存在于所有的纵向运动变量中,但迎角 $\alpha(w)$ 和俯仰角速度 q 的长周期分量的相对幅值很小。通常,长周期无阻尼自然频率的范围为 $0.1\sim1\,\mathrm{rad/s}$,且气动阻尼比非常小,典型值为 0.1 或更小。然而,在某些飞机上,该模态表现的阻尼特性可能主要是受动力装置效应影响的。

在飞行动力学研究中,很少需要只保留长周期动态的飞机降阶模型。然而,基于运动性质的假设,通过简化运动方程,也可以导出长周期模态的近似模型。在干扰下,变量 $w(\alpha)$ 和 q 在短周期时间尺度内遵循短周期模态的响应,因此可以假设 $w(\alpha)$ 和 q 在与长周期相关的较长时间范围内是准稳态的。由此,为了作进一步的近似,有

$$\dot{w} = \dot{q} = 0$$

同样假设运动方程以飞机气流坐标系为参考系,干扰发生时飞机在做稳态水平飞行,则

$$\theta_e = \alpha_e = 0 \text{ 且 } U_e = V_0$$

且满足

$$x_\theta = -g \text{ 且 } z_\theta = m_\theta = 0$$

同样,如降阶短周期模型有

$$z_q \cong U_e$$

---

① 升力曲线是升力系数 C_L 对于迎角 α 的关系曲线。

此外,通常假设气动导数 x_q 非常小,因此,方程(2.23)可以相应简化为

$$
\begin{bmatrix} \dot{u} \\ 0 \\ 0 \\ \dot{\theta} \end{bmatrix} = \begin{bmatrix} x_u & x_w & 0 & -g \\ z_u & z_w & U_e & 0 \\ m_u & m_w & m_q & 0 \\ 0 & 0 & 1 & 0 \end{bmatrix} \begin{bmatrix} u \\ w \\ q \\ \theta \end{bmatrix} + \begin{bmatrix} x_\eta \\ z_\eta \\ m_\eta \\ 0 \end{bmatrix} \boldsymbol{\eta} \tag{2.47}
$$

方程(2.47)的第 2,3 行可以用代数的方法消去 w 和 q,重新整理,可得降阶状态方程为

$$
\begin{bmatrix} \dot{u} \\ \dot{\theta} \end{bmatrix} = \begin{bmatrix} x_u - x_w\left(\dfrac{m_u U_e - m_q z_u}{m_w U_e - m_q z_w}\right) & -g \\ \left(\dfrac{m_u z_w - m_w z_u}{m_w U_e - m_q z_w}\right) & 0 \end{bmatrix} \begin{bmatrix} u \\ \theta \end{bmatrix} + \begin{bmatrix} x_\eta - \left(\dfrac{m_\eta U_e - m_q z_\eta}{m_w U_e - m_q z_w}\right) \\ \left(\dfrac{m_\eta z_w - m_w z_\eta}{m_w U_e - m_q z_w}\right) \end{bmatrix} \boldsymbol{\eta}
$$

$$
\tag{2.48}
$$

或:

$$
\dot{\boldsymbol{x}} = \boldsymbol{A}_p \boldsymbol{x} + \boldsymbol{B}_p \boldsymbol{u} \tag{2.49}
$$

可以通过代数求解方程(2.48)得到长周期变量 u 和 θ 的响应传递函数。描述降阶长周期动态特性的特征方程由下式给出:

$$
\Delta(s) = \det[s\boldsymbol{I} - \boldsymbol{A}_p] = 0
$$

因此有

$$
s^2 + 2\xi_p\omega_p s + \omega_p^2 = s^2 - \left[x_u - x_w\left(\frac{m_u U_e - m_q z_u}{m_w U_e - m_q z_w}\right)\right]s + g\left(\frac{m_u z_w - m_w z_u}{m_w U_e - m_q z_w}\right) - 0
$$

$$
\tag{2.50}
$$

由此,长周期模态的近似阻尼和自然频率由有限几个气动导数给出。通过进一步的假设,可以更直接,更近似的了解主导模态特性的飞机气动特性。典型的,对于亚声速飞行的常规飞机,有

$$
m_u \to 0, \quad |m_w z_w| \ll |m_w z_u| \quad \text{且} \quad |m_w U_e| \gg |m_q z_w|
$$

相应的阻尼和自然频率的表达式变为

$$
\begin{cases} 2\zeta_p\omega_p = -x_u \\ \omega_p = \sqrt{\dfrac{-gz_u}{U_e}} \end{cases} \tag{2.51}
$$

进一步分析气动导数的表达式,假设配平升力等于飞机重力,使得模态的阻尼和频率近似可以用升力系数 C_L、阻力系数 C_D 和稳态速度 V_0 项来描述:

$$\begin{cases} \zeta_{\mathrm{p}} = \dfrac{1}{\sqrt{2}}\left(\dfrac{C_D}{C_L}\right) \\[3mm] \omega_{\mathrm{p}} \cong \dfrac{g\sqrt{2}}{V_0} \end{cases} \tag{2.52}$$

长周期模态的阻尼比和自然频率的表达式显然是近似的,因为它们是诸多简化假设的结果。由此可知,长周期模态的自然频率近似地与配平速度成反比,而阻尼比近似地和飞机的升阻比成反比。因为飞机设计的主要目标之一是达到高的升阻比,由此可以很容易理解为什么长周期模态的阻尼通常是非常小的。

2.11 对控制的横向响应

2.11.1 横向传递函数矩阵

方程(2.25)给出了简洁推导的横向状态方程。将 $\boldsymbol{A}$,$\boldsymbol{B}$ 和 $\boldsymbol{I}$ 代入方程(2.33),可得横向传递函数矩阵:

$$\boldsymbol{G}(s) = \begin{bmatrix} s-y_v & -y_p & -y_r & -y_\phi & -y_\psi \\ -l_v & s-l_{\mathrm{p}} & -l_{\mathrm{r}} & -l_\phi & -l_\psi \\ -n_v & -n_{\mathrm{p}} & s-n_{\mathrm{r}} & -n_\phi & -n_\psi \\ 0 & -1 & 0 & s & 0 \\ 0 & 0 & -1 & 0 & s \end{bmatrix}^{-1} \begin{bmatrix} y_\xi & y_\zeta \\ l_\xi & l_\zeta \\ n_\xi & n_\zeta \\ 0 & 0 \\ 0 & 0 \end{bmatrix}$$

$$= \frac{1}{\Delta(s)} \begin{bmatrix} N_\xi^v(s) & N_\zeta^v(s) \\ N_\xi^{\mathrm{p}}(s) & N_\zeta^{\mathrm{p}}(s) \\ N_\xi^{\mathrm{r}}(s) & N_\zeta^{\mathrm{r}}(s) \\ N_\xi^\phi(s) & N_\zeta^\phi(s) \\ N_\xi^\psi(s) & N_\zeta^\psi(s) \end{bmatrix} \tag{2.53}$$

方程(2.53)所给出的横向响应传递函数全面描述了由副翼和方向舵输入引起的侧滑、滚转和偏航等线性动态不对称响应。与纵向解算相同,响应表明飞机的横向稳定特性决定了它的动态特性。同上,传递函数和由它们表达的响应变量是线性的,因为整个建模过程是基于在平衡点附近发生的小扰动运动这个假设进行的,且通常是在稳定平飞状态下。

方程(2.53)描述了两组 5 个响应传递函数,第一组描述由副翼输入引起的运动响应,第二组描述由方向舵输入引起的响应。与纵向响应传递函数相同,采用传递函数的缩略形式是很方便的。描述由副翼引起的响应传递函数通常为

$$\frac{v(s)}{\xi(s)} \equiv \frac{N_\xi^v(s)}{\Delta(s)} = \frac{k_v(s+1/T_{\beta_1})(s+1/T_{\beta_2})}{(s+1/T_{\mathrm{s}})(s+1/T_{\mathrm{r}})(s^2+2\zeta_{\mathrm{d}}\omega_{\mathrm{d}}s+\omega_{\mathrm{d}}^2)} \tag{2.54}$$

$$\frac{p(s)}{\xi(s)} \equiv \frac{N_\xi^{\mathrm{p}}(s)}{\Delta(s)} = \frac{k_{\mathrm{p}}s(s^2+2\zeta_\phi\omega_\phi s+\omega_\phi^2)}{(s+1/T_{\mathrm{s}})(s+1/T_{\mathrm{r}})(s^2+2\zeta_{\mathrm{d}}\omega_{\mathrm{d}}s+\omega_{\mathrm{d}}^2)} \tag{2.55}$$

$$\frac{r(s)}{\xi(s)} \equiv \frac{N_\xi^r(s)}{\Delta(s)} = \frac{k_r(s+1/T_\psi)(s^2+2\zeta_\psi\omega_\psi s+\omega_\psi^2)}{(s+1/T_s)(s+1/T_r)(s^2+2\zeta_d\omega_d s+\omega_d^2)} \qquad (2.56)$$

$$\frac{\phi(s)}{\xi(s)} \equiv \frac{N_\xi^\phi(s)}{\Delta(s)} = \frac{k_\phi(s^2+2\zeta_\phi\omega_\phi s+\omega_\phi^2)}{(s+1/T_s)(s+1/T_r)(s^2+2\zeta_d\omega_d s+\omega_d^2)} \qquad (2.57)$$

$$\frac{\psi(s)}{\xi(s)} \equiv \frac{N_\xi^\psi(s)}{\Delta(s)} = \frac{k_\psi s(s+1/T_\psi)(s^2+2\zeta_\psi\omega_\psi s+\omega_\psi^2)}{(s+1/T_s)(s+1/T_r)(s^2+2\zeta_d\omega_d s+\omega_d^2)} \qquad (2.58)$$

描述由方向舵引起的响应传递函数通常为：

$$\frac{v(s)}{\zeta(s)} \equiv \frac{N_\zeta^v(s)}{\Delta(s)} = \frac{k_v(s+1/T_{\beta_1})(s+1/T_{\beta_2})(s+1/T_{\beta_3})}{(s+1/T_s)(s+1/T_r)(s^2+2\zeta_d\omega_d s+\omega_d^2)} \qquad (2.59)$$

$$\frac{p(s)}{\zeta(s)} \equiv \frac{N_\xi^p(s)}{\Delta(s)} = \frac{k_p s(s+1/T_{\phi_1})(s+1/T_{\phi_2})}{(s+1/T_s)(s+1/T_r)(s^2+2\zeta_d\omega_d s+\omega_d^2)} \qquad (2.60)$$

$$\frac{r(s)}{\zeta(s)} \equiv \frac{N_\zeta^r(s)}{\Delta(s)} = \frac{k_r(s+1/T_\psi)(s^2+2\zeta_\psi\omega_\psi s+\omega_\psi^2)}{(s+1/T_s)(s+1/T_r)(s^2+2\zeta_d\omega_d s+\omega_d^2)} \qquad (2.61)$$

$$\frac{\phi(s)}{\zeta(s)} \equiv \frac{N_\zeta^\phi(s)}{\Delta(s)} = \frac{k_\phi(s+1/T_{\phi_1})(s+1/T_{\phi_2})}{(s+1/T_s)(s+1/T_r)(s^2+2\zeta_d\omega_d s+\omega_d^2)} \qquad (2.62)$$

$$\frac{\psi(s)}{\zeta(s)} \equiv \frac{N_\zeta^\psi(s)}{\Delta(s)} = \frac{k_\psi s(s+1/T_\psi)(s^2+2\zeta_\psi\omega_\psi s+\omega_\psi^2)}{(s+1/T_s)(s+1/T_r)(s^2+2\zeta_d\omega_d s+\omega_d^2)} \qquad (2.63)$$

方程(2.53)描述的运动方程的解是传递函数的分子和公分母多项式的形式。在式(2.54)～式(2.63)中显式地将多项式因式分解为实根和复根对。因为极点可以看作是时间常数、阻尼比和自然频率，上述表达式明显提供了这些基本信息。应当指出，上述分子和分母因子对于常规飞机是典型的。有时，共轭复根可能变成是两个实根，反之亦然。然而，这通常并不意味着飞机的动态响应特性会有显著不同。响应所表现的差异可能是明显的，但差异并不一定很大。

传递函数方程(2.54)～方程(2.63)分别描述了各不相同但是相关的飞机运动变量对于控制输入的响应。但仍需注意的是，在副翼和方向舵两个响应传递函数的某些分子项中采用了一些相同的符号，例如，k_r，T_ψ，ζ_ψ 和 ω_ψ 在 $N_\xi^r(s)$ 和 $N_\zeta^r(s)$ 中都出现了。必须清楚的是，这些分子参数是与上下文相关的，对于所研究的传递函数有唯一确定的数值。再一次重复上述观点，这些符号只是为了便于区分特定的分子项参数，仅用于标记各项参数的作用，如作为增益、时间常数、阻尼比或频率。

同上，传递函数的分母描述了特征多项式，而特征多项式又描述了飞机横向的稳定特性。因此，对于所有响应的传递函数其分母是相同的。由副翼或方向舵输入引起的所有变量的响应都取决于分母参数，即时间常数、阻尼比和自然频率。各响应间的区别完全由它们各自的分子决定。各独立变量的响应形状由公分母确定，而其特殊性由它们各自的分子决定。

2.11.2 横向特征方程

特征方程通常分解为一个零根、两个实根和一对共轭复根，常写作：

$$\Delta(s) = s(s+1/T_s)(s+1/T_r)(s^2+2\zeta_d\omega_d s + \omega_d^2) = 0 \qquad (2.64)$$

该零根是状态方程中含有偏航角的结果，它表明偏航或航向的中性稳定性。换言之，横向动力学是相对于稳态总速度矢量进行分析的，该速度矢量假设可在方位、偏航或航向的任意角度。第一个非零实根描述无振荡螺旋模态，第二个非零实根描述衰减滚转模态，一对共轭复根描述振荡荷兰滚模态。相对于稳态总速度矢量，在小扰动运动的约束条件下，稳定模态完整描述了飞机的横向稳定特性。

与纵向动力学不同的是，由于稳定模态不是很明晰，所以横向动力学的分析也不那么直观；通常存在着较大的模态耦合和相互作用。这就需要做些必要的，但不够合适的简化假设，从而导致模型准确度的降低。下面，将说明飞机的动力学与它的气动特性之间的关系。必须清楚的是，除非给出一些较粗略的简化假设，否则这个分析过程是非常困难的。解决该困难的方法包括采用纵向模态分析中推导降阶模型的方法。

2.11.3 滚转衰减模态

滚转衰减模态表现了无振荡横向特征，它本质上与螺旋和荷兰滚模态解耦。因为它是无振荡的，用特征多项式中的一个单实根描述，它在滚转运动中显示指数滞后特性。

假设扰动很小，滚转衰减模态显示出几乎纯滚转运动，带有很小的与侧滑和偏航的耦合。因此，将横向动力学的降阶模型只保留滚转模态，从横向状态方程 (2.25) 中略去侧向力和偏航力矩方程，给出：

$$\begin{bmatrix} \dot{p} \\ \dot{\phi} \end{bmatrix} = \begin{bmatrix} l_p & l_\phi \\ 1 & 0 \end{bmatrix} \begin{bmatrix} p \\ \phi \end{bmatrix} + \begin{bmatrix} l_\xi & l_\zeta \\ 0 & 0 \end{bmatrix} \begin{bmatrix} \xi \\ \zeta \end{bmatrix} \qquad (2.65)$$

进一步，如果假设飞机气流坐标系，则 $l_\phi = 0$，于是方程 (2.65) 可化简为单自由度滚转运动方程：

$$\dot{p} = l_p p + l_\xi \xi + l_\zeta \zeta \qquad (2.66)$$

由副翼引起的滚转响应传递函数可以通过对方程 (2.66) 进行拉普拉斯变换，假设零初始条件，且方向舵保持不动，$\zeta = 0$，则

$$sp(s) = l_p p(s) + l_\xi \xi(s) \qquad (2.67)$$

整理可得

$$\frac{p(s)}{\xi(s)} = \frac{l_\xi}{(s-l_p)} \equiv \frac{k_p}{(s+1/T_r)} \qquad (2.68)$$

　　方程(2.68)给出的传递函数是等效于式(2.55)给出的传递函数的近似降阶形式,是时间常数为 T_r 的简单的一阶延迟环节。对于小扰动运动,方程(2.68)较合理地描述了由副翼引起的第一秒或两秒内的滚转响应,且作为一种识别飞机的主导物理特性的方法,来确定滚转模态的时间常数特别有价值,例如滚转模态时间常数可近似表为

$$T_r \cong -\frac{1}{l_p} \tag{2.69}$$

式中:l_p 是滚转运动的气动阻尼导数的简明表示。通常,滚转模态时间常数值在 $0.2 \sim 1.5\,\mathrm{s}$ 间。

2.11.4　螺旋模态

　　螺旋模态也是非振荡的,由特征多项式中的另一个实根所决定。当被激发时,该模态动态发展缓慢,且含有复杂的滚转、偏航和侧滑耦合运动。该模态通常由侧滑扰动 v 激励,一般会引起滚转扰动 ϕ,导致一侧机翼下偏。侧滑使得垂直尾翼产生偏角 β 产生侧力,接着产生偏航力矩使飞机转向侧滑方向。偏航运动沿翼展产生差动升力,从而产生滚转力矩使得低的机翼进一步下降,加重了机翼下偏情况。因此,这个趋势表明飞机在侧滑方向是发散的。然而,由于侧滑,机翼的上反角效应产生反向恢复滚转力矩,使机翼回到水平姿态。因此,这种情况是垂直尾翼效应或方向静稳定性和上反角效应或横向静稳定性这两种相反作用产生的一种有趣的动态条件。通常,这两种相反影响几乎势均力敌,该模态可能是稳定、中性稳定或不稳定。因为该模态是非振荡的,它表现为典型的指数收敛或发散。因为它接近中性稳定,所以它变化缓慢。其时间常数非常大,一般为 $100\,\mathrm{s}$ 或更大。

　　因为受到干扰后螺旋模态变化缓慢,所以通常假设运动变量 $v,\,p,\,r$ 在该模态时间尺度内是准定常的。由此,可近似得到 $\dot{v}=\dot{p}=\dot{r}=0$,且以气流坐标系为参考,横向状态方程(2.26)可写成

$$\begin{bmatrix} 0 \\ 0 \\ 0 \\ \dot{\phi} \end{bmatrix} = \begin{bmatrix} y_v & y_p & y_r & y_\phi \\ l_v & l_p & l_r & l_\phi \\ n_v & n_p & n_r & n_\phi \\ 0 & 1 & 0 & 0 \end{bmatrix} \begin{bmatrix} v \\ p \\ r \\ \phi \end{bmatrix} + \begin{bmatrix} y_\xi & y_\zeta \\ l_\xi & l_\zeta \\ n_\xi & n_\zeta \\ 0 & 0 \end{bmatrix} \begin{bmatrix} \xi \\ \zeta \end{bmatrix} \tag{2.70}$$

　　因为采用气流坐标系,故 $l_\phi = n_\phi = 0$,同时假设操纵量保持不变,即仅考虑自然运动 $\xi = \zeta = 0$,则方程(2.70)可简化为

$$\begin{bmatrix} 0 \\ 0 \\ 0 \\ \dot{\phi} \end{bmatrix} = \begin{bmatrix} y_v & y_p & y_r & y_\phi \\ l_v & l_p & l_r & 0 \\ n_v & n_p & n_r & 0 \\ 0 & 1 & 0 & 0 \end{bmatrix} \begin{bmatrix} v \\ p \\ r \\ \phi \end{bmatrix} \tag{2.71}$$

可以重新整理方程(2.71)的前三行,消去变量 v 和 r,忽略无关的气动导数,得到只保留滚转角速度 p、滚转角 ϕ 的降阶方程:

$$\begin{bmatrix} 0 \\ \dot{\phi} \end{bmatrix} = \begin{bmatrix} y_{\mathrm{r}} \dfrac{(l_v n_{\mathrm{p}} - l_{\mathrm{p}} n_v)}{l_{\mathrm{r}} n_v - l_v n_{\mathrm{r}}} & y_\phi \\ 1 & 0 \end{bmatrix} \begin{bmatrix} p \\ \phi \end{bmatrix} \tag{2.72}$$

因为 $\dot{\phi} = p$,故方程(2.72)可简化为螺旋模态含有自然滚转运动的单自由度近似方程:

$$\dot{\phi} + \left(\frac{y_\phi (l_{\mathrm{r}} n_v - l_v n_{\mathrm{r}})}{y_{\mathrm{r}} (l_v n_{\mathrm{p}} - l_{\mathrm{p}} n_v)} \right) \phi = 0 \tag{2.73}$$

假设零初始条件,得方程(2.73)的拉氏变换:

$$\phi(s) \left[s + \left(\frac{y_\phi (l_{\mathrm{r}} n_v - l_v n_{\mathrm{r}})}{y_{\mathrm{r}} (l_v n_{\mathrm{r}} - l_{\mathrm{r}} n_v)} \right) \right] \equiv \phi(s)(s + 1/T_{\mathrm{s}}) = 0 \tag{2.74}$$

方程(2.74)是一个横向降阶特征方程,仅近似保留了对螺旋模态特性的描述。由此,可定义螺旋模态时间常数的近似表达为:

$$T_{\mathrm{s}} \cong \frac{y_{\mathrm{r}} (l_v n_{\mathrm{p}} - l_{\mathrm{p}} n_v)}{y_\phi (l_{\mathrm{r}} n_v - l_v n_{\mathrm{r}})} \tag{2.75}$$

2.11.5　荷兰滚模态

荷兰滚模态是绕飞机 Oz 轴的典型的阻尼振荡偏航运动,它与滚转运动耦合,与侧滑有较小程度的耦合。因此,用荷兰滚模态描述的运动是横向所有 3 个自由度运动的复杂相互作用。只要偏航振荡被激发,则流过左和右翼面的气流相对速度也会随之发生振荡,从而引起振荡差动升力和阻力扰动。接着,该气动耦合又导致了与偏航振荡延迟 $90°$ 的滚转振荡。偏航和滚转运动间的相位差说明航向运动的翼面低,后向运动的翼面高。所以,荷兰滚模态典型的表现可从机翼的翼尖相对于水平面的轨迹发现,该轨迹通常是椭圆的。

为了建立描述荷兰滚模态的降阶模型,通常会采取相当粗略的假设,即荷兰滚运动完全不含滚转运动。该假设基于荷兰滚模态一开始只有偏航振荡,作为二次效应,气动耦合才引起滚转运动。由此,以气流坐标系为参考系,$\dot{p} = p = \dot{\phi} = \phi = 0$,横向状态方程(2.26)可进一步简化。

由飞机气流坐标系假设,$l_\phi = n_\phi = 0$,且假设控制保持不变,即仅考虑自然运动 $\xi = \zeta = 0$,则方程(2.26)可简化为

$$\begin{bmatrix} \dot{v} \\ \dot{r} \end{bmatrix} = \begin{bmatrix} y_v & y_{\mathrm{r}} \\ n_v & n_{\mathrm{r}} \end{bmatrix} \begin{bmatrix} v \\ r \end{bmatrix} \tag{2.76}$$

方程(2.76)可写成

$$\dot{x} = A_d x_d$$

给出描述荷兰滚模态近似动态特性的降阶特征方程：

$$\Delta_d(s) = \det[sI - A_d] = \begin{vmatrix} s - y_v & -y_r \\ -n_v & s - n_r \end{vmatrix} \tag{2.77}$$

$$= s^2 - (n_r + y_v)s + (n_r y_v - n_v y_r) = 0$$

因此，该模态的阻尼和频率特性可近似为

$$\begin{cases} 2\zeta_d \omega_d \cong -(n_r + y_v) \\ \omega_d^2 \cong (n_r y_v - n_v y_r) \end{cases} \tag{2.78}$$

将方程(2.78)中的阻尼和频率项与质量弹簧阻尼系统的相关项作对比，容易辨识这些气动稳定导数对决定荷兰滚模态特性所起的作用。例如，n_r 为偏航阻尼导数，n_v 为偏航刚性稳定性导数，以上两者都取决于尾翼及尾翼容量的气动设计。虽然荷兰滚模态近似表达与真实情况相差较多，但它仍是了解该模态的物理特性及其主要气动特性的有效方法。

2.12　结语

本章给出用于飞行控制系统分析和设计的数学模型的背景知识，回顾了坐标系及平衡状态下的纵向和横向小扰动运动方程。由这些方程，导出了传递函数、状态空间表达式，及其降阶模型，从中可以更深入了解飞机动态特性。

2.13　参考文献

Cook M V. Flight dynamics principles [M]. Arnold, Hodder Headline Group, 1997.

3 作动系统

3.1 引言

作动系统是飞行控制系统的一个重要系统,它提供驱动飞行操纵面的必要动力。无论主飞行控制装置(如升降舵、方向舵、副翼、扰流板或鸭翼)还是辅助飞行控制装置(如前缘缝翼、后缘襟翼、进气口或减速板),都必须对舵面提供相应的驱动。

作动器性能对飞机的整体性能有重大的影响,在飞行控制系统的设计和开发过程中,都必须考虑在所有运行条件下作动器性能对飞机控制的影响。作动器性能要求是由整机性能要求决定的,这导致了作动器本身设计、控制和制造的困难。

本章概述当今应用于现代战机的先进作动系统技术,讨论了先进作动系统的性能和控制要求,考虑了其对飞行控制的影响,简介了所采用的建模和分析方法。

3.2 作动系统技术概述

3.2.1 操纵面类型

一架飞机有许多不同的飞行操纵面,其中有些是用于主飞行控制装置(如控制滚转、俯仰和偏航的机动及稳定),其他则是用于辅助操纵(如增升装置或减升装置)。操纵面的类型及其应用将对该操纵面的作动系统的要求有重大影响,特别是作动器故障后的运行。

主飞行操纵能力对飞机起安全关键作用,当一个或多个主飞行操纵失控时,多数情况下会导致飞机损毁。主动控制技术、随控布局飞行器和放宽静稳定度等概念的问世,飞机可设计成不稳定的构型,来提高飞机的性能和敏捷性;同时也使飞机更依赖于对主飞行操纵面的控制,以至于若不连续控制主操纵面将无法控制当今许多先进的现代战机。在飞机生命周期内,某个作动器出现故障是不可避免的。为此,必须按照故障-工作-故障-工作的理念设计这类飞机的主飞行操纵的作动系统。即在发生一个或两个故障的情况下,作动器能继续以全性能或极其接近全性能工作,以满足飞机安全性和完整性的要求。

对于多数辅助操纵面,不需要保证故障后全性能工作。虽然辅助操纵面的失效可能会导致飞机的飞行受限,如,要求未放襟翼着陆或使飞机的最大迎角受限,但这些都不会直接损毁飞机。然而,有些故障本身会产生危险状态,如进气整流罩因故障而处于关闭状态会使发动机熄火,减速板因故障处于打开的位置会使飞机操纵和速度受限。在这种情况下,必须采用故障-工作-故障-安全,或故障-安全理念,其中一个设计要求是确保故障发生后,辅助操纵面能运动到一个安全的位置或锁死。在上述例子中,需要作动器在故障后打开进气罩或关闭减速板,尽管这些措施会使操纵性能低于正常状态。同样的准则也适用于起落架的设计中,此时的安全状态是放下起落架,在正常收放功能失效的情况下,作动器只具有放下功能。

当然,辅助飞行操纵面也是飞机系统中非常重要的组成部分,如何提供故障后的紧急操作模式是一个重要的工程挑战。但是,最影响飞机的基本稳定性和操纵品质的还是主飞行操纵面的作动器,因此本章的后续部分将主要介绍主飞行操纵面的作动器。

3.2.2　作动器运行

当今飞机的大多数飞行控制作动系统采用电气/机械指令信号和液压动力。直到 20 世纪 70 年代初,大多数作动系统仍采用机械指令信号。先进电传操纵技术的问世导致目前许多作动器采用电气信号作为指令形式(虽然不是唯一的形式)。该信号用来驱动滑阀,打开端口使高压油通过。液压油驱动作动筒活塞,使活塞杆前伸或回拉,提供力来移动相应的操纵面。滑阀的运动可以借助机械输入实现,当作动筒活塞达到所要求的位置时,借助于作动筒活塞位移的机械反馈来关闭阀门;也可以采用一个如同微型作动器的电液伺服阀来驱动滑阀;目前越来越常见的方式是直接用电机驱动滑阀。图 3.1 给出了各种作动器的结构和信号驱动关系,图中没有给出多余度伺服阀、多线圈电机和旁路阀等余度特性。

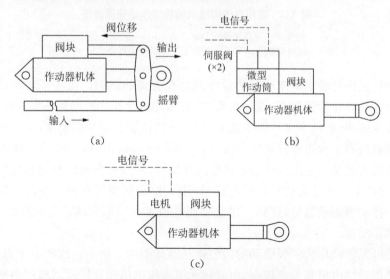

图 3.1　典型作动器控制方法原理图

(a) 机械信号及反馈　(b) 具有电液伺服阀的电气指令信号　(c) 有直接驱动电机的电气指令信号

图 3.2 给出了一个典型的伺服阀控作动器,其中伺服阀给串列主控滑阀提供驱动力。这种特殊的作动器使用 4 个伺服阀来驱动主控(滑阀)阀,每一个伺服阀由 4 台控制计算机之一提供控制信号,4 个线性差动传感器(LVDT)测量主作动器输出杆位移、4 个 LVDT 测量主控阀位移,从而构成四余度作动器。通过比较每时刻每通道的信号,利用多数表决方法,可以隔离出至多两个失效通道,满足系统安全要求。

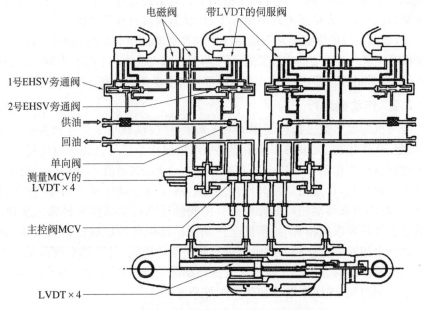

图 3.2　采用电液伺服阀的典型作动器原理图

(经英国伍尔弗汉普顿 Dowty Aerospace 公司允许)

EHSV—电液伺服阀;LVDT—线性可变差动传感器;MCV—主控阀

故障后工作的要求对作动器的设计理念有重要的影响。在主作动器设计时必须采用余度设计才能满足 FO/FO 的要求,常采用多个相同控制通道来实现。例如,在欧洲战斗机 2000 的主飞控作动器中,所有反馈传感器都是四余度,每一个传感器的信号都被送到 4 台飞控计算机(flight control computer,FCC)中的一台中。4 台飞控计算机通过交叉通道数据链来比较这些信号,判别是否有信号与其他信号有明显差异,并产生一个综合信号或平均信号,用于控制和监测算法。每台飞控计算机产生一个作动器驱动信号,送到直接驱动阀电机 4 个线圈中的一个,驱动主控阀来控制串联作动器。

直接电机驱动作为一级驱动的典型作动器如图 3.3 所示。欧洲战斗机 2000 的作动器使用线性电机移动主控阀,由旋转无刷直流电机的旋转运动通过曲柄机构转换为直线运动。与四余度的欧洲战斗机 2000 的最大区别在于它采用了三余度结构,直接驱动电机只用 3 个线圈,每个主控阀和主作动筒只有 3 个反馈传感器

(LVDT)。一个三余度作动器,对于两个类似但独立的电气故障要达到 FO/FO,就不能仅依靠通道多数表决,而是需要采用通道内故障检测技术,如与相关模型进行比较。

余度水平是指系统采用的电气通道数而不是液压源数。图 3.2 和图 3.3 所示的作动器都采用了由两个独立的液压源供油,一个作动器综合的结构。为了保证这两个液压系统的独立性,作动器设计必须使两腔间的泄漏即使不能消除也要最小,并且需要采用作动筒止裂设计,以保证油缸一侧的疲劳损伤不会导致裂纹从而引起缸体另一侧的损伤,使得两个液压系统同时损失的潜在危险。若其中的一个液压源出故障,另一个液压源仍可以继续提供足够的动力克服气动载荷驱动作动器。然而,作动筒活塞的移动将引起压缩另一侧故障液压源缸体的流体流出,从而产生阻止活塞运动的阻力。为了克服这个阻力,需要安装如图 3.3 所示的旁通阀,在某个液压源失去压力时来沟通受影响的缸体两端。

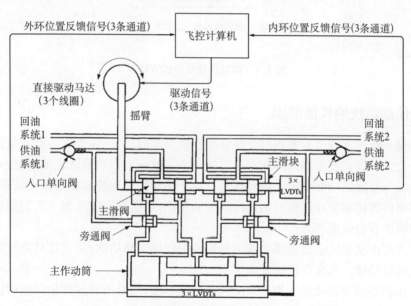

图 3.3　第一级采用电机驱动的典型作动器原理图

作动器的位置控制由闭环反馈控制系统实现。作动筒活塞的位置常采用 LVDT 来测量,有时也采用电位计或其他装置来测量。主控阀位移大致与活塞速度成正比(不考虑作动器外载荷和阀口形状非线性的影响),主控阀位移经测量后可用于改善系统的阻尼特性。闭环回路可以采用模拟电路来实现,但通常全部或部分采用数字计算机来实现。用伺服阀驱动主阀的作动器控制回路的典型方框图如图 3.4 所示。由于内回路是伺服阀回路,因此内回路为高带宽回路,采用模拟电路实现,如果采用计算机实现将需要非常高的采样率。外回路采用计算机实现,反馈信号的采样频率为 80 Hz。在分析作动器性能特点时,重要的是不要忽视数字化控制的影响,其中包括采样和计算延迟,这些都会影响回路稳定性和作动器的频率响应,采样引起的非线性效应还可能会产生振荡。

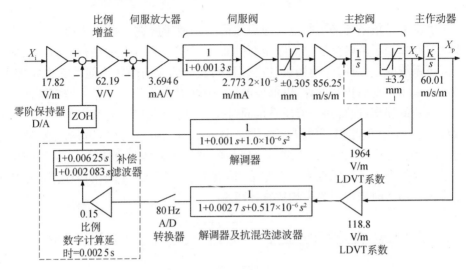

图 3.4 典型作动系统的方块图

3.3 作动系统的性能准则

作动系统技术规范的基本部分是系统性能要求的定义,因为这些要求是供应商在整个设计阶段首要考虑的问题。飞机制造商接收一个作动系统之前,供应商必须演示验证其指定的功能要求已得到满足。对于诸如作动系统那样的长交货期部件,考虑到硬件测试和设计周期后期修改需要的费用,建模是供应商和飞机制造商进行性能评价的重要组成部分。

主飞控作动系统必须提供足够的操纵面响应速度和功率,使飞机具有所要求的稳定性和机动性。其基本性能要求为

- 作动系统应能驱动具有正反向载荷的操纵面,同时能够保持足以适应控制要求的运动速率;
- 作动系统应能使操纵面在两个方向上具有最大给定载荷的情况下,都保持在所需的位置;
- 作动系统频率响应特性(增益衰减和相位滞后)对低频(刚体飞机)的 FCS 回路稳定裕度的影响应尽量小;
- 对于柔性飞机,与高频振荡模态的交互作用应尽量小。

此外,对于可靠性、完整性、尺寸、重量、具体安装方式、相应技术水平等要求必须给予考虑,这些都会影响作动系统的性能。

还有一些特殊的性能要求,具体包括:

- 失效载荷;

- 最大速率能力；
- 频率响应；
- 动态刚度；
- 故障瞬态。

3.3.1　失效载荷

作动器的失效载荷是指直接作用在主作动器上的，由所能获得的供油压力可以支撑的最大压力，超过该压力作动器将开始反向移劝。载荷可来自两个方向（伸出和缩回），该准则适用于这两种情况。失效载荷是作动器的一个基本设计参数，在该作动器可接受的供油压力的条件下，它确定了活塞面积。

作动器的载荷能力要求通常定义为

- 最小输出推力（双液压源供油下作动活塞两边的压差）；
- 最小单系统推力（一个液压源系统被旁路情况下作动活塞两边的压差）；
- 最大静态输出推力（双液压源供油下作动活塞两边的压差）。

供应商根据这些要求，在现有标准液压密封尺寸所给出的限制系列内，确定作动器的尺寸。前两个要求用来确定最小尺寸（特别是活塞面积），以满足载荷和性能要求，第三个要求用于设置尺寸的上限，以防止损坏飞机结构。

失效载荷的设计值基于飞行包线各点预估的最大气动铰链力矩，该最大铰链力矩值可乘以放大因子后作为所需的设计失效载荷。放大因子的作用是确保在最坏飞行条件下，作动器在提供机动飞行所需输出力时，仍能有足够的剩余操纵能力。对于不稳定的飞机，负荷能力被确定为使飞行中所承受的最大载荷不大于单系统失效载荷的 70％，以保证在一套液压源故障时作动器还具有适当的操纵能力，从而在最恶劣的条件下保持对飞机的控制。如果飞机是稳定的，那么最大飞行载荷可略低于单系统失效载荷，这是因为在推力适当的飞行条件下恢复是可能的。

影响失效载荷的主要因素为

- 活塞面积；
- 液压供油压力；
- 工作的液压系统数量。

次要因素是：

- 活塞两侧不等的活塞面积；
- 串列式作动筒构型间的力纷争；
- 活塞腔间泄漏。

当施加力超过失效载荷时，支撑载荷所需的压力就大于液压系统可以提供的压力，作动筒失效并趋于反向移动，外环反馈回路将尝试进行补偿。在这种情况下，即使失效后的行为已经不具有性能评估的意义，作动器在这点的动态行为还是可以通过作动器模型进行预测的。

当作动筒在失效载荷的作用下反向移动时，这意味着液压油相对供油方向反向通过阀端口。由于采用主作动筒位移反馈控制,当作动筒反向时,主阀将强制驱动其移到其最大行程,阀端口完全开启。某些作动系统具有止回阀可以防止回油通过阀端口的反向流动。如果允许逆流,那么作动筒反向移动除了失效外,静态刚度实际变为零,导致超越正常的油压的极大值,甚至可使飞机失控。

3.3.2　最大速率能力

速率要求定义为对于给定载荷和给定活塞两侧的压差所需的伸缩速率。所要求的速率通常针对空载荷,约 $60\% \sim 70\%$ 的失效载荷,对双系统工作和单系统工作分别进行定义。供应商根据速率要求,并依据由载荷要求导出的尺寸信息来决定所需的流体流量,从而确定必要的阀门尺寸。

驱动作动器主作动筒的最大速率对应于阀的端口最大开度。当作动器需要逆载荷方向运动时,最大速率将减小;若需要顺载荷方向运动时,则最大速率将增大。实际上,不管对稳态机动还是配平需求,当操纵面需要逆气流方向偏转时,都存在稳态载荷。影响最大速率的因素为

- 稳态载荷;
- 供油、回油的压力;
- 工作的液压系统数量;
- 活塞面积;
- 主阀口的几何形状;
- 最大主阀位移;
- 活塞腔间泄漏;
- 阀部件压力损失。

从性能的角度来看,最大速率能力必须能以所需的速度来驱动气动操纵面,从而保证具有令人满意的驾驶员操纵品质。还有,自动飞行控制系统包括任何主动控制反馈功能(这里控制速率是一个因素)的要求也必须要考虑,因为飞机控制回路的稳定性在大幅度运动下会受到速率限制的影响。

为了保持最大速率能力及作动系统其他性能参数,作动器液压供油压力必须保持接近标称设计值。在确定飞机液压系统能源包括泵、蓄压器和液压管路压力损失等时,必须考虑这一点。

图 3.5 是最大速率能力与外载荷函数的关系曲线,载荷变化到失效载荷,且考虑主阀开口方向。图中还给出了活塞两腔间泄漏对最大速率能力的影响。随着活塞两腔泄漏增加,将会出现高稳态载荷工作区,进而造成主作动筒将向指令方向的反向移动。在作动系统设计时,应避免这种现象发生,考虑到活塞间泄漏影响,设计阀开口的尺寸和活塞面积以确保在所有工作条件下作动筒均可以防止反向移动。

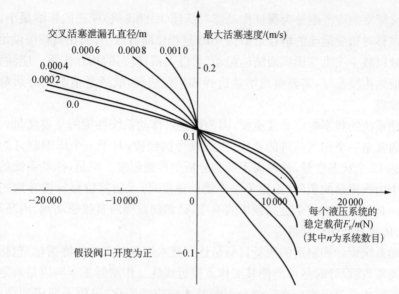

图 3.5　作动器速率与载荷关系的典型曲线

3.3.3　频率响应

作动系统在特定测试条件(如,载荷、振幅、闭环方法等)下的频率响应的要求在规范文件中定义为满足一定的频率响应范围。增益和相位滞后范围适用于典型操纵面惯性载荷下活塞位移对输入指令的响应。例如图 3.6 给出了适用于电传作动系统的典型增益和相位延迟边界,包括最大、最小增益,最大允许相位滞后,还特别定义了作动系统的线性运行范围的指令幅值区域。作动系统供应商还利用频率响应范围以及其他准则(如迟滞、故障瞬态、阀口尺寸和形状)来确定控制回路各环节的增益分布。

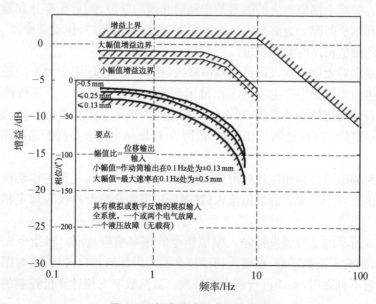

图 3.6　频率响应的典型边界线

定义频率响应范围是为保证作动器对低频(刚性飞机)模态的影响最小,此时作动筒的位移对指令运动的增益近似为 0 dB 且相位滞后最小,而在高频提供足够大的增益衰减以减少飞机与操纵面结构振动(柔性飞机)模态的相互作用。应注意,当考虑操纵面结构模态时,需要重视增益边界和相位边界,故通常情况下必须对输出惯性载荷建模。

作动系统的频率响应非常重要,因为这是对作动系统性能的重要度量。整个作动系统通常是一个相当高阶的系统,根据现今的经验,对于一个详细制订的模型可以有多达 12 个状态变量,这取决于所需分析的详细程度。但是,作动系统的基本响应是一个由阀流量的积分(正比于主作动筒速度)以及活塞位移反馈导致的一阶滞后环节。其他状态对应于更高频率的响应,诸如伺服阀或直接驱动阀、内环动力学、滤波器、传感器和惯性载荷等。

作动系统设计和制造的质量目标是达到技术规范要求的性能指标,包括频率和幅值。通常,在设计时尽可能使其工作点接近线性。作动器基本响应是确定作动系统响应带宽的首要因素。高阶项会引起基本响应的变化,导致不期望的谐振现象,从而放大某些频率上的响应。该线性特性会明显地在较宽的幅值中段表现出来。

在确定所需动态性能时,必须设置好不可超越且符合规范的增益边界和相位滞后边界,并由此决定反馈控制增益(不管是电气增益还是机械增益)。在整个工作范围内,会发生偏离线性的变化,通常这些变化是小到可以接受的。在极端的输入幅度下,在频率响应中会明显表现出与线性特性的重大偏离。

增益上限主要是为线性系统特性而设置的,以防止在系统中出现任何过度的谐振。增益上限适用于所有的幅值。增益下限适用于非常小的输入激励,不同的增益是为不同的幅值而规定的。这些增益级别的设置考虑了作动系统测试时所对应的所需幅值。影响小幅值响应的因素是作动筒和阀的摩擦、阀重叠部分和泄漏、迟滞、电气误差和轴承间隙。为满足这些边界限制,需要确定阀口、作动筒摩擦、轴承及其他组件等的制造精度的细节要求。

无论是在对大幅值输入还是小幅值输入,相位范围仅适用于允许的最大相位滞后。大幅值边界用来定义主线性工作范围所需的性能。假设一个飞行控制系统已具有满足设计规范的作动系统,那么满足相位滞后准则是很重要的。若只为了做作动器比较,用单点 1 Hz 处测试相移即可,因为 1 Hz 是与驾驶员操控品质相关的典型频率。

以上大幅值增益和相位边界可以适用于所规定的幅值,上至主作动筒速率极限对应的幅值。对于非常大的幅值输入(这时阀口需要全打开),没有规定相应的频率响应准则。

图 3.6 所示的是假设直接输入模拟指令的频率响应范围。当指令先输入到数字计算机,则输入是数字的,在输入通道还会引入附加的相位滞后,这时图 3.6 所示的边界线就不再适用,必须进行相应的修改。虽然数字飞控计算机控制的作动系统

必须要满足增益和相位规范,但是作动器供应商却无法在此应用环境中来测试该装置,特别是在飞机早期开发阶段。实际工程中,要求定义一组频率响应边界集来覆盖数字闭环测试(飞机控制的需要)和模拟闭环测试(在飞控计算机提供前允许供应商进行作动器测试)。此外,还需要考虑故障状态和外部载荷条件。

3.3.4　动态刚度

动态刚度或阻抗是作动器抵制外部振荡载荷的能力,其作用相当于一个实际的弹簧和阻尼器。将作动器安装在适宜的试验台上,如果需要可再将一个稳态载荷加到作动器上,然后再施加某一频率范围内的递增振荡载荷,同时测量作动筒相对试验台的递增位移,就可以测得作动器的阻抗特性。动态刚度测量结果分别以实部表示刚度,虚部表示阻尼,单位为:力/位移(N/m 或 lb/in)。

作动系统规范中定义了阻抗要求边界,阻抗测量值必须在此边界内。图 3.7 给出了某电传操纵飞机所使用的典型阻抗边界。图 3.7 还给出了测试条件,包括所用的定常载荷和振动力幅值。阻抗因素会影响作动器的尺寸,可能还会影响故障后的恢复模式。

对于测试频率,必须使测量数据位于图示相应边界之外。
应记录作动器相对于支承物的位移(也就是扣除支架和输出轴承的刚度)。

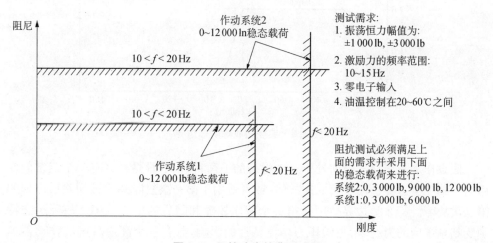

图 3.7　阻抗响应的典型边界

阻抗标准是基于避免操纵面出现颤振的需求而规定的。对飞行控制系统设计的低频范围并没有给出阻抗规范,这是由于在基本设计中呈现的该阻抗通常足够大,不用再给出设计约束。

在与颤振有关的高频段,作动系统应提供足够的刚度(包括与支承物结构的刚度,到操纵面转动方式的刚度),使得颤振速度的裕度得到满足是至关重要的。正常工作的作动系统的裕度应该大于故障出现时的裕度。当液压系统出现故障时,作动筒的阻抗大约会减半,因此阻抗边界应该放宽。

整体阻抗包括作动筒和输出结构刚度影响,所以当液压系统出现故障时,整体阻抗不会减半。如果结构刚度大大高于作动筒体的阻抗,那么整体阻抗将总是减半。如果相对较低,则减半的作动筒体的阻抗将对整体阻抗影响不大。

3.3.5　故障瞬态

故障瞬态的要求通常定义为故障发生后活塞对筒体位移的边界。这里必须考虑不同种类的故障,包括电气通道故障、硬偏故障(例如,多通道电机的一路发生故障要求全电流运行,需其他通道进行补偿,才能控制作动器直到故障得到确认和隔离)和液压源故障。图 3.8 显示了典型的故障瞬态边界。

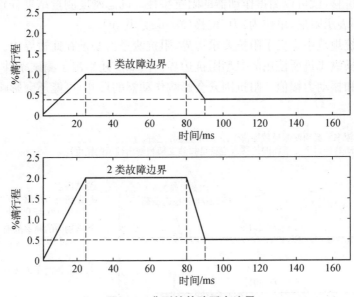

图 3.8　典型的故障瞬态边界

假设作动系统在故障前处于一个稳态的平衡状态,不管是否具有一个定常的作用力。第 1 类边界适用于第一次故障,或者适用于第一次故障通道被切除后出现的第二次故障。第 2 类边界适用于第一个液压故障和随后的电气故障。故障瞬态特别受到系统内的力纷争、主阀压力增益特性的影响,需有一个高逼真度的作动器模型来准确预测故障瞬态。

3.4　作动系统建模

在作动器开发过程的设计阶段,设备供应商和购买设备的飞机公司都将使用数学模型来描述作动系统的动力学。作动器模型的应用目的很广泛,从应用简单的动力学模型分析飞控系统,到应用更详细的动力学模型进行控制律设计、故障监控系统设计或性能预估。使用模型的复杂程度取决于所需分析的类型和深度,可以从简单的一阶传递函数或二阶传递函数,到能够非常详细地描述数字计算效应、直接驱动阀的电磁特性和通过阀体的液压流的流量和压力的非线性特性。在以下说明中，将针对如图 3.4 所示的较为简单的作动器模型进行讨论。采样效应以及伺服阀和主控阀的位移限制都被描述为非线性。忽略节流孔流量和流体可压缩性的非线性影响，而液体流速，即作动器的速率在上述模型中是作为滑阀位移的线性函数，用流量增益来表示。这样一个模型虽然不能用于评估启停作动器造成的压力瞬变，没有包含作动器任何载荷的描述，但可以用于评估基本频率响应和故障瞬变特性，包括饱和限制的影响。

在该模型中，伺服阀的动力学用时间常数为 1.3 ms 的一阶滞后来表示。增益定义为每毫安电流指令伺服阀滑阀的位移，加上位移限幅（如 ±0.3 mm）这样就构成了伺服阀的数学描述，完整的伺服阀流量与主阀合力的动力学模型还应包括摩擦或间隙的影响（如果这些因素对所要完成的分析有重要影响）。在此，主阀速率（和位置）通过一个简单的流量增益积分环节连接到伺服阀位移。此外，还要有一个行程限制（如 ±0.3 mm）与积分器组合起来形成一个受限积分器，当达到行程限制后，将主阀速率设置成零。

用一个差分放大器，以及 LVDT 测得的主控阀位置值反馈［一个将模拟 LVDT 信号转换成直流电信号，增益为（V/mm）的二阶解调滤波器］来实现内环闭合。该 LVDT 用一个增益（V/mm）和一个二阶滤波器表示，该滤波器将原 LVDT 的交流信号解调为直流电压。

主作动筒可以采取多种形式来表示，从简单的流量增益和积分器，到详细地采用节流孔流量及流体可压缩方程，考虑外载荷和反映操纵面结构的质量弹簧阻尼器方程。模型简繁的程度完全取决于模型的使用目的。在本例中，主作动筒的流量增益和积分器组合会产生 60(m/s)/m 的总增益。模型中没有加主作动筒的位移限制，因为通常在飞行控制律中会给出指令的限制，以防止作动筒被驱动到停止位。

外环采用数字量闭环，使用 LVDT 测量作动筒位置，且用 80 Hz 速率采样，以实现数字反馈控制。重要的是，模型考虑了采样和计算的延迟，还包括解调器、抗混叠滤波器、闭环控制滤波器的动力学，从而提供了一个回路稳定性和整个频率响应的精确描述。

这种类型的模型将用于仿真分析，以评估对阶跃、斜坡、正弦或其他输入指令的响应。也可以进行传递函数分析，以确定在一定频率和幅值范围内输入输出的增益和相位关系。该模型也可以线性化，以便进行线性频率响应计算。在以下章节里，将给出这样的分析结果例子，表明采用这样的模型可以进行的这类研究工作。

3.5 非线性频率响应

作动器数学模型的主要用途之一是确定频率响应特性（对正弦输入指令的响应幅值和相位滞后）。可以通过建立线性模型并用传统的线性分析技术来计算频率响应特性。实践证明，采用这种方法设计的作动器能满足规范的频率响应特性要求。

这对飞行控制系统的设计特别重要,因为飞机控制律设计时,是用一个假定的作动器增益和相位特性(通常为二阶或三阶传递函数),任何与这些理想特征的显著偏离,都将减少飞机增益稳定裕度和相位稳定裕度。但线性模型只体现了作动器在中等幅值条件下的频率响应,在实际中,作动器的频率响应特性将随指令幅值而变化。

采用传递函数分析法来分析正弦输入指令响应,非线性模型被用于评估频率响应的幅值效应。该方法很像是测试法:用传递函数分析仪或频谱分析仪给作动器注入正弦指令信号,然后分析指令信号与作动器输出响应间的增益和相位关系。在较大指令幅值时,作动器将开始接近内部限制,如电机的电流与电压限制、伺服阀和主控制阀的滑阀位移限制等。各类极限值与导致这些极限值的指令信号幅值和频率之间的关系对作动器非线性频率响应有重要的影响,可能会导致稳定性问题(见3.7节的突跳谐振)。

在图3.4中给出的作动器例子中,主控阀限位表示作动器作动筒的速率限制,伺服阀限位表示主控阀的速度限制,因此伺服阀限位就成为了主作动筒的加速度限制。如果输入指令的幅值与频率组合达到这些限制中的一个时,那么作动器作动筒的响应将受到影响,进而影响频率响应特性。其效果如图3.9所示。

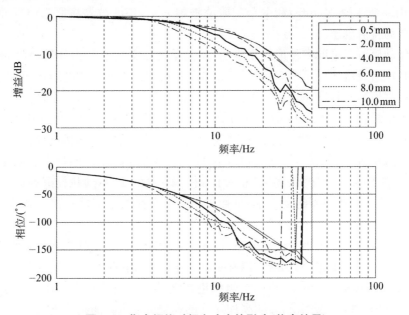

图 3.9　指令幅值对频率响应的影响(仿真结果)

由图3.4中方块图所示的非线性模型所得结果,表明随着输入信号幅值的增大,增益衰减、相位延迟增加。在该例中,指令幅值0.5 mm时,滑阀和主控阀位都没有到达限位,系统表现为线性响应。即使指令幅值高达2 mm,且过了所关注的频率范围(高达40 Hz),内部限幅尚未达到,作动器响应仍为线性的。然而,在较高的幅值,就会达到限位,且会影响到频率响应。然而,应注意到出现饱和的指令频率所对应的出现饱和的指令幅值是相当高的。例如,4 mm 的指令幅值直到频率达到约 10 Hz 才出现饱和,对 6 mm 的指令幅值,若出现饱和,指令频率必须达到 6 Hz。一般不希望作动器工作在幅值和频率这种组合状态。可以证明,所有有效的工作条件均满足规定的频率响应特性。实际上,作动器的速率设计通常高于必要的飞行操纵和稳定需求,并提供一定的增加空间。位置指令和速率的限制将应用于对作动器的控制律指令。

3.6   饱和分析

与非线性频率响应数据密切相关的分析技术是饱和分析。作动器的线性模型被用于计算从输入指令信号到不同限位处(如伺服阀位置或主控阀位置)的频率响应。由此分析所得的增益信息可以用来确定在某一频率范围内系统达到限幅指令幅值。图 3.10 显示了基于图 3.4 的作动器模型的分析结果。由图 3.10 可见,当正弦指令幅值高至 2 mm 前,饱和不会发生。当指令幅值为 2~4 mm 时,高于 12 Hz 的指令信号频率会导致伺服阀达到限幅;但主控阀对任何指令信号都不会达到限幅。指令幅值超过 4 mm 频率低于 12 Hz 时,主控阀将先于伺服阀达到位置限幅。一个 6 mm 幅值的指令在其频率高于 6 Hz 时将导致主控阀限幅。

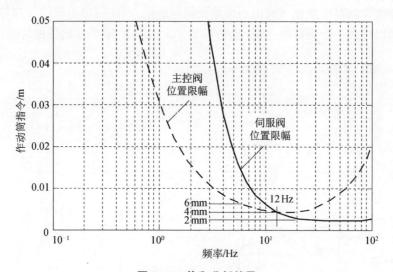

图 3.10   饱和分析结果

这些结果支持了前面非线性频率响应讨论中所得的结论,使我们确信不会有难以对付的非线性效应会影响作动器的响应。然而,控制回路中某些增益和限幅的组合可能会引起突跳谐振效应,相应对作动器的性能会有严重影响,相关讨论见下节。

3.7　突跳谐振

在大幅值指令的条件下,当达到伺服阀行程限制时,作动系统会表现出相位延迟急剧增加。这种现象用术语"突跳谐振"来描述,虽然没有增益峰值对应于该陡峭的相位变化,但它是由一个实际的加速度限幅所引起的。

实际上,在某些极端机动中,有可能达到这样的限幅,此时,由突跳谐振引起的额外相位延迟可引起飞机稳定裕度暂时的严重降低,随之带来潜在的操纵困难。为了避免这种问题,在设计阶段,确保合适的主控阀和伺服阀的端口尺寸和行程限制是很重要的。增加阀端口宽度可以由减少电气增益来弥补,从而保持作动器稳定性和响应所需的总回路增益。

突跳谐振的特征是在一个狭窄频带内,相位滞后的剧速增加,如图 3.11 所示。该图示出了从具有突跳谐振效应的模型所获的非线性频率响应。可以看到,随着指令幅值的增大,出现饱和点频率降低,增益减小,以及伴随着相位滞后的剧增。通过饱和分析结果可以预测任何潜在的突跳谐振的出现。图 3.12 示出了具有突跳谐振的作动器的饱和特性。对于多数指令幅值和频率组合来说,伺服阀位置限幅的饱和会先于主控阀位置饱和产生,从而产生作动器的实际加速度限幅。交叉频率是两条饱和线相交点对应的频率,这是一个相当低的频率(2.5 Hz),处于飞行控制带宽中。采用这样的作动器可能使飞机出现严重的操纵缺陷,因此需要重新设计阀体端口和控制增益以得到一个更好的平衡,产生如图 3.9 和图 3.10 所示的各种特性。

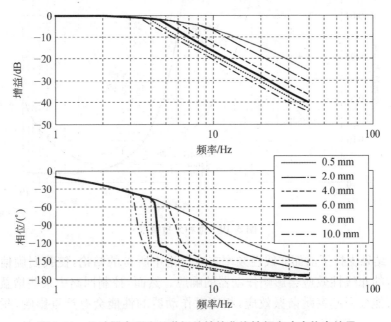

图 3.11　作动器表现突跳谐振特性的非线性频率响应仿真结果

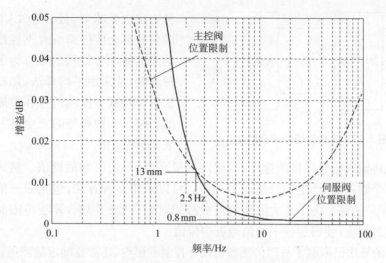

图 3.12　带突跳谐振特性的作动器饱和分析结果

3.8　故障瞬态

作动系统的计算机模型也被用于预测系统中发生故障后所引起的瞬态。虽然在作动器的设计中包含有冗余性,能确保故障条件下的持续运行,但当从一个冗余级别过渡到另一个冗余级别时,作动器不应产生过大的瞬态,这也是很重要的。瞬态应位于边界值(由作动器的规范定义)之内,不满足该要求将导致作动器在故障后立即出现过大的瞬态运动,由于飞机对操纵面剧烈运动的响应,会在作动器安装区产生结构性损坏,或在座舱或敏感设备处产生较高的瞬态加速度。

故障对系统的影响可以通过故障吸收(被动容错技术)和故障拒绝(主动容错技术)方法来消除。故障吸收法是故障被系统中其他部分所补偿,不需采取特定的行为;故障拒绝法是通过故障检测,采取适当的行动消除该故障影响,使系统剩余的部分继续运行。对于这两种方法在故障后的瞬态响应都必须进行评估,以上两种方法的容错系统设计必须满足规范要求。对于故障拒绝法,还必须设计故障检测和隔离算法。

故障检测算法通常与机内自检测(built-in-test,BIT)有关。飞机作动系统中存在不同级别的 BIT,包括由飞控系统自动执行的启动自检测、飞行前自检测,以及由作动器运行的连续自监测(称为连续机内自检测 continuous built-in test,CBIT)。CBIT 的级别和采用的方法,在很大程度上取决于作动器的设计,以下典型例子将说明其工作原理。

反馈控制中作动筒位移常采用 3 个或 4 个 LVDT 来测量,以提供必要级别的冗余。各个 LVDT 信号在每台计算机内进行综合,以产生用于作动器闭环控制用的平均信号。这样,每个 LVDT 所存在的小制造偏差和温度偏差等都被平均化了,从而最小化了通道间驱动信号的差异,这些差异会引起机械组件的力纷争。然而,这

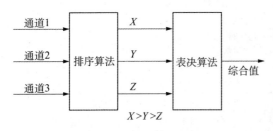

图 3.13　三余度信号综合算法

种方法也意味着，任一个 LVDT 的故障信号都会传播到所有飞控计算机中的作动筒综合位移信号。为了减少这种影响，常采用平均算法，加权中值方法会有效减少极端信号和故障传感器的影响。一种典型的三余度并联系统表决算法如图 3.13 所示。

　　首先将输入信号采样值排序，以确定其最高值、中位值和最低值。然后表决算法基于 3 个输入值，产生综合值或平均值。可以采用多种算法，包括对三值的简单平均、选中位值等。为了最大限度地减少故障对综合值的影响，算法将限制最高值和最低值的权重，使得加权平均值趋近中位值。

　　采用的算法已限制了故障传感器对闭环控制的影响，还需要确定故障通道和重构表决监控算法以隔离该通道，这就是 CBIT 算法的作用。在所考虑的 LVDT 监控的例子中，通过将各通道的信号与综合信号相比较，就可以定位故障通道。由于我们已做到故障通道对综合信号影响最小化，如果任何通道的信号与综合值的偏差有明显差异（超过某一容差值），就可以被确认为故障通道。为了尽量减少故障虚警次数，在 LVDT 的标准中对偏差应选择一定的容差值。为了消除信号毛刺导致的故障虚警，在确认故障发生并采取相应的措施之前，故障必须持续出现一定的时间段（如 5 个连续的计算周期）。在本例中，适当的措施就是改变表决算法为只采用两个健康信号的简单双值平均。

　　仿真方法被用来确定表决算法，以减少故障信号的影响和设计 CBIT 算法。作动器建模要考虑各种冗余特性和信号综合算法，模拟典型故障和预测故障对作动器响应的影响，如图 3.14 所示。当外回路（作动筒位置）从三余度转为二余度时，图 3.14 给出了图 3.4 所示作动器模型瞬态响应的综合变化。

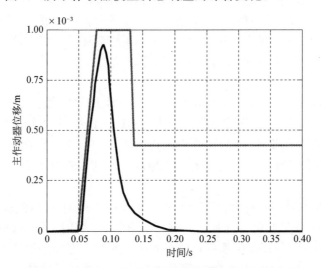

图 3.14　作动筒 LVDT 故障引起的瞬变响应（仿真结果）

3.9　结语

现代战斗机飞行控制系统的作动器一般都是依赖最新科学技术的高度复杂设备,它们往往要求在故障条件下也能全性能或非常接近全性能工作,这就需要复杂的控制和监控算法。

采用数字计算机实现的闭环控制通常设计为满足作动器高性能及故障容错所提出的特殊要求,以提供高敏捷性和基本不稳定飞机的控制。通常使用两个控制回路,内回路为主控阀位置反馈(类似于主作动筒速率反馈),外回路为主作动筒位置反馈。监控算法通常也用数字计算机实现,以检测元件故障,使整个作动器控制系统可以采取适当的措施消除故障的影响。这涉及某个伺服阀或直接驱动电机线圈的隔离或重构表决算法,以排除来自故障反馈传感器的信号。

在控制与监控算法的设计和分析中,动态数学模型起了重要作用。线性模型和非线性模型以及多种分析技术都被用来设计控制系统,并确认设备规范中定义的性能要求能够得到满足。采用模型的复杂性将反映分析的深度,必须建立这样的认识:所建的任何模型必须与其任务相适应。

本章概述了典型作动器的性能要求、建模方法和分析技术。未来飞机的飞行控制作动器将采用电子静液作动器、电子机械作动器或改进的传统液压作动器。无论采用哪一种技术,控制和监控系统的设计都将基于本章所介绍的方法。

3.10　致谢

感谢斯特林动力有限公司的罗伯特·斯特林博士协助编写本章,也要感谢伍尔弗汉普顿的道蒂航空航天公司允许使用图 3.2,还要感谢英国航空航天军用飞机及飞机结构公司的约翰·塔克、戴夫·阿利森、迈克·沃克和彼得·钱伯斯等专家对本章的评述和建议。

4 操纵品质

4.1 引言

　　本章先采用简单的术语来介绍什么是操纵品质,如何定义及实现。然后介绍驾驶员诱发振荡(PIO),因为 PIO 是操纵品质设计不好的严重后果之一。当前 PIO 的研究还提供了操纵品质最新研究成果的一个有趣例子。

　　操纵品质有各种不同的定义。就本书而言,它是指飞机动态行为的一种特性,即允许驾驶员能以较低的工作负荷精确地操纵飞机的特性。飞控系统设计的主要目的就是赋予飞机具有良好的操纵品质(或飞行品质)。工程师评价飞行品质是通过定性评价转化为定量测量,依此来定义操纵品质指标。

　　飞行的精确性能够被量化,例如依据射击打靶的环数、轰炸的圆概率误差、着陆下降速率等来量化。工作负荷较难量化,目前我们只是直接询问驾驶员的工作容易或困难的程度。多数操纵品质研究的成果就是依靠驾驶员来获得可靠的驾驶员工作负荷信息,参考了驾驶员在飞行中或在飞行模拟器中的评价意见,归纳后得到了库珀-哈珀(C－P)评级(见图 4.1)。

　　库珀-哈珀评级有 10 级,其中,1 代表优秀,10 代表最差。其中 1～9 又粗分为 3级飞行品质:1 级、2 级和 3 级飞行品质。评级考虑两方面的因素,参加评估的驾驶员既要考虑任务完成性能,还要考虑驾驶员的工作负荷。评级系统的设计可改善驾驶员评级决策的重复性。影响驾驶员评价的因素是驾驶任务,出现故障的类型和大气环境。

　　美国军用规范中按照不同的飞行任务难度,定义 A、B 和 C 三类飞行任务[1]。A 类包括空战和空中加油等指令任务;B 类包括巡航、爬升和下降等较次要的指令任务;C 类包括着陆和起飞等终端飞行任务。在飞行品质规范中引入失效概率的用意很简单。阵风使得飞机难以飞行,所以我们有时允许在湍流条件下可以有较差的飞行品质,这并不意味着飞机变坏了。

　　我们的做法是用经典控制理论来辨识飞行员在执行任务时所获得的飞机响应的某些参数。然后,定义这些响应的参数数值来分别对应由好到坏的特性,或对应为 1 级到 3 级飞行品质。本章使用的符号大部分出现在本书正文前的术语表中。

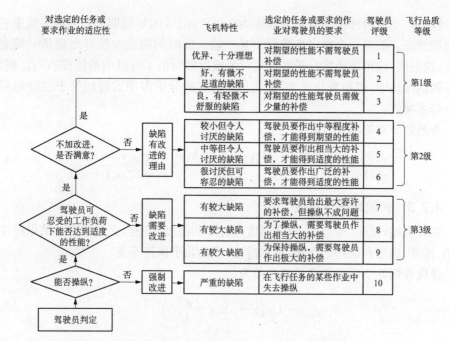

图 4.1　测评驾驶员意见的库珀-哈珀评分标准

偶见的差异是由于英国和美国之间术语实际使用中的不同。

4.2　纵向飞行品质

4.2.1　控制输入传递函数

描述纵向运动的相关传递函数可参见本书第 2 章。出于完整性,重复如下。

俯仰角 $\theta(s)$ 对升降舵 $\eta(s)$ 的传递函数为

$$\frac{\theta(s)}{\eta(s)} = \frac{N_\eta^\theta(s)}{\Delta(s)} \tag{4.1}$$

$$\frac{\theta(s)}{\eta(s)} = \frac{N_\eta^\theta(s)}{\Delta(s)} = \frac{k_\theta(s+1/T_{\theta_1})(s+1/T_{\theta_2})}{(s^2+2\zeta_p\omega_p s+\omega_p^2)(s^2+2\zeta_s\omega_s s+\omega_s^2)} \tag{4.2}$$

式中:下标 p 和 s 分别对应于长周期模态和短周期模态。如果 η 作为输入,则表示杆偏移。注意到在分解传递函数的多项式时,这些因子给予相应名称,如 $1/T$ 提示与响应速度相关。还注意到,符号 N_η^θ 表示 θ 对 η 传递函数的分子多项式。这些传递函数适用于没有反馈控制系统的飞机,或者有控制律但不增加飞机响应阶数的飞机。对此,可应用扩展稳定导数的概念。

4.2.2　模态准则

式(4.6)和式(4.7)中的系数与运动模态的通用表示一样,描述了输入/输出关系。这些方程也给出了响应变量的有用关系(适用于常规飞机)。

纵向运动的两种模态分别为频率为 $1\sim10\,\mathrm{rad/s}$ 的短周期模态和频率低于它的长周期模态。如果一个特定变量对于某一输入的时间响应中没有出现某一模态的响应,这表明,该传递函数分子多项式对消或近似对消了分母中的该模态项。例如,在长周期振荡中,迎角变化很小,因为 N_δ^ω 的二阶分子多项式近似等于二阶短周期的分母多项式。

参照第 2 章的相关方程:

$$\frac{\omega(s)}{\eta(s)} = \frac{N_\eta^\omega(s)}{\Delta(s)} = \frac{k_\omega(s+1/T_a)(s^2+2\zeta_a\omega_a s+\omega_a^2)}{(s^2+2\zeta_p\omega_p s+\omega_p^2)(s^2+2\zeta_s\omega_s s+\omega_s^2)} \tag{4.3}$$

4.2.3 长周期飞行品质

在长周期(低频)模态中,航向速度(动能)和高度(势能)交替转换。结果产生俯仰角、速度、高度和航迹的振荡,正如前述,迎角几乎保持不变。

速度和俯仰运动的传递函数分母为

$$-U_0\left(s^2 - X_u s - \frac{gZ_u}{U_0}\right) \tag{4.4}$$

式中:U_0 是稳态速度,在第 2 章用 U_e 表示。这里的常数项 $-gZ_u/U_0$ 是长周期模态无阻尼自然频率的平方 ω_p^2。

导数

$$Z_u = \frac{\rho S U_0}{-m}(C_{L_u} + C_L) \tag{4.5}$$

括号中的第一项在亚声速飞行时的值很小。因此,由于

$$mg = \frac{1}{2}\rho U_0^2 S C_L$$

对于民机,可以用下面的表达式代替该项导数值

$$Z_u \approx \frac{-2g}{U_0} \tag{4.6}$$

这样,长周期频率就成为

$$\omega_p = \sqrt{\frac{-g\left(-\dfrac{2g}{U_0}\right)}{U_0}} = \frac{\sqrt{2}}{U_0}g \tag{4.7}$$

正如 McRuer 等人[2]指出,长周期模态的周期(以 s 为单位)大约对应于 1/5 真空速(以 mile/h 计)。

上述分析结果可以从长周期模态的二自由度模型得到。在三自由度模型中,将会出现导数 M_u,与构型密切相关的气动弹性和推力效应引入了这个参数。

长周期模态的总阻尼系数记为 X_u，用来表征飞机的阻力。

在高速飞行时，长周期运动的高度会明显改变。由于大气密度随海拔高度变化，所以就会影响到长周期运动的阻尼。长周期运动的周期随着大气密度的下降将相应减少。

关于长周期模态的要求，对稳定的长周期运动是阻尼比，对不稳定的长周期运动是倍幅时间。1 级飞行品质的 ξ_p 应该至少为 0.04，2 级飞行品质的 ξ_p 至少为零。对于 3 级飞行品质，倍幅时间 T_2 至少是 55s。这些取值与飞机类型无关。如果长周期模态不稳定，则倍幅时间为 $-0.693/\xi_p\omega_{n_p}$，且 ξ_p 为负值。

驾驶员通过一个低增益的俯仰闭环回路可以很容易控制这种长周期振荡。然而，如果长周期特性很差，驾驶员要给以特别关注，并且边界区的飞行任务很难完成。

4.2.4　短周期飞行品质

短周期模态是一个相当快的模态。对等速飞行时的快速指令（通常为升降舵）或阵风输入，该模态主导了迎角、俯仰、航迹以及法向过载等状态的瞬态变化。该模态通常是稳定的欠阻尼二阶振荡。

对于小角度，迎角 $\alpha \approx \omega/U_0$，且 $L_\alpha \approx -Z_\omega$，因此可以采用

$$Z_\alpha \approx U_0 Z_\omega \approx -U_0 L_\alpha \approx -U_0/T_{\theta_2} \tag{4.8}$$

将参数 $n/\alpha(g/\mathrm{rad})$ 定义为单位稳态迎角对应的稳态法向过载，因此有

$$n/\alpha = U_0 L_\alpha/g$$

由此可以得到一些有用的关系，它们主导了短周期运动和对升降舵输入的各响应变量，表述如下。

俯仰速率：

$$\frac{\vartheta}{\delta} = \frac{M_\delta(s + L_\alpha)}{\Delta}$$

迎角：

$$\frac{\alpha}{\delta} \approx \frac{M_\delta}{\Delta}$$

重心处的法向加速度（或重心前面 l_x 处的加速度）：

$$\frac{n_z}{\delta} \approx \frac{M_\delta n/\alpha}{\Delta} \tag{4.9}$$

$$n_{z_p} = n_{z_{cg}} + s^2 \theta l_x/g$$

航迹：

$$\frac{\gamma}{\delta} \approx \frac{M_\delta L_\alpha}{s\Delta}$$

其中，$\Delta \equiv (s^2 + 2\xi_{\text{sp}}\omega_{n_{\text{sp}}}s + \omega_{n_{\text{sp}}}^2)$

考察响应比是很有益的，例如，设想迎角对俯仰角的响应、航迹倾斜角对俯仰角的响应、法向过载对俯仰角的响应分别为

$$\frac{\alpha}{\theta} \approx \frac{1}{s+L_\alpha}, \quad \frac{\gamma}{\theta} \approx \frac{L_\alpha}{s+L_\alpha}, \quad \frac{n_z}{\theta} \approx \frac{n/\alpha}{s+L_\alpha} \tag{4.10}$$

由此可以更方便地观察这些响应，俯仰角是其中最快的初始响应，其他变量（包括航迹）的响应都以时间常数 $1/L_\alpha$ 滞后于俯仰角响应，因此该时间常数有时也被称为航迹时间常数。

4.2.5 纵向短周期动态准则

需要通过杆力来获得单位稳态法向过载，每 g 需用的杆力就是短周期稳态增益。

稳态机动时的杆力不应很大，以免飞行员操纵飞机达到最大 g 过载时，感到困难；杆力也不应太轻，否则飞行员会不经意间使飞机超出使用过载限制。战斗机驾驶员要求较轻的杆力，以免在长时间高达 $9g$ 的机动下产生疲劳。

对于小机动和低最大过载的运输类飞机，通常需要有较大的杆力。在低动压飞行条件下（即在高海拔地区和/或低速度），飞机的加速能力较低，所以在这些条件下每 g 可以有较高的杆力。

同样，在较高的动压下，我们可允许有较低的每 g 的杆力 F_s/n，以使驾驶员不太费劲就能获得机体允许的最大过载。

因此 F_s/n 被定义为加速度灵敏度函数，n/α 被定义为单位迎角的稳态法向过载。n/α 是对应高动压或低动压的飞行条件度量。规定了 F_s/n 的允许最低值，以防止出现灵敏度问题。常规飞机动态会产生一个随着飞行条件恒定的 F_s/n，所以 n/α 产生的变化就被具有人感系统和实际有柔性效应的飞机所消化。常规飞机动态每 g 的杆位移并不衡定，在低 n/α 时，拉给定的 g 需要更大的杆位移。

根据需要还必须限定 F_s/n 的动态值，以便在有效短周期频率范围内对驾驶员纵向控制器正弦扫频时，能够维持最低值（见图 4.2）。

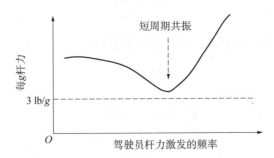

图 4.2 为避免动态机动中出现短周期谐振所需要的每 g 杆力的下限

为了更好地理解 F_s/n 的稳态和动态性能,考虑以下 n_z/F_s 的传递函数:

$$\frac{n_z}{F_s} = \frac{KM_\eta U_0 L_\alpha}{g(s^2 + 2\zeta_{sp}\omega_{n_{sp}}s + \omega_{n_{sp}}^2)} \tag{4.11}$$

其中的分子只是一个乘积项,取决于杆力对升降舵系统的有效性度量 K,操纵面效能 M_η、真空速 U_0 和升力曲线斜率 L_α。分母只包含重力加速度 g 和二阶短周期模态。

由该传递函数和终值定理,阶跃输入的稳态值为

$$\frac{KM_\eta U_0 L_\alpha}{g\omega_{n_{sp}}^2}$$

或者等效为

$$\frac{KM_\eta n/\alpha}{\omega_{n_{sp}}^2} \tag{4.12}$$

每 g 对应的最小杆力可以通过绘制 n_z/F_s 传递函数的幅值比曲线来确定,在谐振频率处的杆力应达到最大值。

4.2.6 短周期的模态准则

短周期的自然频率由操纵期望参数 CAP 来定义:

$$\frac{\omega_{n_{sp}}^2}{n/\alpha} \tag{4.13}$$

同样有 $n/\alpha \approx U_0 L_\alpha/g$。$CAP$ 的边界的定义如图 4.3 所示。

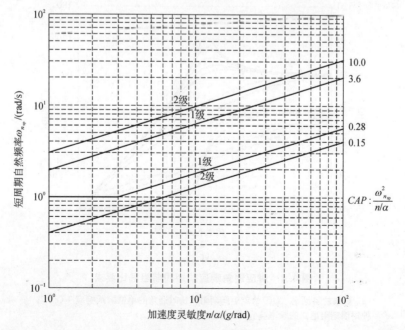

图 4.3 CAP 边界

短周期阻尼比作为一个独立参数在图 4.4 中给定。该图还显示了阻尼比取不同值时的阶跃时间响应和频率响应。

级别	A 类和 C 类飞行阶段		B 类飞行阶段	
	最小值	最大值	最小值	最大值
1	0.35	1.30	0.30	2.00
2	0.25	2.00	0.20	2.00
3	0.15*	—	0.15	—

* 如果获得采购部门批准,在 20 000 ft 之上,该值可以减小。

(a)

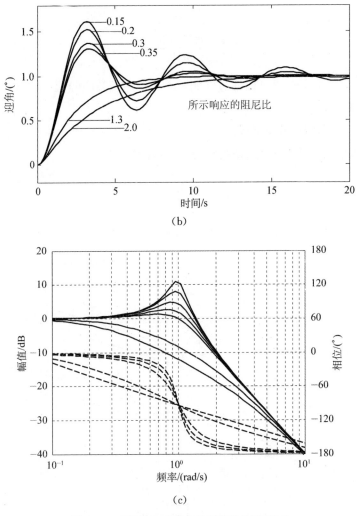

(b)

(c)

图 4.4　对应迎角响应的短周期阻尼比要求

(a) 要求的阻尼比　(b) 给定短周期阻尼比时迎角的单位阶跃响应　(c) 各种短周期阻尼比的频率响应(输入舵面 δ,输出迎角 α)

4.2.7　其他短周期准则

目前已经形成了一些准则来处理带有反馈控制系统的纵向动态品质。这些系统中往往有各种部件(如作动器、传感器、滤波器等)所带来的相位滞后和时滞延迟。随之得到的数学模型的阶数会远高于我们所考虑的四阶动态系统。例如,F‑18 的纵向动力学模型通常高达 75 阶。

4.2.8　等效系统

等效系统的概念[3]就是将增稳的高阶动态系统与低阶等效动态系统进行拟配,这个低阶系统具有与未增稳的飞机相同的形式,再加上系统部件产生相位滞后的近似时间延迟。美国军用规范中的所有模态(纵向、横向和航向)准则的基础就是等效系统方法。对短周期参数估计而言,如果频率响应拟配范围在 0.1~10 rad/s 之间,则等效过程的效果最好。对于长周期模态,则拟配频率应该降低到 0.01 rad/s,等效拟配才有效。增益单位采用 dB,相位角单位采用(°),相位拟配的权值取 0.02 左右,我们就可对失配函数的平方和进行最小化拟配。

等效方法的优点在于它从 s 平面阵列中挑选了一个主导模态(见图 4.5)。

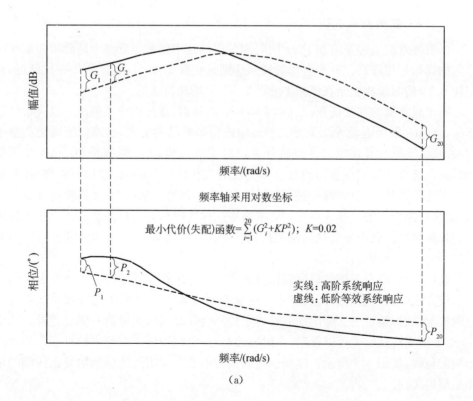

(a)

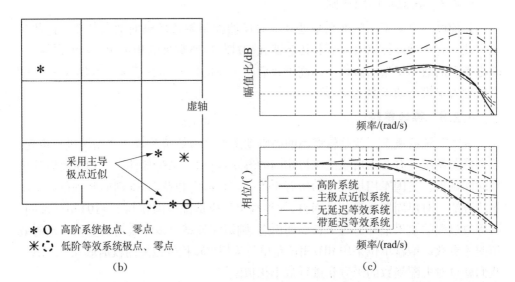

图 4.5　等效系统失配定义，以及高阶系统与其低阶等效系统在频率响应、主导极点近似的比对

（a）高阶系统与低阶等效系统响应曲线　（b）高阶系统与低阶等效系统零极点　（c）几种系统的波特图

4.2.9　等效时间延迟

低阶等效的关键是附加了 τs 的时间延迟。这个参数 τ 近似于高阶项在响应中产生的高频相位滞后。一个有用的经验法则是查看 10 rad/s 处的附加相位延迟，并记住 0.1 s 的时延相当于在该频率处产生 57.3°的相位滞后。

对于战斗机的驾驶任务，0.1 s 即 100 ms 的延迟，就足以使飞机从 1 级飞行品质降级；150 ms 的延迟就无法满足大型运输机精确着陆的要求，也难以完成诸如空中加油、编队飞行及其他紧迫的飞行任务。对于战斗机，2 级限制是 200 ms，3 级是 250 ms。当驾驶员试图获得更直接和更快的人在回路的响应，增加回路增益时，延迟却恶化了驾驶员闭环回路的控制效果。驾驶员越努力地操纵，飞机就变得越易失控，这种现象令驾驶员非常不安。史密斯将这种效应称为飞行品质悬崖。指令任务中的长延时往往会产生驾驶员诱发振荡。图 4.6 对驾驶员评价的降级进行了归纳总结。

遗憾的是，没有足够的研究数据可确定是否应将杆力或者杆位移特性引用到等效系统方法（或任何其他方法）中去。伍德和霍金森[4]在试图量化等效系统的可容忍的失配值时，验证了这些附加的动力学特性会导致驾驶员评价有明显差异。从尼尔-史密斯变稳试验[5]可以看到，在附加动态后，他们得到了对频率的可容许的沙漏形失配包线，如图 4.7 所示。这些包线表明在中心频率附近的偏差明显比两端的偏差更值得关注。

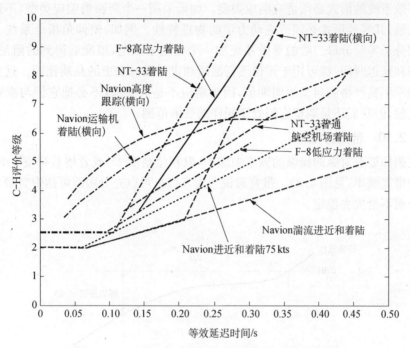

图 4.6 C－H 驾驶员评价的降级率随任务的难度而增大

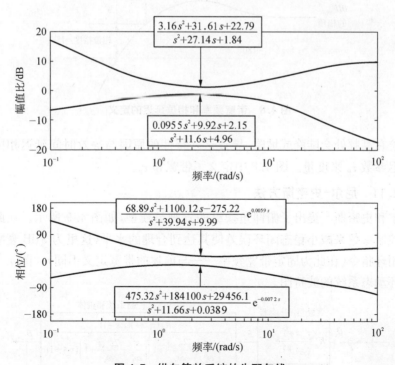

图 4.7 纵向等效系统的失配包线

等效系统的形式必须适应响应类型。如果采用一个新颖的响应类型,不论是哪个操纵轴,其等效形式必须适应动力学的物理特性。例如,俯仰角指令系统一般都可以用分子零阶分母二阶的等效系统加一个延迟来拟配,拟配后得到的阻尼比、自然频率和延迟时间,都可用于评价飞行品质和进行设计变更的品质比较。这里的阻尼和频率不是严格的典型短周期值,因为响应不是典型的,不必把它们与准则进行严格比较,但我们还是期望它们处于同样的数值范围。

4.2.10 带宽方法

在俯仰姿态对纵向操纵的频率响应中,取相位裕度 45°或者增益裕度 6 dB 时的频率为带宽频率(见图 4.8)。带宽假说[6]为飞行员可以充分跟踪可达带宽频率的输入指令而不会失去稳定。

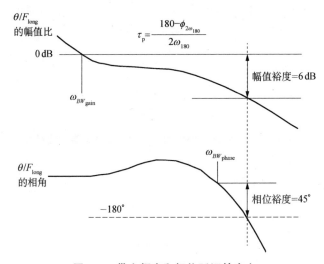

图 4.8 带宽频率和相位延迟的定义

相位在高频处会陡降或坡降,导致这一特性的原因与等效时间延迟相同,可用相位延迟参数 τ_p 来度量。图 4.8 中定义了带宽和 τ_p。

4.2.11 尼尔-史密斯方法

尼尔和史密斯[5]提出了俯仰角操纵的驾驶员模型,如图 4.9 所示。在此,飞行员改变控制参数来减小稳态闭环误差使其达到合理的水平(这里为 3 dB 衰减)和生成快速闭环指令(在此为固定带宽频率——与前述的带宽定义不同)。图 4.10 为最终的闭环动态系统的波特图。

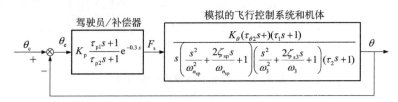

图 4.9 尼尔-史密斯驾驶员模型和俯仰跟踪框图

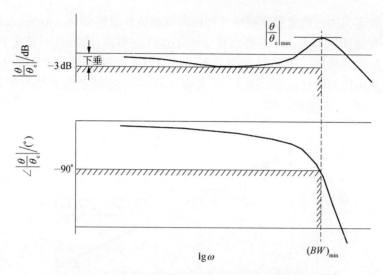

图 4.10 尼尔-史密斯准则:驾驶员在回路跟踪准则

尼尔-史密斯准则是驾驶员补偿人在回路谐振的二维图(见图 4.11,其中包含了里卡德提出的一些边界修正建议[8])。

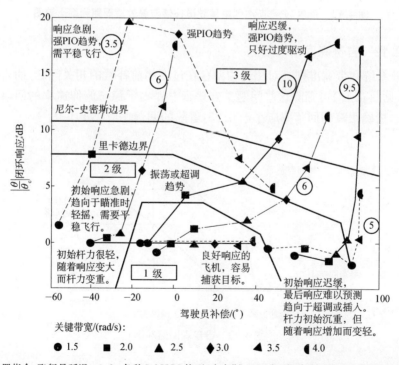

注:位置指令,飞行员延迟=0.2 s 各种 LAHOS 构型(史密斯,1978 年)驾驶员评价示于带圈的数字中。

图 4.11 尼尔-史密斯准则显示了尼尔-史密斯边界与里卡德级 1/2 的边界、驾驶员对各种准则区域的典型评价、随不同驾驶员评价,尼尔-史密斯带宽边界变化对构型的影响

补偿被定义为在指定带宽频率处测得的驾驶员补偿的相角。谐振(人在回路振荡的趋势度量)以 dB 表示。这些边界反映了这样的事实:飞行员不喜欢 PIO,也不喜欢产生超前或滞后。图 4.11 将驾驶员评价归纳成尼尔-史密斯平面的不同区域,使用带宽范围作为设计指南。图 4.12 表明尼尔-史密斯驾驶员补偿与等效频率密切相关,正如我们期望的一样。

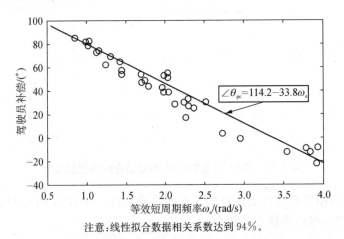

注意:线性拟合数据相关系数达到 94%。

图 4.12　尼尔-史密斯准则中驾驶员补偿与等效短周期频率比较图

4.2.12　吉普森回落准则

等效系统和带宽准则都对相关构型存在过度超前补偿的相关问题,而吉普森回落准则(见图 4.13)可筛除这些问题。吉普森[9]提出了稳态俯仰速率的回落率为回落量/q_{ss},精确跟踪的回落率应小于 0.25,着陆的回落率应小于 1.0。

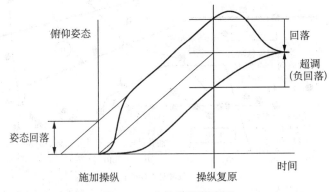

图 4.13　吉普森回落准则

4.2.13　时间响应准则

很多研究人员提出通过阶跃响应的特性测量来确定飞行品质的通用方法。虽然在设计过程中很容易将阶跃响应计算出来,但是却很难进行试验和测量。一个纯阶跃信号的斜率在信号前沿可以无限大,但瞬时间可变坡度为零。这样的输入可以用电信号近似,但与驾驶员的操纵输入(即便是驾驶员最猛烈的操作)有很大的不同。

4.2.14　航迹的稳定性

在远高于失速速度时,飞机通常是通过油门控制空速,通过升降舵控制航迹。但在速度非常缓慢的情况下,经过训练的飞行员会增加对油门的操纵使航迹进入期望的航线,以及用升降舵来控制速度。这两种控制策略分别对应于高于或低于最小阻力速度(或最小所需推力的速度)的操控。在仅使用升降舵控制时,航迹不稳定性的准则通常表述为对航迹角-速度曲线斜率的限制。

4.3　横航向飞行品质

在此我们考虑第 2 章所提及的滚转力矩、偏航速率和侧向力的 3 个方程和这些方程所产生的运动模态。

4.3.1　滚转模态

飞机相对 x 轴的滚转方程为

$$sp - L_p p = L_{\delta_a} \delta_a \tag{4.14}$$

滚转速率对副翼响应的传递函数为

$$\frac{p}{\delta_a} = \frac{L_{\delta_a}}{s - L_p} \tag{4.15}$$

更一般的形式为

$$\frac{p}{\delta_a} = \frac{K}{T_R s + 1}$$

或

$$\frac{p}{\delta_a} \equiv K/(1/T_R) \tag{4.16}$$

在简略表述中,$(s+a)$ 简写为 a。

通常,滚转模态时间常数对战斗机是 1 s 左右,对大型飞机则要较长些。如果太长(时间常数需求范围:1 级 1.0~1.4 s,2 级 1.4~3.0 s,3 级 10 s),则在整个滚转机动中,阶跃响应的初始斜率区一直存在,那么飞行员的感觉是,他在控制滚转加速度,而不是他所要求的滚转速率。波特图的解释是,在 3 rad/s 左右的驾驶穿越频率区(基本上是驾驶员感兴趣的常用频率范围),滚转速率响应值应下降,所以,我们要微分这个响应(即将其乘以 s),使其貌如增益类型响应。这意味着驾驶员看到的将是一个 sp 或 $\dot{p}$ 类型的响应,这种类型的响应不是不可控制的,而是需要充分关注,也就是说,它给完成边缘区的飞行任务留了很少或者根本没有储备。

4.3.2　螺旋模态

螺旋模态是一个从倾斜角扰动缓慢恢复(或发散)的模态。通常它非常缓慢,因此可以近似为传递函数分母的低阶系数之比。规范要求防止过于迅速的发散。我们经常把螺旋模态与短周期滚转和荷兰滚模态分开处理。因为螺旋模态通常处于更低的频率,因此驾驶员可以分开处置。

4.3.3　滚转螺旋耦合

将倾斜角反馈到副翼可能引起低频振荡。由稳定导数进行特殊组合也可能导致低频振荡模态,类似于纵向长周期模态,有时也被称为横向长周期模态。这个模态一般不具有良好的飞行品质。基于变稳飞机 NT－33 的相关数据,对应 1 级、2 级和 3 级的总阻尼值(即乘积 $\zeta_{rs}\omega_{n_{rs}}$)的边界值分别为 0.5、0.3 和 0.15。

4.3.4　荷兰滚模态

荷兰滚模态是横航向的短周期振荡模态。它一般出现的频率类似纵向短周期频率,即大约在 $1\sim5\,\mathrm{rad/s}$。

可以认为荷兰滚模态是非常接近于通过方向舵控制飞机侧滑的模态。实际上,对横向操纵的基本滚转响应而言,荷兰滚是一个多余的模态。规范规定要测量它的频率和阻尼特性在横向响应中的多少(即幅值残留和相位)

侧滑对方向舵的响应与迎角对升降舵的响应有相似之处。

阻尼项是旋转阻尼 N_r 与阻碍飞机产生侧滑速度的阻力 Y_v 之和。频率或刚度是飞机产生侧滑速度的主要旋转阻力。显然,Y_v 对 Z_ω、M_q 对 N_r、N_B 对 M_α 的作用也很类似。在概念上可以认为,它们由相同的微分项旋转 90°而获得。

荷兰滚的速度和振荡衰减程度分别由无阻尼自然频率和阻尼比确定。这些准则在图 4.14 中被定义。请注意,图中也给出了总阻尼系数(即无阻尼自然频率与阻尼比的乘积)。

等级	飞行阶段种类		类型	最小 ζ_d*	最小 $\zeta_d\omega_d$*/(rad/s)	最小 ω_d*/(rad/s)
1	A(CO 和 GA)		Ⅳ	0.40	0.40	1.0
	A	Ⅰ,Ⅳ		0.19	0.35	1.0
		Ⅱ,Ⅲ		0.19	0.35	0.4
	B	所有		0.08	0.15	0.4
	C	Ⅰ,Ⅱ-C,Ⅳ		0.08	0.15	1.0
		Ⅱ-L,Ⅲ		0.08	0.10	0.4
2	所有		所有	0.02	0.05	0.4
3	所有		所有	0	—	0.4

* 主导要求是产生比较大的 ζ_d,对于第Ⅲ类飞机,ζ_d 要求的最大值为 0.7。
　当 $\omega_{n_d}^2|\phi/\beta|$ 大于 20(rad/s)² 时,规范的最小荷兰滚总阻尼系数 $\zeta_d\omega_{n_d}$ 应按下式计算分别增加 $\Delta\zeta_d\omega_{n_d}$:
　1级:$\Delta\zeta_d\omega_{n_d}=0.014(\omega_{n_d}^2\,|\,\phi/\beta\,|-20)$;
　2级:$\Delta\zeta_d\omega_{n_d}=0.009(\omega_{n_d}^2\,|\,\phi/\beta\,|-20)$;
　3级:$\Delta\zeta_d\omega_{n_d}=0.005(\omega_{n_d}^2\,|\,\phi/\beta\,|-20)$。

图 4.14　荷兰滚阻尼及频率要求

在对横向操纵的横向或滚转响应中,通常都有明显的荷兰滚成分。下面我们将讨论针对这种效应的准则。这种效应是有害的,因为飞行员更喜欢比较单纯的滚转操纵响应。

4.3.5 参数 ω_ϕ / ω_d

对横向操纵的集中参数响应为

$$\frac{\phi}{\delta_a} = \frac{N_{\delta_a}^\phi}{\Delta} = \frac{K_\phi(s^2 + 2\zeta_\phi \omega_\phi s + \omega_\phi^2)}{(T_R s + 1)(T_s s + 1)(s^2 + 2\zeta_d \omega_{n_d} s + \omega_{n_d}^2)} \qquad (4.17)$$

数学上,如果 $\zeta_\phi \approx \zeta_d$, $\omega_\phi \approx \omega_{n_d}$,则分子与分母两个二阶项就可以对消。

物理上看,这种对消意味着倾斜角响应不包含任何荷兰滚振荡。通常参数 $\omega_\phi / \omega_{n_d}$ 常简写为 ω_ϕ / ω_d,它是一对偶极子根的垂直距离大小的度量,将此参数归一化后用作使荷兰滚脱离倾斜角响应的初步方法。

然而可以看到,由于滚转速率产生了偏航力矩 N_p(不利偏航的动态),会使得零点在围绕极点的一个圆轨迹上移动,从而产生横侧向根的分离。

侧滑对副翼阶跃输入的响应方程为

$$\frac{\beta}{\delta_a} = C_0 + C_s e^{\lambda_s t} + C_R e^{\lambda_R t} + C_{DR} e^{-\zeta_d \omega_{n_d} t} \cos(\omega_{n_d}\sqrt{1 - \zeta_d^2} t + \psi_\beta) \qquad (4.18)$$

相关准则(为简化,此处不再重复)限制了振荡滚转与平均滚转的比值,该比值是相位参数 ψ_β 的函数[1]。

4.3.6 ϕ / β 之比

ϕ / β 之比可以区分机翼近似水平时侧滑中产生的荷兰滚振荡,以及近似无侧滑时倾斜中产生的荷兰滚振荡。图 4.15 定义了 ϕ / β 比的时间响应,这很容易从传递函数模态响应比中计算得到。

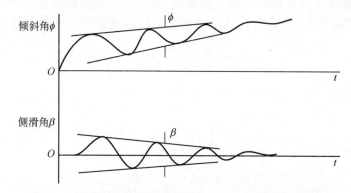

图 4.15 荷兰滚中倾斜角与侧滑角之比 ϕ / β 的时间响应定义

现行规范表明当 $\omega_{n_d}^2 \phi / \beta$ 大于 $20(rad/s)^2$ 时,所规定的最小荷兰滚总阻尼系数 $\zeta_d \omega_{n_d}$ 将增加,以防止由侧风引起的高滚转加速度的产生。

除了对侧风引起的滚转加速度外,飞行员对滚转机动产生的横向加速度也很反感。

规范规定该参数最大值为

$$\frac{n_{y驾驶员_{max}}}{p_{max}}\Bigg|_{阶跃输入,\, t\leqslant 2.5\,s}$$

对应于1级、2级、3级,其值分别为 $0.012\,g/(°/s)$, $0.035\,g/(°/s)$ 和 $0.058\,g/(°/s)$。

这些数据适用于在滚转机动的头 2.5 s 驾驶员位置的横向加速度(以 g 为单位),其中最大滚转速率为 $p_{max}(°/s)$。这些要求适用于所有类型飞机的大、小幅值的操纵输入。例如,C - 5A 和 F - 15 两种飞机的飞行员对这些影响都有相关的评价。

4.4   稳定性和控制增强系统

当前,操纵品质工程师已成为飞行控制设计团队的关键成员。他或她必须熟悉系统的设计目的和相关内容以及设计必须满足的准则。本节包含了为全权限系统设计良好飞行品质时需要考虑的内容。为简单起见,以下内容仅限于线性设计范围。控制系统有一些非线性因素将严重影响操纵品质。我们将在第 4.6 节的 PIO 中讨论其中的一个非线性因素——速率限制。

4.4.1   反馈的影响

作为一个例子,考虑由一阶传递函数描述的滚转速率动态特性:

$$\frac{p}{\delta_{pilot}} = \frac{KL_{\delta_a}}{s - L_p} \tag{4.19}$$

式中:K 为常数,综合了从驾驶员输入偏转 δ_{pilot} 到副翼指令的转换增益,具有相应的单位。对简单的轻型飞机,转换增益包括钢索、操控杆、摇臂等的传动比,这些机构将杆的偏移转换成副翼偏转。对于重型或高性能飞机,传动装置还包括一个作动器,类似汽车的动力操纵,它们把驾驶员的输入转换成副翼的偏转(见图 4.16)。

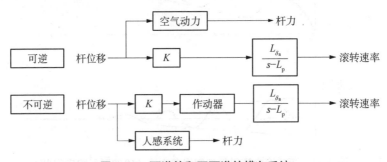

图 4.16   可逆的和不可逆的横向系统

假设我们测量滚转速率来实现反馈,并将反馈信号与驾驶员的指令进行比较,用其差值来控制副翼。我们忽略驱动副翼的作动器和测量滚转速率的传感器的动力学,更准确地说,我们将它们建模成单位量,即这些部件可以理想地传递全部信号

（见图 4.17）。增加一个增益 K_p 将滚转速率指令误差转换为作动器指令，我们就可以得到滚转速率响应对驾驶员指令的传递函数：

$$\frac{p}{\delta_{\text{pilot}}} = \frac{\dfrac{KK_pL_{\delta_a}}{s-L_p}}{1+\dfrac{K_pL_{\delta_a}}{s-L_p}} \tag{4.20}$$

经整理后，得到

$$\frac{p}{\delta_{\text{pilot}}} = \frac{KK_pL_{\delta_a}}{s-(L_p-K_pL_{\delta_a})} \tag{4.21}$$

比较等式（4.16）和式（4.18），以及图 4.17 中方框图，可以看到滚转模态的根增加了 $K_pL_{\delta_a}$，滚转模态的根移动到更高的频率，使倾斜角改变得更快。

若知道 L_p 和 L_{δ_a} 的初始值，设计者就可以选择增稳根的值，并利用增益 K_p 将这个根配置在期望之处，这个根就是该简单传递函数的极点。设计师采用非常简单的极点配置方法就实现了期望的闭环，即实现了动态增稳。

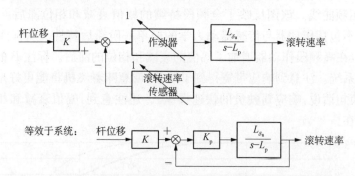

图 4.17 略去作动器和传感器模型的带滚转速率反馈的横向控制系统

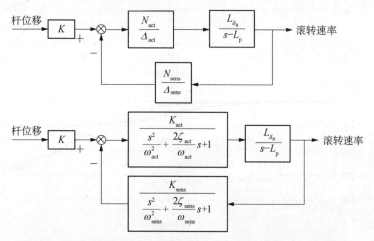

图 4.18 带作动器与传感器模型的滚转速率反馈横向控制系统

这个简单的例子说明,采用近似因子概念(这里为滚转模态的根),设计师可以理解反馈是如何影响飞行品质的。在本例中,增益 K_p 可以改变滚转模态的根,把不满意(如太慢)的根修正成一个足够快的根。许多飞行品质准则都以近似因子的根来判定。许多控制设计方法还使用多个反馈,将多个极点配置在期望的位置。作为一般规则,经验表明确保增稳飞机飞得像一个用近似因子描述的熟知性能的飞机,是获得良好飞行品质的第一步。

4.4.2　作动器、传感器和处理器的影响

图 4.18 包含了作动器和传感器动态特性的分子和分母。其闭环传递函数为

$$\frac{p}{\delta_{\text{pilot}}} = \frac{KK_p\Delta_{\text{sens}}N_{\text{act}}L_{\delta_a}}{\Delta_{\text{act}}(s-L_p)\Delta_{\text{sens}} + K_pN_{\text{act}}L_{\delta_a}N_{\text{sens}}} \tag{4.22}$$

假设作动器和传感器都采用二阶系统建模,且 N_{act} 和 N_{sens} 为增益,Δ_{act} 和 Δ_{sens} 为二阶传递函数。此后,我们不再用一阶系统来描述飞机的滚转速率响应。此处,分母的 $\Delta_{\text{act}}(s-L_p)\Delta_{\text{sens}}$ 已具有五阶了。

图 4.19 的波特图分析显示了反馈控制的主要特点。图 4.19(a)是幅频曲线,图 4.19(b)是相频曲线。该图反映了全频段持续的幅值衰减和相位滞后。标注 A 的一组线表示不包括作动器与传感器动力学的简单一阶滞后特性。从标注 C 的一组线可以看到,在高频段作动器增加了幅值的衰减和相位的滞后。标注 B 的一组线对应带反馈的系统。注意到响应带宽得到了改善,就意味着飞机将能更好地响应高频激励信号(换句话说,响应驾驶员的快速操纵)。还注意到,幅值衰减和相位延迟的下沉仍然存在。

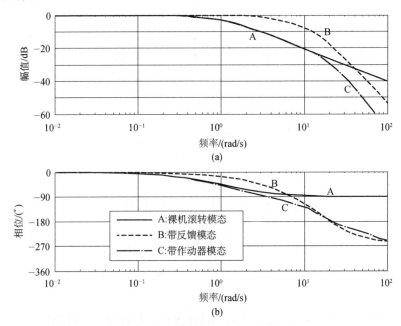

图 4.19　滚转对副翼指令响应的波特图

根轨迹分析表明,相位滞后主要来自前馈通道的作动器以及 Δ_{act} 的根。传感器 Δ_{sens} 分母的根与闭环传递函数的分子项近似相约。由于传感器处于反馈通道,所以对闭环动态影响比较小。这也是我们经常忽略传感器动态的另一个原因。

总之,反馈控制可以改善响应的基本特征,但会引进附加的相位滞后,如过慢(即过低频)的作动器。

4.4.3 多入多出飞行品质的可能性

数字式飞行控制的问世提高了实现飞机具有相对单纯或解耦响应的可能性。因此,飞机可以在俯仰输入下控制俯仰,而油门杆和主动升力控制分别保持速度和高度恒定。该机理是由控制律实现飞机自然动态的解耦。这些模态通常应用效应器(如操纵面或矢量推力)沿着升力轴或侧力轴产生显著直接分力,这些模态往往被称为直接力模态。

依据限制的响应形式,这些模态总结于图 4.20[10]。它们表示了采用控制律解耦可能达到的最好解耦效果。他们作为每种模态的等效系统基本结构也是非常有用的。这些模态还缺乏很有效的验证准则。Hoh 等人建议[10]使用带宽准则。带宽准则只处理人机闭环,而不考虑响应的形式。

模态	限制	等效系统
直接升力,或法向加速度 ($\alpha=0$)	$\omega \rightarrow \delta_{\mathrm{e}}$, $u \rightarrow \delta_{\mathrm{T}}$	$\dfrac{\alpha_z}{\delta_{\mathrm{L}}} \rightarrow \dfrac{N_{\delta_{\mathrm{T}}\delta_{\mathrm{e}}\delta_{\mathrm{T}}}^{\alpha_z \omega u}}{N_{\delta_{\mathrm{e}}\delta_{\mathrm{T}}}^{\omega u}} = Z_{\delta_{\mathrm{L}}}$
俯仰指向	$\alpha_z \rightarrow \delta_{\mathrm{L}}$, $u \rightarrow \delta_{\mathrm{T}}$	$\dfrac{\theta}{\delta_{\mathrm{e}}} \rightarrow \dfrac{N_{\delta_{\mathrm{L}}\delta_{\mathrm{e}}\delta_{\mathrm{T}}}^{\theta \alpha_z u}}{N_{\delta_{\mathrm{L}}\delta_{\mathrm{T}}}^{\alpha_z u}} = \dfrac{M_{\delta_{\mathrm{e}}}}{[s^2 - M_q s - M_\alpha]}$
垂直平移	$\delta \rightarrow \delta_{\mathrm{e}}$, $u \rightarrow \delta_{\mathrm{T}}$	$\dfrac{\omega}{\delta_{\mathrm{L}}} \rightarrow \dfrac{N_{\delta_u \delta_{\mathrm{e}}\delta_{\mathrm{T}}}^{\theta \omega u}}{N_{\delta_{\mathrm{e}}\delta_{\mathrm{T}}}^{\theta u}} = \dfrac{Z_{\delta_{\mathrm{L}}}}{[s - Z_\omega]}$
直接侧力,或机翼水平转弯	$\beta \rightarrow \delta_{\mathrm{R}}$, $\phi \rightarrow \delta_{\mathrm{a}}$	$\dfrac{\alpha_y}{\delta_{\mathrm{SF}}} \rightarrow \dfrac{N_{\delta_{\mathrm{r}}\delta_{\mathrm{a}}}^{\alpha_y \beta \phi}}{N_{\delta_{\mathrm{r}}\delta_{\mathrm{a}}}^{\beta \phi}} = Y_{\delta_{\mathrm{SF}}}$
偏航指向	$\beta \rightarrow \delta_{\mathrm{R}}$, $\phi \rightarrow \delta_{\mathrm{a}}$	$\dfrac{\psi}{\delta_{\mathrm{r}}} \rightarrow \dfrac{N_{\delta_{\mathrm{r}}\delta_{\mathrm{SF}}\delta_{\mathrm{a}}}^{\psi \alpha_y \phi}}{N_{\delta_{\mathrm{SF}}\delta_{\mathrm{a}}}^{\alpha_y \phi}} = \dfrac{N_{\delta_{\mathrm{r}}}'}{[s^2 - N_r' s + N_\beta']}$
横向平移	$\psi \rightarrow \delta_{\mathrm{r}}$, $\phi \rightarrow \delta_{\mathrm{a}}$	$\dfrac{\beta}{\delta_{\mathrm{SF}}} \rightarrow \dfrac{N_{\delta_{\mathrm{SF}}\delta_{\mathrm{r}}\delta_{\mathrm{a}}}^{\beta \psi \phi}}{N_{\delta_{\mathrm{SF}}\delta_{\mathrm{a}}}^{\alpha_y \phi}} = \dfrac{Y_{\delta_{\mathrm{SF}}}^*}{[s - Y_v]}$

* 表示用交叉惯性积计算的有效导数。

图 4.20 非常规响应类型(直接力控制模态)的等效系统(受限响应形式)表(摘自 Hoh[10])

4.4.4 响应类型

许多响应类型不如直接力模态那样特殊。我们前面提到的俯仰姿态响应类型就是其中之一,手柄或驾驶杆的后拉阶跃指令将迅速产生恒定的俯仰角。通常还结合油门指令来调节飞机速度。

Hoh[11]给出了各种响应类型的响应草图(见图 4.21),由图可以获得这些模态的飞行品质的一些概念。某些响应类型会导致很好的飞行品质，即使对于未经训练的飞行员。由于它们是人工方式，还必须综合一些人工特征（如特定的拉平模态），才可以实现全包线飞行。增强升降舵的作用会使外回路（如航迹）产生快速动态响应，但也将导致闭环高增益和操纵面作动器限幅。

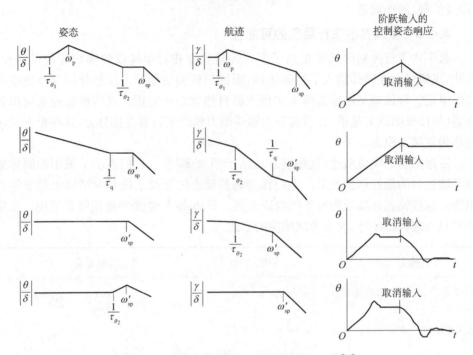

图 4.21　4 种不同类型响应的例子（来自 Hoh[11]）

(a) 常规响应　(b) 俯仰 RCAH 相应（速率指令，高度保持）
(c) 俯仰 AC 响应（姿态指令）　(d) FPC 响应（航迹指令）

随着对细节的充分关注，以及对驾驶员理解这些动态以及并不熟悉的故障特性的培训，不同类型响应已成功飞行了多年。但是目前有一种回归更传统响应类型的做法，就是仿效非增稳飞机的行为，最小化讨厌的耦合，来获得快速及良好阻尼的响应。这样的系统可减少飞行员的训练量，对故障的处理也更为自然。

4.5　对某些控制设计概念的注释

4.5.1　前馈通道的综合

图 4.22 是一个纵向不稳定的飞机的俯仰动态前馈通道综合的例子。该例中，飞机短周期动态已经恶化为一正（不稳定）一负（稳定）两个极点。前馈通道采用比例加积分补偿（PI），可以确保对俯仰速率指令的稳态误差为零。

重要的是，积分器将根轨迹拉到左半平面使系统稳定。此外，如果我们仔细观察图 4.22 的根轨迹可以看到，本例有一个闭环极点非常接近 PI 控制器的零点。闭

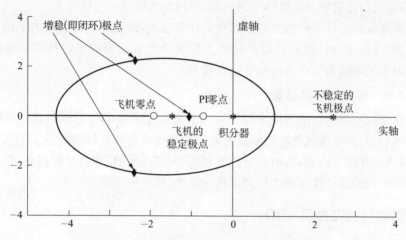

图 4.22　纵向不稳定俯仰系统 PI 控制的根轨迹

环传递函数(将 $s+r$ 缩写成 r)为

$$\frac{K_{q}(K)(1/T_{\theta_2})}{(0)(-a)(b)+K_{q}(K)(1/T_{\theta_2})} \tag{4.23}$$

因此,接近 K 的闭环极点基本上被分子上 K 的零点对消。这个对消是很重要的设计目标。通过选择 PI 的零点接近稳定飞机的极点,可以近似得到闭环传递函数:

$$\frac{K_{q}(1/T_{\theta_2})}{[\zeta'_{sp}, \omega'_{n_{sp}}]} \tag{4.24}$$

式中:"′"表示闭环值,方括号为二阶系统的缩写。这个表达式的飞行品质可以很容易通过试验或用短周期等效系统确定。

4.5.2　陷波滤波器

陷波滤波器的设计目的是消除已知的谐振,特别是结构振动模态引起的谐振。当然,理论上,若陷波器完全消除了结构弹性模态,我们可看到完美的效果。遗憾的是,陷波滤波器的消振效果很难完美,其带来的相位滞后会出现在飞行品质频率范围的上端,并由此产生等效延迟。把陷波滤波器和类似的滤波器放置在反馈通道中可以有效地避免这一缺陷。

4.5.3　驾驶杆前置滤波器

采用力传感器将驾驶员的指令转化成电信号以便飞控系统处理时,往往采用驾驶杆(杆式或轮式)滞后滤波器来消除由于驾驶员无意识高速操纵中带来的高频信号。经验表明,附有驾驶杆滤波器的杆力指令系统是不可取的,即便该滤波器只有一阶滞后,也会对好的飞行品质带来过大的等效时间延迟。采用位置指令和驾驶杆动作,来动态组合驾驶员的肢体与操纵器,可以给出理想的滤波效果。

如果等效延迟计算中也要包括驾驶员杆力输入,那么感力系统动力学是导致延迟的重要原因。然而,驾驶员似乎对感力系统所产生的等效延迟持相当宽容的态度。感力系统的动力学在其他章节还要提及。

4.5.4　模型前置滤波器

许多全权限系统在前置滤波器中采用具有期望动态的传递函数或状态空间模型。遗憾的是,对于现实的稳定裕度往往难以获得所需的高回路增益。当选用所需增益时,飞机环路非高通,这时前置滤波器模型(是滞后的)和高增益回路(也是滞后的)级联到一起,就产生了很大的高频相位滞后,即产生了等效延迟。

4.6　驾驶员诱发振荡(PIO)

自有动力飞行以来,驾驶员诱发振荡(pilot-induced oscillations, PIO)一直困扰着有人驾驶的飞机。1903 年的莱特飞行器就已感受到 PIO,而且该问题一直没有得到完全的解决。1995 年修订的美国飞行品质接口标准 MIL‐STD‐1797A[12] 将PIO(更名为驾驶员在环振荡)定义为驾驶员控制飞机的动作造成的持续或不可控的振荡。该定义隐含着这些振荡是非故意振荡。经验表明,有些驾驶员在正常操纵优良品质飞机时,会自然地采用了振荡形式的操纵输入。

4.6.1　PIO 类型

研究人员根据起因,将不可预知的、往往是灾难性的 PIO 现象分为三类:

第 I 类:线性人-机系统耦合振荡。这些 PIO 产生于可识别的现象,如过大的时间延迟、滤波器产生的过大的相位滞后,不当操纵或不当响应灵敏度等。这些现象易于建模,理解和防范。

第 II 类:准线性事件加非线性因素(如位置限幅和速率限幅)。多数情况下,这些 PIO 可以建成线性事件加可识别非线性因素的模型,并给以分别处理。

第 III 类:瞬变非线性 PIO。此类事件难以识别和很少发生,但却是很严重的。模态切换是常见的罪魁祸首,不能用一个准线性来等效。

4.6.2　PIO 和 APC

最近对 PIO 及其相关事件提出了一个新的术语:人‐机耦合(aircraft-pilot coupling, APC)。美国国家研究委员会(NRC)成立了一个专委会来研究关于飞行安全的人-机耦合效应,并研究更为广泛的 APC 问题,其最终报告很值得一读[13]。要注意,正确说法是恶性 APC,因为可以认为正常驾驶控制是良性 APC。NRC 委员会的报告中 APC 既可定义为:"振荡"——因而 PIO,亦可定义为:"发散(非振荡)"——因而"APC 事件或非振荡 APC"。

这种区别是相当模糊的,多数情况下是没有必要的。整个 NRC 委员会的报告只包含两个非振荡 APC 事件的案例——其中之一也被归为 PIO。很难精确指认究竟什么是非振荡 APC,但确有数百个文献记载了明确定义的振荡事件——PIO。在有更多的证据积累可以说明一类独特非振荡 APC 类别存在之前,建议继续保留 PIO 这一特殊术语。

4.6.3　第Ⅰ类 PIO 准则

普遍认为 PIO 是基本飞行品质缺陷的可能后果之一。在助力操纵和主动增稳出现之前,PIO 完全是由于飞机设计缺陷所致。这些事件性质上都归属于第Ⅰ类 PIO,即它们是由某些缺陷引起的,例如短周期阻尼过低,或控制灵敏度(即每 g 需用杆力)过低。因此,早期使用 PIO 准则是基于模态的:通过限制几种特殊模态的可达值来解决 PIO 现象。近期,出现在高增稳电传操纵飞机的大部分 PIO 都归属于第Ⅱ类或第Ⅲ类,它们通常是由速率限幅所引起的。出现这些 PIO 现象有:在爱德华兹空军基地的 YF-22[14,15]、两次瑞典 SAAB JAS-39"鹰狮"[16] 和 C-17 及波音 B777 运输机[17,18] 的早期飞行试验中。为预防高增稳飞机的 PIO,特别在难以精确地确定飞机实际模态时,需要更完善的 PIO 准则。

本章稍后将讨论引起第Ⅱ类 PIO 的一般原因。在此将侧重对第Ⅰ类事件的讨论。虽然出现过惊人的滚转 PIO,具体参见 M2-F2 升力机身 PIO[19] 和 YF-16 轻型战斗机原型机[20],但这里将只讨论纵向 PIO,因为它们最常见。

4.7　模态化 PIO 准则

自 20 世纪 60 年代初,由于 T-38A 飞机出现了现今已著名的 PIO[21],致使人们努力研究主要针对低空高速飞行的 PIO 预测准则。研究人员提出了几种很有应用前景的候选准则。多数情况下,这些准则是模态化的,即对短周期模态设置了明确的界限,或对短周期模态、每 g 杆力,以及控制系统相位延迟等的组合设置了明确的界限。无增稳的常规飞机中最有可能引起 PIO 的原因是短周期阻尼。短周期阻尼过低会引起飞机自由振荡,这样显然提高了驾驶员在环系统产生 PIO 的可能性。3 种模态准则将描述如后。低空、高速飞行的简单(无增稳或弱增稳)的飞机可以使用这些准则。但正如我们将看到的,对于更复杂的现代飞机,就必须采用更完善的准则。

4.7.1　STI 高增益渐近参数

系统技术公司(STI)的阿肯纳斯及同事[21] 观察到:高速低空,采用俯仰姿态信息的俯仰控制可以用短周期模态的总阻尼系数 $2\zeta_{sp}\omega_{n_{sp}}$ 与俯仰姿态零点 $1/T_{\theta_2}$ 的关系来描述。对于纯增益驾驶员模型(如 PIO 的假设),短周期总阻尼系数值的极限值由高增益渐近参数 $\sigma_a = \zeta_{sp}\omega_{n_{sp}} - (1/2) \times (1/T_{\theta_2})$ 决定。这个值越接近零,就越有可能引起 PIO。但 STI 研究人员又进一步指出,对于所有的最不寻常的飞机构型,高增益渐近参数应该大于零。他们还得出结论:"对于可忽略控制系统动态(包括非线性元件或配重的影响)的飞机,只涉及姿态控制的纵向 PIO 基本上是不可能的。"

显然,最初假设"飞行员是一个纯增益的操作员,没有输入成型或延时"是得到这一结论的关键。尽管高增益渐近参数可作为有用的分析方法,却从未被正式采用为 PIO 预测准则。STI 结合飞控系统在短周期频率的相位延迟测量,对多数飞行任务,要求 σ_a 下边界选取 0.5。

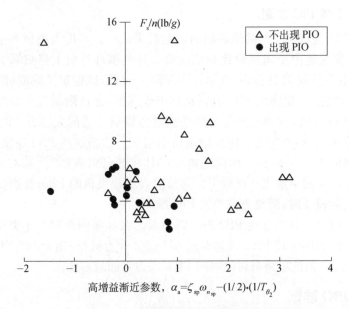

图 4.23   使用高增益渐近参数的 PIO 预测

考核单一实例数据集就可说明高增益渐近参数缺乏整体相关性。在阿肯纳斯和 STI 在进行 PIO 研究的同时,北美航空公司的两名研究人员阿·哈鲁赫和西维特也探索着他们自己的准则。该准则将在下面进行讨论,我们现在只对阿·哈鲁赫和西维特整理得到的数据[23]感兴趣。阿·哈鲁赫和西维特的数据中包括 43 个低空高速战斗机和攻击机的飞行数据。注意到这些点中 41 个点的基本动力学情况(短周期特征加上每 g 的杆力和位移)。可看到 41 个案例中有 14 个出现了 PIO。

图 4.23 显示了 41 案例的高增益渐近参数。此处,选择对照参数和每 g 杆力的直角坐标只是为了简单方便,还不是为了能显示数据的相关性。

数据表明了 σ_a 的重要性,因为所有的 PIO 案例的 σ_a 都小于 0.9。此外,σ_a 显然不是唯一的重要参数,因为还有许多非 PIO 点的 σ_a 值也比较小。STI 准则[22]选择的第二个参数是控制系统在短周期频率的相位滞后,而在这些案例中没有提供相位滞后。但下面我们将会看到,其他一些参数——尤其是每 g 杆力将使图 4.23 的数据有更好的关联,所以我们可以得出这样的结论:σ_a 不是解决常规飞机 PIO 问题的答案。

4.7.2   阿·哈鲁赫-西维特准则

20 世纪 60 年代,阿·哈鲁赫和西维特提出了针对低空高速飞行预防 PIO 的准则。该准则中最成熟的部分最近在美国联邦航空管理局对商用飞机 PIO 的预防方法中再现。早期的咨询通告草案中提议采用阿·哈鲁赫-西维特准则,但后来的版本却没有提及。

阿·哈鲁赫-西维特 PIO 准则[23] 使用飞机的响应度和控制度。响应度定义为达到短周期响应幅值十分之一的时间,计算公式为 $T_{1/10} = \ln(0.1)/(\zeta_{sp}\omega_{n_{sp}})$,控制度为每 g 杆力和位置的组合 $(F_s/n_L)^3 \times (\delta/n_L)$,单位为 in·lb³/g⁴。该准则的 PIO 边界如图 4.24 所示(其中引用了图 4.23 中的飞行数据)。

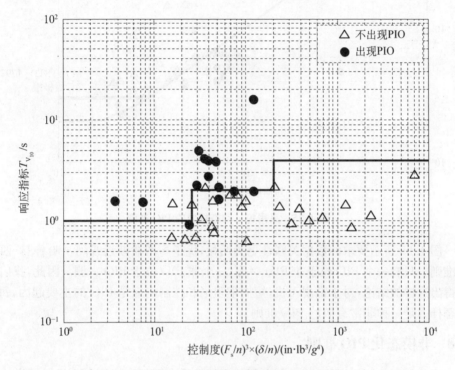

图 4.24 阿·哈鲁赫-西维特 PIO 准则

该准则与飞行数据的相关性非常好,因为只有两个 PIO 明显落在非 PIO 边界一侧(两者都接近边界线),两个非 PIO 落在 PIO 边界一侧。这使得阿·哈鲁赫-西维特准则看起来非常有效(大飞机制造商指出,该准则一个重大缺陷是,用驾驶盘和驾驶杆的运输机的控制度在幅值上大于图 4.24 显示的最大值,这当然引发了一些关注)。

4.7.3 每 g 的动态杆力

20 世纪 60 年代的美国军用规范的开发人员都了解 STI 以及阿·哈鲁赫和西维特的工作。基于康奈尔航空实验室(后来的卡尔斯班)的研究,军方要求的选择是每 g 动态杆力参数,它主要是短周期阻尼比的函数。军用标准中每 g 杆力要求[12] 示于图 4.25,数据基于现在熟知的阿·哈鲁赫和西维特整理的数据集[23]。

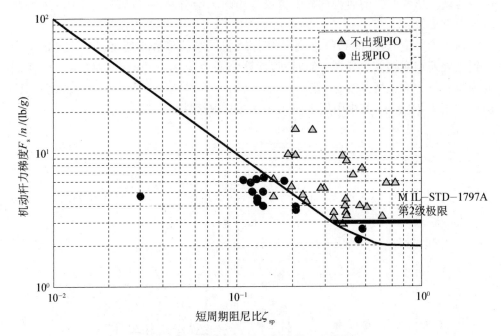

图 4.25   采用每 g 动态杆力的 PIO 准则

图 4.25 所示要求的数据关联性更为明显,优于高增益渐近或阿·哈鲁赫-西维特准则。只有一个 PIO 位于非 PIO 一侧,一个非 PIO 位于 PIO 一侧。因此,我们可以得出这样的结论,对于常规飞机,短周期阻尼和控制响应是 PIO 的主要起因,每 g 动态杆力是一种非常有效的 PIO 准则。

4.8   非模态化 PIO 准则

不管是否使用了增稳,至今所介绍的飞行品质准则都直接面向飞机对操纵输入的响应,就像处理非增稳飞机的准则一样。只要飞机的基本特征类似于图 4.21 所示的常规飞机响应类型,模态化准则就可以适用。甚至对那些看起来很少像常规类型的响应,如果该响应在频率低于 $10\sim20\,\text{rad/s}$ 频段附近,可以用时间延迟来近似,那么也可使用模态化准则。然后我们就可以应用等效系统方法和相同的准则,对等效时间延迟附加新的限制。这类高频动态的例子包括应用于飞机运动陀螺仪和加速度计输出信号的典型噪声滤波器、结构滤波器和抗混叠滤波器。

但仍有一些案例不再适用传统的准则。过去,在驾驶员指令通道增加截止频率接近驾驶员操作频率的滞后或超前/滞后滤波器,就曾出现这样的结果。频率响应图上的动态特性不像常规形式,再采用传统准则(通过对响应采用等效系统技术)就会导致争论[24]。

传统准则不能处理的另一个例子是,响应形式一点不像常规飞机的非常规的响应类型。例如,所考虑的姿态响应类型(对俯仰控制输入的短周期响应)如下式:

$$\frac{\theta}{\delta_e} = \frac{K_\theta e^{-\tau s}}{[s^2 + 2\zeta\omega s + \omega^2]}$$

当然,将一个等效系统拟配到某一姿态响应类型以获得以上传递函数的做法并没有什么错。然而应注意,这个等效飞机与传统飞机的等效形式不同:它缺少一个零点 $1/T_{\theta_2}$,且分母缺少一个积分项 s。这个二阶滞后环节决定了它的响应明显不同于我们所熟知的传统短周期模态。因此,轻率地把这些根绘制在传统准则上,并据此来判断飞机短周期飞行品质是不正确的。

需要探索新方法来判断不符合传统模态化准则的飞机的飞行品质。

4.8.1　现有准则

众多的飞行品质研究者提出了若干非模态准则来预测第 I 类 PIO。通常这些准则很适用于那些他们所依据的数据库,但往往失效于其他来源的试验数据。以下简要总结 4 个纵向 PIO 准则:

1) 飞机带宽/俯仰速率超调准则

俯仰姿态带宽准则是为评估高增稳飞机的操纵品质而开发,多数常规准则并不适宜评估这类飞机[26]。这些准则被引用在操纵品质接口标准 MIL‐STD‐1797A[12] 中。(MIL‐STD‐1797A 中的极限过于严格,已做了重要的调整,特别是增加了关于俯仰速率超调量的要求[25]),它们已适应于 PIO 敏感性的预测,如图4.26所示。

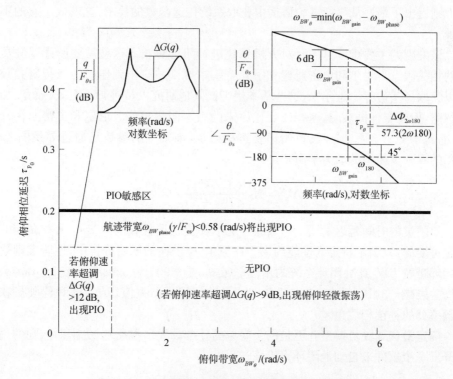

图 4.26　采用带宽、相位延迟和超调量的 PIO 准则

所有的带宽参数均在人感系统全时参与下（即使力传感器也用于飞机指令）进行测量，这与大多数其他研究人员所采取的做法不同。争论在于人感系统对于驾驶员是不透明的，因此会影响驾驶员对飞行品质的评价和产生 PIO 的概率[26]。

基于带宽的 PIO 准则的研究者发现，如果 PIO 出现，其可能的振荡频率可以用俯仰姿态中性稳定频率 ω_{180_θ} 微增 0.5 rad/s 来很好地近似[27]。该假设表明，在 PIO 中，驾驶员对人-机系统动力学只有很小改变（即驾驶员表现了同步跟踪行为[21]）。0.5 是一个认可的修正因子，可能表明驾驶员试图应付 PIO 而增加了微小的超前量。

2) 尼尔-史密斯准则

尼尔-史密斯准则[5]也是为了评估高增稳飞机的飞行品质而开发的。该准则原来是为了评估操纵品质等级的，只间接涉及 PIO（见图 4.11）。图中虽然有一个区域（对应于 3 级飞行品质）提到有 PIO 倾向，但图 4.11 并没有给出明确的 PIO/非 PIO 分界线。整个 3 级飞行品质覆盖的区域被指明具有较强的 PIO 倾向，所以这显然是一个 PIO 预测区域，但振荡的趋势也被指明在 2 级飞行品质的中间部分，这表明该区域有较弱的 PIO 倾向。

与这里考虑的所有非模态化准则一样，尼尔-史密斯准则也是基于频域的。与别的准则不同的是，该准则在应用中最好采用飞机传递函数模型，而不是频率响应图（在初期研究[5]中，应用完全是图形化的，可以免去获取传递函数的工作）。因为该准则提出了最好从飞行试验数据中获取系统传递函数的要求，这就成了它的不便之处。

该准则的主要难度是需要对人机系统进行闭环分析。这就需要所用驾驶员模型的相关假设。尼尔和史密斯建立了几个基本规则并应用到他们的飞行研究数据中以获取一些边界。近年来，这些基本规则被其他研究人员进行了更改、放宽、加强和忽略，但没有证据表明，这些改变比原来的版本明显更好。尼尔和史密斯在开发之初，对于 $Y_c = \theta/F_{es}$ 描述飞机俯仰姿态动力学，准则中的参数是通过寻找图 4.10 给出的驾驶员模型的动力学而获得：

$$Y_p = K_p \frac{(T_I s + 1)}{(T_L s + 1)} e^{-\tau_p s}$$

驾驶员的时间延迟 τ_p 是一个常值（尼尔和史密斯假设为 0.3 s），K_p，T_I 和 T_L 则是可变的，以满足特定的性能约束。在尼尔-史密斯的原始分析中，性能准则是规定闭环带宽 BW[此处闭环系统的相位 $\angle(\theta/\theta_c)$ 是 $-90°$]为 3.0 rad/s 或 3.5 rad/s、闭环增益衰减 -3 dB。尼尔-史密斯准则的参数是闭环谐振值 $|\theta/\theta_c|_{max}$ 和驾驶员在带宽频率处的补偿相位角 $\angle\theta_{pc}$。

确定最佳驾驶员模型并不是一个简单的任务。大多数尼尔-史密斯准则的用户会开发一个软件来自动地闭环完成该过程。

3）史密斯-格迪斯准则

史密斯-格迪斯 PIO 准则基于俯仰姿态和法向加速度的驾驶员闭环控制的基本原理[28]。他们的最初目标瞄准了操纵品质，把尼尔-史密斯数据库作为研究基础。该准则已作了某些修改并扩展到滚转轴。

史密斯和格迪斯定义了 3 种类型的 PIO。不要把这些类型与前面提到的 PIO 分类相混淆。

目前得到应用[29]的史密斯-格迪斯准则参数如下：

（1）俯仰姿态对杆力的传递函数的坡度 S，被定义为 1～6 rad/s 之间的数，单位为 dB/倍频程。

（2）临界频率 ω_c 定义为 $6+0.24S$，如果预测到有 PIO，这就是期望的 PIO 频率。

（3）θ/F_{es} 传递函数在 ω_c 处的相角测量值，如果相角 $\angle\theta/F_{es}(j\omega_c)$ 小于 $-180°$，可以预测出现第 Ⅲ 类 PIO（姿态主导）。

（4）法向加速度参数 $\Phi(j\omega_c)$，如果相位在 $-160°\sim -180°$ 之间，此外，驾驶员处的法向加速度响应为 $\Phi(j\omega_c)=\angle n_{z_p}/F_{es}(j\omega_c)-14.3\omega_c\leqslant180°$，则可以预测出现第 Ⅰ 类（加速度主导）PIO。

换言之，在临界频率处，如果俯仰姿态没有相位裕度，飞机肯定容易出现 PIO；如果俯仰姿态有 $20°$ 或更小的相位裕度，调整法向加速度时没有相位裕度也会发生 PIO。史密斯-格迪斯准则定义只要飞机开环模态的阻尼比小于 0.2 时，即为第 Ⅱ 型 PIO。

我们知道史密斯-格迪斯准则深受众多美国研究人员青睐[14]。但是，该准则在区分 PIO 易发飞机和抗 PIO 飞机方面未被证明是非常有效的[25]。已经表明该准则对导致 PIO 的这些特性缺乏基本的测量。史密斯-格迪斯准则的基本前提是，飞机俯仰姿态响应的幅值在典型的驾驶操纵频率范围（1～6 rad/s）内可视为一条直线。k/s 越像这条线越好。该基本前提是符合实验数据和理论的[30]。但是，该准则假设所有短周期操纵飞机的典型动态（即俯仰姿态的零点 $1/T_{\theta_2}$ 和采用 ζ_{sp} 及 $\omega_{n_{sp}}$ 描述的短周期模态），加上任何可能由飞行控制系统附加的动态，都可用一个单斜坡函数近似。这是对该域内的动态太过低阶的近似。

4）吉普森相位速率准则

约翰·吉普森制定了几个 PIO 设计指南和准则。其中一个版本被收在 MIL-STD-1797A[12] 中作为短周期俯仰姿态的要求。该版本[31] 组合了越过中性稳定频率 ω_{180_θ} 的俯仰姿态相位速率的限制和操纵响应灵敏度的限制，如图 4.27 所示。吉普森的相位速率参数是姿态相位曲线从 ω_{180_θ} 到 $2\omega_{180_\theta}$ 的斜率的度量。如果它被定义在 ω_{180_θ} 和 $2\omega_{180_\theta}$ 之间，则与带宽准则采用的相位延迟参数相同。

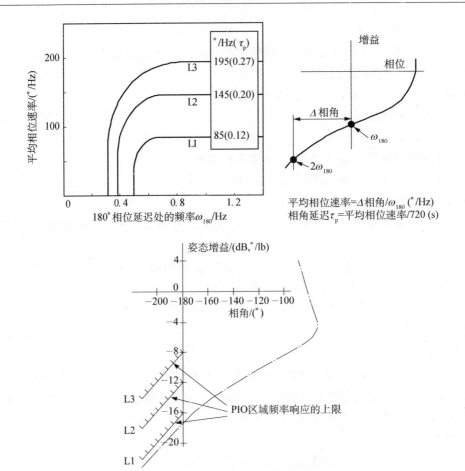

平均相位速率=Δ相角/ω_{180} (°/Hz)
相角延迟τ_p=平均相位速率/720 (s)

图 4.27 吉普森 PIO 准则

这与带宽准则之间存在一个明显的区别。所有要求都会涉及操纵力,因此人感系统动态应成为系统的一部分,但是吉普森准则把人感系统动态排除在外。实际应用的确需要将人感系统产生的传动包括在内,即,绘制在尼科尔斯图上(见图4.27)的频率响应与操纵力相关,尽管人感系统的动态被排除在外。

吉普森观察到,如果一个 PIO 出现,其 PIO 频率可能就是 ω_{180_θ}。这已经在一组有限的数据[27]上得到验证,实际上这组数据对应的飞机模型包括了人感系统动态。

图 4.27 的等级约束实际上是按照 PIO 易发性和严重性来处理的,而不是常规地按照操纵品质来处理。$L1$ 定义的区域不会有第 I 类 PIO 发生。如果设计落入 $L2$ 区域,也许会有 PIO 趋势,有可能导致危险。对于设计落入 $L3$ 区域,则 PIO 的易发性会使其很危险。

4.8.2 准则的有效性

1) PIO 易发性的预测

前面描述的 4 种 PIO 易发性预测准则是完全不同的方法,只有带宽准则的相位延迟部分和吉普森准则的相位速率部分显示出相近关系。既然所有的准则开发初衷都不一样，那就不要期望应用中会有相同的结果。在这些准则的评估中[32]，共应用了来自 7 个不同飞行试验的 207 数据点。总体而言，带宽/俯仰速率超调量准则被认为是最有效的，其与数据的相关性最大，正确地预测了 207 个数据中的 188 点（成功率达到 91%）。其中观察到 PIO 或 PIO 倾向的 91 个构型，带宽准则预测到 PIO 的有 78 个或 86%。

得到第二好评的是吉普森准则，其整体成功率达 80%（207 例中成功 166 例）。其主要缺陷是将增益灵敏参数应用于一组运输机的结构时，需要为大型的驾驶盘和驾驶杆操纵的飞机定义新的约束范围。

史密斯-格迪斯准则被证明过于保守：他们在 91 例 PIO 中正确预测了 82 例，但还在 117 例非 PIO 中预测了 66 例的 PIO（总预测成功率 64%）。这种保守性主要来自于开发者坚持采用通用的参数和标准，也就是说，他们期望准则适用于所有飞机的所有飞行条件。几乎所有的运输飞机都不适用该准则，尤其是在着陆构型，许多较小型的飞机在相同的构型时也有麻烦。史密斯-格迪斯准则还缺乏一个有效措施来测量随频率增加引起的相位陡降。相位延迟和相位速率参数直接定义了随频率增加时，俯仰姿态和驾驶舱操纵装置之间的相角下降的快速性。吉普森准则只在单频率点对相角有记录。

2）PIO 频率的预测

以上评述的 4 个准则中的 3 个都包含了对预期 PIO 频率的预测。当然，我们必须评价每一准则能给出准确预测 PIO 发生和 PIO 频率的置信度。但对 PIO 频率的估计比预测 PIO 发生要难，它需要事件的时域响应信息以及准确的分析模型。

时间响应样本曲线可以从 4 个飞行研究项目中获得，从这些曲线中可以测量 PIO 频率的近似值。这些研究分别是：尼尔-史密斯[5]（3 组时间响应曲线）、LAHOS[33]（6 组）、HAVE PIO[34]（12 组）、TIFS 86（TIFS 拉平着陆）[35]（19 组）。尼尔-史密斯是对战机起飞离场飞行的响应研究、LAHOS 及 HAVE PIO 是对战机着陆的响应研究、TIFS86 是对运输机着陆的响应研究。除了 TIFS 86，所有研究都通过美国空军的变稳飞机 NT-33A 运行，TIFS 是美国空军的共享空中模拟器。

从 4 组参考数据中可以共获得 40 个 PIO 频率。图 4.28 归纳了 3 种准则各自的 PIO 频率估计的有效性。该图给出了 PIO 测量频率与 PIO 预测误差（测量频率－预测频率）的对照显示。

准确预测应是零误差，大于零的误差表示预测频率值偏低，小于零的误差表示预测频率值偏高。图 4.28 中的虚线表示 10% 的误差界限。

图 4.28(a) 是符合基于带宽准则的定义：ω_{PIO}（预测）$= \omega_{180_\theta} + 0.5$。虽然当测量频率增高时有 PIO 频率的欠预测倾向，但数据的趋势相当不错。

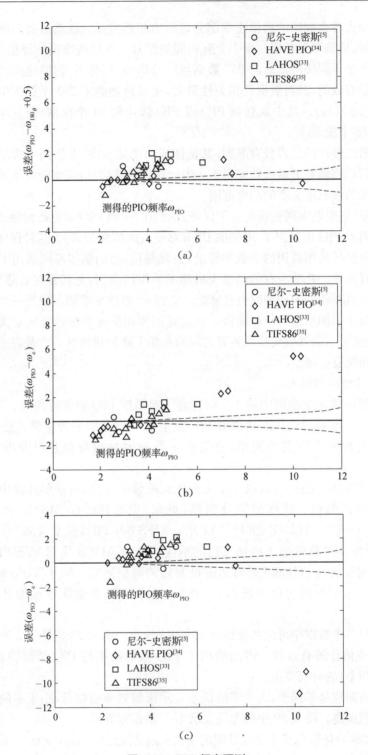

图 4.28 PIO 频率预测

（a）带宽方法（包括人感系统的 ω_{180_θ}） （b）史密斯-格迪斯准则 （c）吉普森准则（不包括人感系统的 ω_{180_θ}）

图 4.28(b)中,史密斯-格迪斯估计临界频率很大部分集中在 $3\sim5\,\mathrm{rad/s}$ 之间,如果实际 PIO 频率落在这个范围,那么预测结果会不错,但在此范围外的预测结果会很差。图(b)中数据点的明显偏斜反映了该准则预测频率的偏差。例如,如果我们说"所有的 PIO 发生在 $4\,\mathrm{rad/s}$",数据将完美地排成线——仅在 $4\,\mathrm{rad/s}$ 处具有零估计误差,在其两边误差会逐渐增加,史密斯-格迪斯预测就是如此。

最后,吉普森使用中性稳定频率 ω_{180_θ},且不包括人感系统的动态和不带修正因子。其结果[见图 4.28(c)]表明,它的大多数数据点比带宽准则[见图 4.28(a)]的诸点稍微上移。对于很高的频率点,预测偏高了一倍,反映出忽视人感系统动态的后果。当包括人感系统时[见图 4.28(a)],就可以准确预测这两点。

必须得出的结论是,图 4.28 中使用的数据没有一个在 PIO 频率预测中表现得十分突出。可能的复杂性包括频率的测量(根据时间响应、计算几个振荡周期的平均数),用于预测的分析模型的准确性,以及变稳飞机是否有能力准确重现 PIO 过程中模型的动态。

4.9　速率限制对 PIO 的影响

近期许多 PIO 都表现出有某种形式的速率限制。至今尚未确定速率限制是否是引起 PIO 的直接原因,或者简单地说 PIO 就是它的结果。也没有证实速率限制是加剧还是减弱了 PIO 的严重性。但是,当前有一件事是肯定的:我们没有确凿的证据表明,一个好的、完整的,没有飞行品质缺陷的飞机会仅由于速率限制而产生 PIO。

最常见的速率限制形式是舵面驱动作动器的速率饱和,这是由于对液压系统过大指令所造成的,有趣的是,它不是涉及 PIO 的最通用的速率限制形式。相反,通用做法是在飞机的飞行控制系统软件中执行一个速率限制器函数,直接限制了舵面指令的上游信号。这种软件速率限制器可预防舵面的速率限制,通常除了抑制 PIO 以外还有其他原因(如减轻平尾的载荷[17]),但实际工程中,它只是简单地把速率饱和装置从硬件移到软件。

4.9.1　第Ⅱ类 PIO 准则

速率限制所致 PIO 的预测及预防的准则最近才开始出现。非线性因素增加了系统的复杂性,这意味着任何可用的准则都必须考虑驾驶员输入信号的频率和幅值,从而使得准则本身的复杂性大大增加。由于这些准则才出雏形,本书将不予介绍。

4.9.2　速率限制的后果

与流行的观点相反,在飞行中达到舵面速率限制(不管是硬件还是软件)都不一定是灾难性的。事实上,最近的飞行研究计划的实证[36, 37]表明,如果基本飞机具有足够的增益和相位裕度,碰到速率限制的后果仅限于驾驶员抱怨有迟钝感,但没有 PIO 倾向。

美空军大幅值多模态航空空间研究模拟器(LAMARS)进行的地基模拟研究也证实了这一观察结果。这个模拟结果尚未正式发布,其一个例子如图 4.29 所示。这是一个飞行员执行超过两分钟的俯仰和滚动跟踪任务时,采自平视显示器 30 s 的片断。虚线对应一个完好的无增稳的 1 级飞机,带有严格的速率限制(10°/s)(构型 2DR10)。飞行员认为该飞机有点迟钝,有轻摇的倾向,但没有 PIO 迹象。

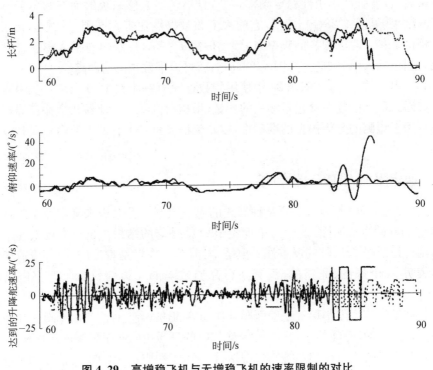

图 4.29 高增稳飞机与无增稳飞机的速率限制的对比

——2DUR20(*HQR* = 10, *PIOR* = 6)
---- 2DR10(*HQR* = 4, *PIOR* = 2)

相比之下,在图 4.29 中的实线对应于通过反馈实现,具有类似动态的飞机(构型 2DUR20),飞机本体是极不稳定的。当速率限制达到 20°/s 之后,产生快速俯仰发散。正如最下面曲线显示的,驾驶员在约 83 s 之前都成功避免达到速率限制值,在 83 s 时推杆和拉杆驱使飞机进入限制值。产生大约一个周期的 PIO,由于飞机达到了几乎 7 个 g 的法向加速度,所以在 86 s 的时候停止激励。毫不奇怪,虽然驾驶员认为该飞机在达到限速之前也具有良好的飞行品质,但他还是认为该飞机具有很高的 PIO 倾向。

在图 4.29 中运行的头 83 s,飞行员驾驶好构型 2DR10 时进入限速的时间占 21%,而驾驶构型 2DUR20 时进入限速的时间只占 2%。所以很显然,进入限速的时间不是飞行品质或 PIO 的最终决定因素。于是,出现了两个问题:

(i) 驾驶员更需要飞机有什么样的表现?

（ii）飞机响应究竟会带来什么后果？

在这两个案例中，驾驶员并没有明显表示需要飞机有更怎么样的表现，或者，构型 2DR10 的延缓性更差一些（才好说明有 PIO 倾向）。另一方面，构型 2DUR20 却出现了非常大的、突发性和不利的动态变化，更易引发灾难性的 PIO 并失控。

4.10　结语

操纵品质分析和设计借鉴了出现于 20 世纪中叶的经典控制理论（关于操纵品质更详细的描述见霍金森的著作，见文献[38]）。借助于操纵品质分析和设计，我们深入洞察了飞机、驾驶员和控制系统的动态，建立了判别操纵品质的方法，正如文森特所描述的[39]：它们"显示了工程知识中丰富的理论性和实践性"。

4.11　参考文献

[1] Chalk C R, Neal T P, Harris T M, et al. Background information and user guide for MIL-F-8785B(ASG), Military specification—flying qualities of piloted airplanes [R]. AFFDL-TR-69-72,1969.

[2] Mcruer D T, Ashkenas I L, Graham D. Aircraft dynamics and automatic control [M]. Princeton University Press, 1973.

[3] Hodgkinson J, Lamanna W J, Heyde J L. Handling qualities of aircraft with stability and control augmentation system—a fundamental approach [J]. J. Roy. Aeronaut. Soc. , 1976.

[4] Wood J R, Hodgkinson J. Definition of acceptable levels of mismatch for equivalent systems of augmented aircraft [R]. McDonnell Douglas Report A6792, 19,1980.

[5] Neal T P, Smith R E. An in-flight investigation to develop control system criteria for fighter airplanes [R]. U. S. Air Force Flight Dynamics Laboratory report AFFDL - TR - 70 - 74,1970.

[6] Hoh R H, Mitchell D G, Hodgkinson J. Bandwidth—a criterion for higly augmented airplanes [S]. Criteria for handling qualities of military aircraft, AGARD-CP-333,1982:9-1-9-11.

[7] Hoh R H, Mitchell D G, Ashkenas I L, et al. Proposed MIL standard and handbook—flying qualities of air vehicles [R]. USAF Wright Laboratory Report AFWAL TR-82-3081,1982.

[8] Rickard W W. Longitudinal flying qualities in the landing approach [C]. Douglas paper 6496, 12th annual conference on Manual control, 1976:25-27.

[9] Gibson J G. Handling qualities and the fly-by-wire airplane [C]. Proceedings of the AGARD flight mechanics symposium on Stability and controlAGARD CP-260,1978.

[10] Hoh R H, Myers T T, Ashkenas I L, et al. Development of handling quality criteria for aircraft with independent control of six degrees of freedom [S]. Ab3NAL - TR - 81 - 8027,1981.

[11] Hoh R H, Mitchell D G. Short take-off and landing (STOL) criteria for precision landings [R]. USAF Wright Laboratory Report AF～AL - TR - 86 - 3050, 1986.

[12] Flying qualities of piloted aircraft [S]. Department of Defence interface standard, MIL-STD-1797A, revised notice 1, 1995.

［13］ National Research Council, Committee on the Effects of Aircraft-Pilot Coupling on Flight Safety, Aviation Safety and Pilot Control. Understanding and preventing unfavourable pilot-vehicle interactions［M］. Washington, D. C: National Academy Press, 1997.

［14］ Dornheim M A. Report pinpoints factors leading to YF－22 crash［J］. Aviation Week & Space Technology, 1992,9:53－54.

［15］ Harris J J, Black G T. F－22 control law development and flying qualities［C］. AIAA Atmospheric flight mechanics conference, CA, San Diego, 1996:155－168.

［16］ Kullberg E, Elgecrona P O. SAAB experience with PIt［C］. Flight vehicle integration panel workshop on Pilot-induced oscillations, AGARD－AR－335, 1995, 9－1－9－9.

［17］ Iloputaife O. Minimizing pilot-induced-oscillation susceptibility during C－17 development［C］. AIAA Flight mechanics conference, LA, New Orleans: 1997,155－169.

［18］ Nelson T A, Landes R A. Boeing 777 development and APC assessment［R］. Presented at the SAE Control & Guidance Systems committee meeting, 1996.

［19］ Kempel R W. Analysis of a coupled roll-spiral mode, pilot-induced oscillation experienced with the M2－F2 lifting body［R］. NASA TN D—6496,1971.

［20］ Smith J W. Analysis of a lateral pilot-induced oscillation experienced on the first flight of the YF－16 aircraft［R］. NASA TM－72867,1979.

［21］ Ashkenas I L, Jex H R, Mcruer D T. Pilot-induced oscillations: their cause and analysis［R］. Northrop Corp. Norair report NOR－64－143,1964.

［22］ Craig S J, Ashkenas I L. Background data and recommended revisions for MIL－F－8785B (ASG), military specification—flying qualities of piloted aircraft［R］. Systems Technology, Inc. , TR－1－89－1,1971.

［23］ A'Harrah R C, Siewert R F. Pilot-induced instability［M］. Stability and control, part 2, AGARD CP 17,1966:703－727.

［24］ Mitchell D G, Hoh R H. Low-order approches to high order systems: problems and promises［J］. J. Guid. Control. Dyn. , 1982,5(5):482－489.

［25］ Mitchell D G, Hoh R H, Aponso B L, et al. Proposed incorporation of mission-oriented flying qualities into MIL－STD－1797A［R］. WI～TR－94－3162,1994.

［26］ Mitchell D G, Aponso B L, Klyde D H. Feel system and flying qualifies［C］. AIAA－95－3425, AIAA Atmospheric flight mechanics conference, Baldmore, MD: 1995:1－13.

［27］ Mitchell D G, Hoh R H, Aponso B L, et al. The measurement and prediction of pilot-in-the-loop oscillations［C］. AIAA Guidance, navigation and control conference, AZ, Scottsdale: 1994:1167－1177.

［28］ Smith R H. A theory for longitudinal short-period pilot induced oscillations［R］. AFFDL－TR－77－57,1977.

［29］ Smith R H. The Smith-Geddes criteria［R］. Presented at the SAE Aerospace Control and Guidance Systems committee meeting, NV, Rent: 1993.

［30］ Mcruer D T, Krendel E S. Mathematical models of human pilot behaviour［M］. AGARD AG－188,1974.

［31］ Gibson J C. The prevention of PIt by design［M］. Activé control technology: applications and lessons learned, AGARD－CP－560,1995:2－1－2－12.

［32］ Mitchell D G, Klyde D H. A critical examination of PIt prediction criteria［R］. AIAA－98－4335, presented at the AIAA Amospheric flight mechanics conference, MA, Boston: 1998.

[33] Smith R E. Effects of control system dynamics on fighter approach and landing longitudinal flying qualities [M]. AFFDL - TR - 78 - 122,1978.

[34] Bjorkman E A. Flight test evaluation of techniques to predict longitudinal pilot induced osciUations [D]. AFIT/GAE/AA/86J - 1,1986.

[35] Weingarten N C, Berthe J R. L J, Rynaski E G. Flared landing approach flying qualities, vol I—experiment design and analysis [M]. NASA CR - 178188,1986.

[36] Kish B A, et al. A limited flight test investigation of pilot-induced oscillation due to elevator rate limiting [M]. AFFTC - TR - 97 - 12,1997.

[37] Mitchell D G, Kish B A, Set J S. A flight investigation of pilot-induced oscillation due to rate limiting [C]. IEEE 1998 Aerospace conference proceedings, Paper 270, Snowmass, CO: 1998.

[38] Hodgkinson J. Aircraft handling qualities [M]. Blackweil Science, 1999.

[39] Vincenti W G. What engineers know and how they know it [M]. Johns Hopkins University Press, 1990.

5　自动飞行控制系统的设计考虑

本章介绍自动飞行控制系统(AFCS)设计和开发过程中必须解决的若干问题。从机体及其应用角度考虑,每一个飞控系统都是不同的,所以,本章既不是对潜在的各种系统架构作比较,也不是提出一个最优的方法,而是要介绍与自动飞行控制系统开发项目相关的一个共同的主题,即帮助读者了解在设计过程中必然涉及的一些概念。

5.1　自动飞行控制系统开发项目

图 5.1 给出了一个典型的自动飞行控制系统的开发计划,标明了相关活动为了指定的目标所占用的时间(以季度为单位)。任何一个活动的持续时间取决于系统

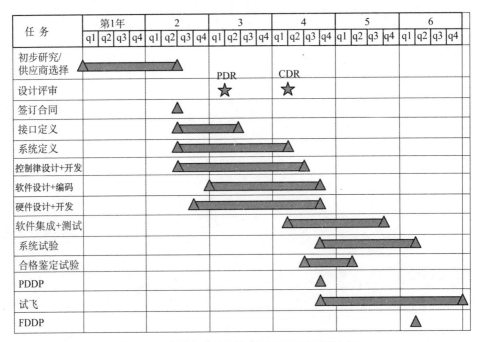

图 5.1　典型自动飞行控制系统开发计划(6 年)

设计和开发的复杂性,以及关于资料或文档的相关合同要求。该图阐明了在开发计划中需要开展的主要活动,并且明确了在 AFCS 设计中必须满足的基本的系统考虑。

5.1.1 研究阶段/开发商选择

自动飞行控制系统开发项目将从预先研究阶段开始,在此阶段将建立飞机顶层要求,并提出一个初步飞控系统设计建议书以便选择供应商。设计建议书将采用若干设计资料合订本的形式,它们将提及每一个顶层要求,并且说明其实现方式。建议书会详细说明公司的组织机构、财务状况、商业条款、质量程序,以及已取得的业绩及其他相关内容。该阶段结束时,会与中标企业签订设计开发该自动飞行控制系统并供应相关设备以支持该项目的合同。

5.1.2 接口定义

选择自动飞行控制系统供应商可能比选择传感器设备的供应商稍微提前或者同时进行。一旦与所有其他供应商的合同签署完毕,就可着手进行自动飞行控制系统接口的完整定义。该任务对于保证在后续过程不遇到系统设计隐患是相当关键的。既要关注传感器性能,又要关注电信号接口,以保证飞控系统接受和传输合适的运行数据。

5.1.3 系统定义

在编制接口文件的同时,也开始编写系统定义文件,划分飞控系统功能要求,并给出顶层体系架构。在开发计划的这一阶段还要同时开展系统设计考虑,这是保证成功实施整个飞控系统研发的基础。控制律设计也在这一阶段开发。

5.1.4 软件设计和编码

在给出接口完整性、系统和控制律的定义之后,执行飞控系统运行的软件根据硬件结构被适当划分为高完整性、低完整性的软件任务模块。一个在飞控系统开发过程中始终如一需关注的主题是软件设计的验证和确认,本章稍后将给出更详细的介绍。

5.1.5 硬件设计和开发

自动飞行控制系统将被分割成许多外场可更换部件(LRU),它们接受嵌入式飞行操作程序的指令,实现接口、控制和作动器驱动的功能。每一个外场可更换部件由许多模块组成,例如输入/输出、中央处理器单元、电源和调理单元等。硬件的设计和开发任务将涉及所有这些模块,其目的是提供一些原型装置,基于软件的控制律将在这些原型装置上进行最终测试。

5.1.6 系统集成和测试

硬件和软件被集成起来,并逐步地包含越来越多的功能,直到整个系统在专门设计的系统平台中进行测试。这为系统设计团队提供了一个闭环环境,以模拟飞行动力学特性并用自动飞行控制系统进行控制。

5.1.7 合格鉴定试验

合格性测试用来确定组成飞控系统的外场可更换部件的适航性。要通过一系列的测试,例如振动、变温度/变高度、湿度、电磁干扰、坠撞/冲击、污染和抗霉菌增长,以及其他与应用有关的试验。这种试验将选用和最终飞行完全相同的部件,以证明在典型的飞行环境中硬件性能不会降低。

5.1.8 设计和性能的初步/最终报告(PDDP/FDDP)

设计和性能的初步/最终报告是一份汇集外场可更换部件和系统文档的技术报告,其目的在于报告已进行的测试,以及相关的证明设备具备适航性的结果。设计和性能的初步报告(PDDP)包含了一个测试的子集,用来申请启动试飞的许可,它将与长周期的测试和验证工作平行进行,这些测试结果都将整理成文纳入 FDDP 中。

5.1.9 试飞

飞机制造商会进行一系列的测试以证明机体和自动飞行控制系统的适航性。自动飞行控制系统的供应商会进行平行的工作,如有必要,在此期间进行修改或改进。

5.1.10 合格审定

在自动飞行控制系统项目的所有阶段中编制和成文的资料将提交给相应的适航管理当局,以审定自动飞行控制系统/飞机适于飞行运行。当对方满意时,该设计谱系才是可接受的。

5.1.11 设计评审

如图 5.2 所示,在开发计划的各个阶段都要开展评审,以确认本设计阶段的完成和下一阶段的开始。自动飞行控制系统的用户一般要求至少进行两次合同性评审——初步设计评审(PDR)和关键设计评审(CDR),来分别处理方案设计和详细设计。这些评审安排在开发计划节点上。

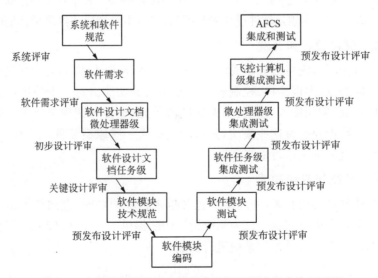

图 5.2 含有相关设计评审的需求分解和测试组成的 V 形图

5.2 需求定义和验证

5.2.1 引言

自动飞行控制系统设计团队必须满足两个重要设计考虑：

- 设备必须满足用户/机体供应商对产品所提出的要求；
- 设备必须经合格审定为可以安全飞行。

为了满足以上要求，设计团队需要采用一系列的技术措施。一般来说，这些技术措施可以归为两组之一，或两组兼有：

- 总体的设计和测试方法；
- 特殊的设计考虑以满足必要的安全性能或特定要求。

本节介绍一个典型飞控系统开发的总体设计方法和测试理念。下一节将着眼于特殊设计考虑。

5.2.2 设计和测试方法

为适于受控的机体和飞机的总任务，每一个自动飞行控制系统都是不同的。自动飞行控制系统的复杂性很大程度上取决于系统的数量，以及为了满足系统安全和可用性考虑所配置的必要余度的软硬件功能。开发方法对于所有类型的自动飞行控制系统都是相同的，只是为系统签发，所必须满足的验证标准相关的设计、测试和文档工作量不同。

图 5.2 展示了可以作为许多航空航天产品开发基础的 V 形图。它的简单运作原理是：在设计阶段渐进地细化功能需求，随之在验证阶段渐进地累积需求的测试。图中每一级之间都有设计评审。V 形图的左边是设计步骤的分解，底部是软件编码实现，右边是不断增加的测试。这个图解对硬件的开发和测试同样有效。只要把软件模块用电路板设计的局部来替代，而硬件电路板的设计需要对越来越高级的功能进行渐进地测试。

这种方法有两点必须提及。它们是：

- 可追溯性；
- 构型控制。

5.2.2.1 可追溯性

至关重要的是，在功能分解中不断演化的需求，可以通过设计由顶层追溯至低层，然后回溯多层测试来证明高层的需求完全被满足。一种确保能满足可追溯性的方法是编写一个大型矩阵。它囊括了所有来自高层规范和低层文档导出的所有需求的参考资料，从而设计和测试过程可以被追溯。

当所有的设计和测试都已完成并且被用于适航性的签发，整个过程才算完成。图 5.3 表明了设计和验证过程。它们包含了可追溯性矩阵的信息、软件完成总结和最终 DDP。

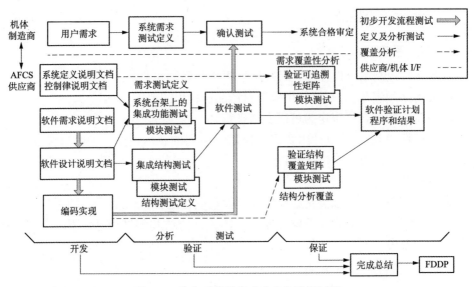

图 5.3　整个系统的需求定义和验证过程

5.2.2.2　构型控制

构建自动飞行控制系统的软件、硬件的所有批次的设计文档都要在构型控制下给以保存。这是为了确保在飞行中是使用了经充分测试的，正确且符合研制标准的软硬件。

在任何需要进一步研究的异常情况下，自动飞行控制系统的构型可以重复，并进行相应级别的试验。

在开发阶段，构型控制的主要目的是确保在系统中执行规范化并受控的设计更改，并且确保在更改前完成的所有与更改相关的文档和测试都已停用。

5.2.3　安全性考虑

飞行安全是自动飞行控制系统设计中首要考虑的问题。下一节会提出一些方法，一旦出现故障，可使自动飞行控制系统对于飞行员具有更强的鲁棒性和可用性。本节关注危害性评估和故障模式影响关键性分析，并以此来评估故障的严重性和可能性。

设计团队要识别自动飞行控制系统某些部分的故障所导致的系统级危害。这些危害将根据严重性分类，并使用一种详尽的故障模式影响关键性分析（FMECA）来进行考察。FMECA 使用故障树分析方法来追溯系统及外场可更换部件可能失效的原因。被识别的高层故障的发生概率由组成整个电路或系统组件的故障率的数学组合导出。这些数据来自可靠性数据手册。故障概率必须与危害性归类相一致，以确保故障发生概率与飞机使用寿命内的飞行安全性绩效相一致。如果不满足，就要求针对故障开展进一步的设计分析，这可能会引起系统的更改。

5.3 系统设计要考虑的因素

图 5.4 描绘了设计考虑,它们源自自动飞行控制实现的整体考虑。它们可能还不详尽,可能会根据项目的不同被组合或分解。然而,当设计被分解时,读者可以对设计考虑是如何生成的和相关的有一个基本的理解。

在该图中,采用数据总线符号来强调不同层面之间的相互关系,因为框图连线可能会使人困惑。

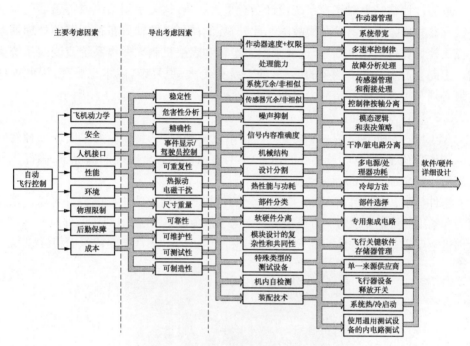

图 5.4 自动飞行控制系统设计考虑

5.3.1 主要设计考虑

主要设计考虑如下,其他考虑可由此衍生:

- 飞机动力学;
- 安全性;
- 人机界面;
- 性能;
- 环境;
- 物理约束;
- 后勤保障;
- 成本。

这些考虑的影响将在下文逐一讨论。

5.3.1.1　飞机动力学

这方面的考虑会影响飞控计算机的设计(处理能力)、作动器的权限和速度、控制律的执行速度和相关的作动器驱动等。飞机动力学对稳定性有直接的影响,决定了飞行员能否不用自动飞行控制系统来操控飞机。高敏捷性的战斗机,如欧洲战机,在没有飞控系统参与时被设计成不稳定,以获得所需的机动性能。在这种情况下,自动飞行控制系统失效就会导致灾难性后果。

5.3.1.2　安全性

危害性评估结果对飞控系统设计会有重大影响,这关系到系统或传感器的余度等级和非相似方案以消除共模故障。此外,控制律可以按轴分布在不同的处理器模块或飞控计算机单元上处理,这要求模态逻辑和表决机制来做出系统改变或系统重构。由此会产生一些不期望的后果,使系统更庞大、更复杂,成本也更高,因此这些后果必须与提高故障容错能力之间作好权衡。

5.3.1.3　人机界面

AFCS 的人机界面是一个会受到严格审议的部分,它要求最大限度地减轻驾驶员的工作负荷、增加驾驶员接受的信息,并且在故障状态已明确的情况下,确保飞行员能做出简单而迅速的操纵动作。

事件显示、人机接口、AFCS 控制单元的位置和构型成为主要的设计考虑。系统行为和输出的可重复性对飞行员很重要。为了避免危急情况,他们要能够对某些警告做出迅速反应。图 5.5 显示了 EH101 直升机使用的 AFCS 飞行员操纵面板(PCU)。

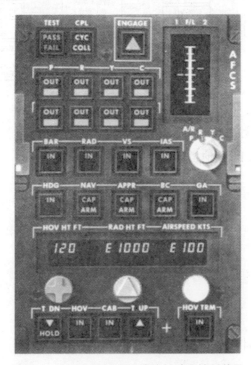

图 5.5　自动飞行控制系统的驾驶员控制单元

PCU 的很多设计特点,用来辅助飞行员和尽量减轻其工作负荷。按压面板顶端的接通按钮可以接通自动增稳通道;它的左边是启动机内自检测的测试按钮和在电子仪表系统上显示飞行指引条的组合按钮。单元的右上角提供作动器的位置显示,通过使用下方的旋钮可以选择感兴趣的轴。在作动器位置显示的左方有 8 个按钮,它们分别在自动增稳器的适当区域接通/分离作动器。在这些按钮的下方,是启动自动驾驶仪各项功能的装置:

BAR——气压高度保持;

RAD——雷达高度保持;

VS——垂直速度保持;

IAS——指示空速保持;

HDG——航向保持;

NAV——外部导航计算机操纵;

APPR,BC,GA——机场的进近、返回或绕场盘旋的选择。

被选目标的悬停高度、雷达高度和空速都可显示,且每一个都由专门的旋钮来调整。每一个旋钮设计为可提供不同的触觉反馈给飞行员来避免手套产生的误差。最后,单元底部的空间被分配给 EH101 军用型的一些特殊模态的选择,包括自动向下或向上转至(TDN,TUP)目标高度或速度和悬停模式。

在需要采取适当操作时,开关燃亮以提示飞行员。还采用颜色编码显示,琥珀色表示警告,绿色确认正确的操作。

固定翼飞机的等效 PCU 不包括作动器的位置显示,但有四轴或悬停模式。使用按钮启动模态以及使用旋钮选择目标的操作原理是非常相似的。

5.3.1.4　性能

飞机制造商通过总体任务的需求分析给出了 AFCS 所要求的稳定性或自动驾驶仪工作性能。AFCS 的性能是机体动力学、设备架构、传感器配置和操纵面驱动的综合体现。

传感器的选择对实现某些机动所要求的特定准确度的性能指标起着重要的作用。信号内容/准确度、噪声抑制和延迟是 AFCS 设计者必须考虑的问题。通过飞机制造商和 AFCS 设计者相结合的方法,针对特殊的应用来选择传感器往往是最好的途径。

5.3.1.5　环境/物理约束

设备的尺寸、重量、能量消耗方面的物理约束与操作环境的限制,几乎与飞机动力学和安全性相同程度地影响着 AFCS 的体系结构。对直升机应用而言,载重和空间受到严格限制,配置四余度或三余度的体系结构几乎不可能。

AFCS 可能是双余度或单通道的,可采用带监控的多路传输通道来获得必要的安全标准。如果设备需要在强振、高温环境中运行,并伴有沙、盐、海水的空气污染,那么设计必须既能适应这种环境,又能确保最大可靠性。

这种情况的关键设计考虑包括机械设计、使用的组件技术、洁净区与受污区的电子隔离使电磁干扰最小化,以及冷却手段。

飞控计算机中封装的模块必须有充分的冗余,不能与重量、尺寸、能量损耗相冲突并且能保证足够的冷却,这需要进行专门的设计折中。

5.3.1.6　后勤保障

当飞机组成一个机队时,电子设备的后勤保障是所有供应商的重要考虑事项。可靠性、可维护性、可检测性和可制造性必须作为飞控系统设计的一部分来考虑。

可靠性指标通常以每千次操作或每千飞行小时的最大故障数的形式表述在飞控系统性能规范中。所以硬件设计必须使用可以支持所要求的可靠性的元器件。可维护性对一个受过训练的操作员来说必须相对简洁和容易完成。在可维护级别达到前,飞机的最终用户会提出一些不同的需求:将飞控系统返回给供应商修理,或派维修人员执行各级维修。

可测试性是指通过该设备的外部或内部测试可以诊断出故障存在的能力。它通常由设备故障的覆盖百分比来确定。自动飞行控制系统的硬、软件设计团队将完成外部的专门化和类型化的测试设备、模块测试设备和机内自检测软件的开发任务。可测试性分析将用来确认是否满足需求规范。

可制造性是指在大批量生产的技术条件下,做出特殊设计的制造能力。由设计师手工打造的原型模块转变为熟练操作工自动组装的产品模块需要多种专业的团队协作。已使用的技术、将要应用的工艺、工厂常规测试设备的可用性、组件老化、专用集成电路以及供应商管理这些问题都必须给予考虑。设备被交付使用前,还要在环境舱中经受振动和温度的例行试验使部件老化来检测早期损坏率。这个过程的自动测试和控制将是硬件设计团队需要考虑的问题之一。

5.3.1.7　成本

在我们日常生活中,成本始终是一个主要的考虑方面。

在飞行安全性至关重要的 AFCS 设计中,必须采用最经济有效的方案来确保面向目标的适用性。图 5.6 显示了设计更改在 AFCS 设计和开发的不同阶段对成本的影响。显然一个有着"一开始就设计正确"理念的,逻辑上完全受控的设计阶段将会使后期更改以及相关的额外费用最低。AFCS 越复杂,在项目初期就设计好测试方法显得越为重要,可越早检测到遗漏并使人工测试最小化。

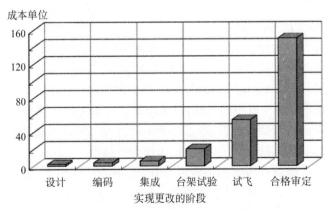

图 5.6　设计更改的成本随着项目的阶段进展不断上升

安全性是不易被检测和完全被验证的,任何计划包含在 AFCS 中来提高安全性的软硬件,其本身就是令人担忧的不安全潜在因素。AFCS 必须在获得所有性能和安全需求,在为获得操纵灵敏性来响应小扰动与导致作动器磨损之间做折中。在这一点上,作动器生命周期成本必须与整个 AFCS 的带宽进行权衡。

5.4　自动飞行控制系统架构

5.4.1　引言

如图 5.7 所示,AFCS 把从飞机姿态传感器、自动驾驶仪模式选择和驾驶员手动输入所接收的数据经过必要的信号处理,转换成为作动器的驱动指令,以提供内环稳定性。而这些指令作用于作动器与操纵面之间的机械接口以克服任何扰动。

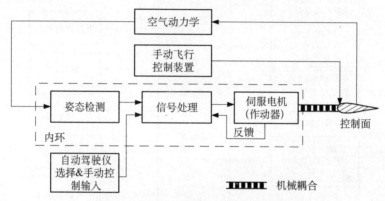

图 5.7　自动飞行控制系统的内环镇定

5.4.2　AFCS 的飞行控制接口

图 5.8 给出了直升机 AFCS 和飞行控制装置接口的例子。值得注意的是,AFCS 直接驱动串接动力控制装置的短周期高动态的作动器和长周期配平的作动

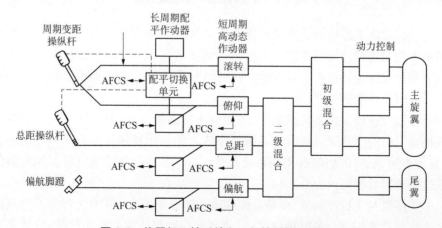

图 5.8　旋翼机飞控系统和飞行控制接口的例子

器。这些对短周期作动器和调整配平基准的作用是并行的,从而使高动态作动器可以在新基准上补偿干扰。图 5.8 显示了各轴控制的综合,这对于正确操纵直升机是极有必要的。固定翼飞机和具有高敏捷性的喷气式飞机上类似接口的安排取决于机体的固有稳定性和飞行器的使用要求。

5.4.3 AFCS 的系统接口

图 5.9 给出了一种典型的 AFCS 与传感器及其他机载系统的接口。不同航空器的传感器数量、复杂性和运行模态不尽相同,但是所有 AFCS 会有相似的接口。运动和导航传感器将提供稳定控制所需的姿态、加速度和速率数据。大气数据计算机或传感器将为控制律的增益调参以及自动驾驶仪控制律提供高度和空速数据。

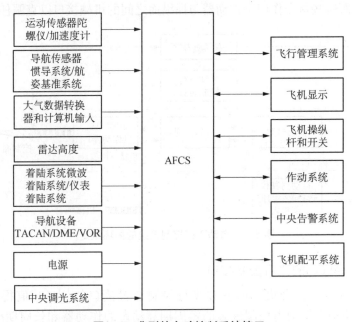

图 5.9 典型的自动控制系统接口

雷达高度用于准确的低空飞行任务控制中,例如直升机的悬停。着陆系统和导航数据支持与飞行计划的终端和航路部分有关的自动驾驶仪模式。电源是飞行员接口单元和飞控计算机必不可少的。中央调光系统用来在夜间调暗飞行员接口/控制单元的暗光键盘的亮度。

双向接口连接了许多其他系统,例如给飞控系统发送指令,使飞机按照预定航路或机动飞行的飞行或飞机管理系统。飞机上的显示器接受来自 AFCS 的输出信号,显示告警、航向信息以及其他系统数据。AFCS 将会自动响应显示控制器的请求来改变输出数据的内容。

一些接口与飞机控制器、配平系统和驱动作动器相连。还有一种带有导线硬连接中央告警系统的安全关键接口,一旦 AFCS 检测到故障并宣布故障,它就亮灯告

警以引起注意。一般，飞行员必须在报警信号被解除、并对故障状态采取措施之前
表明已知晓这些警告，否则后续警报还会产生。

5.4.4　AFCS 的构型

图 5.10 显示了由史密斯工业航空公司提供的安装在威斯兰德梅林 EH101
GKN 直升机上的 AFCS 系统构型。该系统包含 5 个外场可更换部件，即一个飞行
员控制单元、两台飞控计算机、一个用来增加姿态数据可用性的动态传感器单元以
及一个用于军用改型的悬停配平控制器。

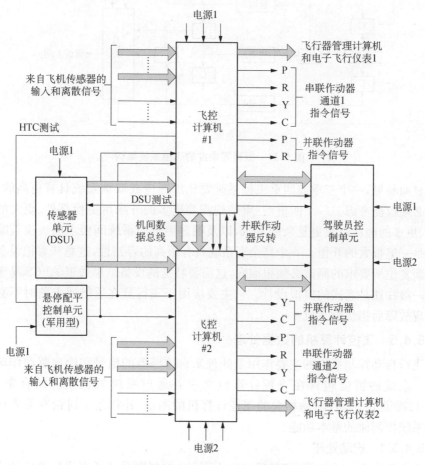

图 5.10　EH101 的飞控系统构型

图 5.11 说明了怎样通过利用逐步增加的飞控计算机来提高飞控系统的余度等
级。当双重配置下的两台飞控计算机出现第一次失配后，系统必须关闭或者交由飞
行员仲裁。但在 EH101 系统配置中，每一台飞控计算机中都有用非相似微处理器
的双重计算路径。这就大大地提高了系统的余度等级并且使系统可以容忍两个故
障，详见 5.4.5.8 节。

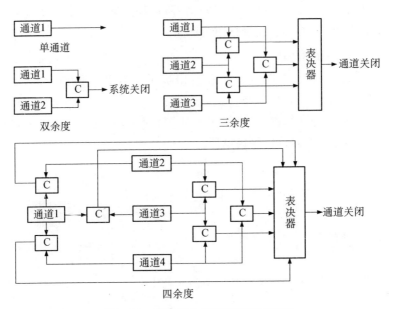

图 5.11　提高冗余度的飞控系统架构

显而易见，一个三重或四重飞控系统要比单通道或双重系统具有更高的余度，但是必须权衡考虑。一个四重/三重结构需要更多的外场可更换部件、更大的机内空间、更多的能耗以及更复杂的测试，以及明显更贵。系统间要求的表决策略和同步也是一笔很大的开销。一个高余度系统具有很高的容错性，这意味着把设备修复并重新复位所要求的测试必须很彻底，这需要特殊的设备。单通道 AFCS 易于维修并且一般往往是老式的模拟设计。它主要应用于飞行员在返航或着陆时不必为飞机出现故障而担忧的飞机。

5.4.5　飞控计算机的数据处理

飞行自动控制系统的主要作用是处理来自传感器的信号和给出驱动作动器的指令。系统的智能包含在飞控计算机之中并通过系统的软硬件结合来实现。图 5.12 提供了与软件活动相关的飞控计算机的图示，并将用于讨论有关飞行自动控制系统控制律的基本功能。

5.4.5.1　启动处理

当电源对飞控系统供电时，每一个 LRU 必须判断系统是否进行冷启动或者遭遇了短暂的断电。在冷启动时，根据电源给出的离散变量[①]所确定的结果，飞控计算机将通过一个启动程序来初始化数据区，并且进入一个用于确定计算机整体有效性的机内自检测程序。

---

① 离散量包括设置与电压瞬态相关的标志。

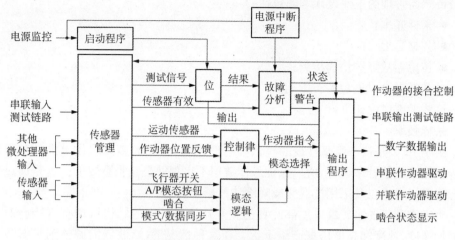

图 5.12   飞控计算机的软件功能

5.4.5.2   断电处理

短时断电，例如小于 50 ms 的电源中断，软件会从内存中恢复数据并从上一个记录点继续运行。当电源故障被电源提供的确定的离散量检测到时，它将被标记到故障分析模块。

5.4.5.3   机内自检测

FCC 包含机内自检测软件和硬件电路，用来测试 FCC 内每一个子系统的有效性，以便故障可被标记。

通常，机内自检测分为以下几类：

- 加电自检测；
- 运行时自检测；
- 请求自检测。

加电自检测在冷启动之后开始运行，用来检测 FCC 的基础电路。

运行时自检测单元利用处理周期内的空闲时段运行，当操作系统没有其他任务安排时，该单元会连续运行。在检测到故障时，运行时自检测用来重构系统或告警。

请求自检测是一个需要长达 5 min 完成的活动，用于地勤维护。它要对 FCC 中的模块进行彻底的巡回测试，要试运行处理器单元，要测试内存保护设施，要检测作动器，最后为地勤人员提供数据记录，它在空中被禁用。

5.4.5.4   故障分析

故障分析根据来自机内自检测、断电处理以及传感器管理系统的信息来确定故障情况。这些故障情况可能会引起断开作动器和向飞行员显示报警。

5.4.5.5   传感器管理

传感器管理由 FCC 实现，典型功能为确定数据源的有效性，再与其他资源的相似信号进行调理和融合。

传感器管理的主要设计考虑包括：

- 采样频率；
- 数据延迟；
- 传感器故障的快速检测；
- 数据融合以避免瞬态影响。

这些考虑讨论如下：

采样频率

由于 FCC 是按一组毫秒级的离散帧时间来运行，而大多数现代飞机是基于数字传感器输出信号来运行，所以保证采样数据不出现混叠是很重要的。这是通过正确选择采样频率以及采用抗混叠或降噪滤波器来实现。

由于直升机的主旋翼或尾部旋翼的交互作用所产生的结构振动有可能会对飞机的加速度、速度和高度信息产生干扰。在这种情况下，滤波器需调整到与振源匹配（即旋翼的振动频率），来最小化这类噪声。

数据延迟

为避免传感器和 FCC 之间过大的相位滞后，必须最小化数据延迟。AFCS 设计人员在 FCC 中可选择专用集成电路来快速采样和解码自动增稳控制律所需的数据。AFCS 设计人员需要与飞机制造商和传感器供应商密切合作以确保机载动态传感器的最小延迟。

传感器故障的确定

每个 FCC 接收的数字数据通常包括一些状态位信息，以表明传感器自检测软件所确认的故障状态。当故障状态被标注时，该传感器给出的数据将被排除。通常情况下，模拟传感器不提供任何故障显示，所以要采取信号混合、数据平均，来使瞬态突变降到最小，然后再用来确定电压状态。

传感器数据融合

AFCS 通常会有多个动态数据来源，因此要用算法来混合或调理这些数据以排除突发故障瞬态。典型的数据混合算法是取 4 个源数据的两个中间值的平均值，或取 3 个源数据的中值。有时，每个信号同综合信号的差值将被保存，在某一传感器检测到故障后的有限时段内，被用来修正原始数据。这会降低数据源中突发故障瞬态的影响。

5.4.5.6　模式逻辑

每个 FCC 必须确定所处模式是 AFCS 要求运行的。所有可用数据都将被使用，包括飞机开关、自动驾驶仪控制单元按钮、自动增稳所处状态、传感器状态以及被微处理器或飞控计算机所"看到"的外部环境状况。所遵循的一般原则是，只有被必要的传感器完全支持和被多数微处理器/飞控计算机表决的一个模式才是可用的。

AFCS 模式逻辑的设计和开发对于系统工程师来说是一个复杂但不可避免的

任务。对飞行员来说,模式逻辑模块的输出是可见的,因此,它必须是合乎逻辑且可重复的。

5.4.5.7 控制律

控制律是 FCC 的核心特征,图 5.13 给出了它的一个简单描述,该图显示了采用比例-速度-积分控制器时滚转姿态的典型阶跃响应。除了强调简单的设计易于实施、检测和确认外,本节不涉及 AFCS 控制律设计方法。

一些由软件来执行的基础模块,根据特定的应用配置在一起来构成期望的控制律。例如由俯仰控制通道实现的空速保持,就需要结合使用该轴的各种相关数据资源。图 5.14 给出了基础模块及其典型输入输出响应的例子。

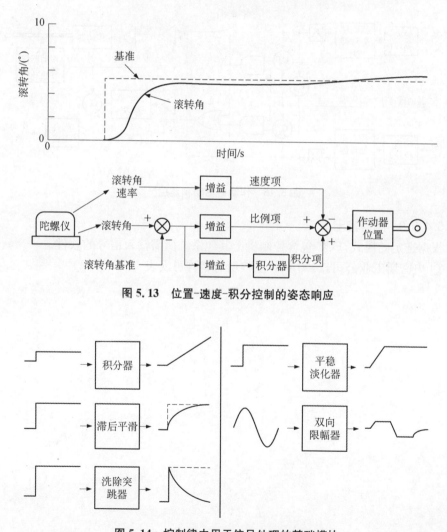

图 5.13 位置-速度-积分控制的姿态响应

图 5.14 控制律中用于信号处理的基础模块

5.4.5.8　作动器驱动

控制律的主要目的是给出指令来驱动作动系统,通过构成闭环结构把作动器的位置(或速度)反馈给 FCC 以使控制误差趋零。

图 5.15 给出了一个典型的作动器驱动和监控电路,该电路综合处理器 1 和处理器 2 的控制律输出来驱动飞机某一个作动器。来自另一个 FCC 的驱动该作动器的数据被用来比较本 FCC 的驱动信号,从而隔离可能存在于两处理器的故障,以排除故障驱动。同时,把作动器输出与作动器模型的预测输出进行比较,当比较表明超差时,该作动器被隔离。其他类似形式的布局可视不同的应用和 AFCS 结构有所不同。

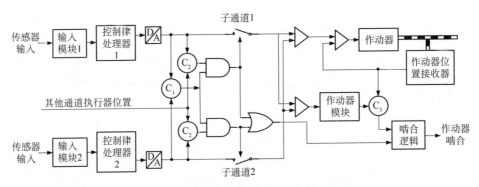

图 5.15　作动器驱动和监控

5.4.5.9　例行输出

根据选定的模式,FCC 包含控制机上其他系统所需输入信号的软件。

6 数字飞行控制系统的地面与飞行试验

6.1 引言

对控制系统设计的最终验证是将控制系统成功地集成到飞行器并进行演示。这种对符合性和安全性设计的演示，必须包括对整个飞行器及其控制系统运行性能的评估，这种评估应覆盖其正常和极端环境条件的全部范围。因此就飞机飞行控制系统而言，唯一的途径是：把飞行控制系统全部集成到飞机中，然后在飞机的整个运行包线内进行测试评估。飞行试验是作为飞控系统达到设计目标、符合设计要求，以及设计要求本身有效性的最终证明。

在历史上，飞行试验过程被看作是由飞行员及工程师组成的飞行试验团队对整个飞机及其系统的一项独立的检验，其目的是评估飞机的运行性能并识别设计中的任何问题。所有识别出的问题都必须被设计者理解并解决，改进后的飞机由飞行试验团队重新评估。20世纪50年代前，从飞行试验中获得的飞行数据量还相对较少，由飞行员记录(膝上记事板)、胶卷盒中的照片、每个记录存有10个参数的紫外示踪记录仪记录的数据组成。从这些资源中提取数据是很费力耗时的，因此飞行试验计划会持续许多年。对新设计飞机的一般的试验理念是制造多架原型机在很宽的范围内尽可能多的飞行，以验证飞机不存在问题且有良好的整体性能。从飞行试验的角度来说，20世纪50、60年代是一个技术快速发展的年代，伴随着提高飞机性能的持续驱动，引发了许多要面对的新问题。这不可避免地导致了许多事故与灾难，有许多飞机损毁、试飞员死亡或严重受伤。

当遇到问题时，为了搞清楚问题必须进行更仔细的飞行试验。设计者会研究各种修改方案来解决每个问题。为了确认这些修改是成功的，为了推进开发进程，为了能提供满意性能的最终修改方案的通过，都需要进行充分的飞行试验来验证。飞机飞行控制系统从用钢索或拉杆连接飞行操纵装置和操纵面的相对简单的系统，发展到了较复杂的助力系统。随着战斗机飞行包线的增大，操纵面载荷增加到一定的程度，就需要使用液压助力并最终完全替代飞行员的操纵力。这反过来产生了由人感系统为飞行员提供操纵力的正确反馈的需求。随着对提高性能的不断追求，新飞机的气动特性变得越来越复杂,通过空气动力学的单一手段来获取满意的操纵特性变得越来越困难。为改善飞机较差的自然阻尼引入了没有余度的自动增稳器,考虑到它在空中故障时飞机的生存性,只能给它有限的权限。自动驾驶功能也开始得到应用,为将自动驾驶仪指令传递到操纵面,要用专门的自动驾驶仪舵机或自动增稳器的舵机。这些系统的正确行为也必须在飞行中进行评估,因此飞行试验计划必须包括对正常的无故障状态和各种可能的故障模式的试验。此外,由于某一系统的失效会使飞机进入潜在的危险状态,所以系统故障试验必须在空中进行。例如,在飞行包线的一定范围内,自动增稳功能失效或一个液压系统失效,可能会引起明显的飞机瞬态响应或使飞机操纵品质降级到失控的程度。这类空中故障试验需要专门的测试设备,必须非常谨慎地着手实施。如在 SEPECAT 公司的美洲虎飞机上,在三轴有限权限的自动增稳系统的每个轴上安装了一个专门的自动增稳器故障注入单元,用于注入硬偏故障或无响应故障。为了演示飞机具有所要求的特性,在飞行包线中舵机载荷较大的区域要对单套液压系统故障进行模拟。由于此时飞机及其系统的数学模型的可信度相对较低,这样的试验就必须在飞行中进行。

20 世纪 60 年代及 70 年代早期的技术进步,深深地影响了飞行试验过程。这些进展包括研发了逼真、有效的飞行模拟器、机载数据采集及遥测系统、高性能数字计算机。这种计算机不仅能处理大量的试验数据,同时还提供了开发包括飞机气动力、结构及各机载系统等各种模型的能力。这些进展与电子领域的快速发展催生了"电信号飞行控制系统"概念,这就是电传飞行(fly-by-wire)。对飞机的控制是一个最基本的要求,即飞行控制是一个安全关键功能,任何这样的电信号系统必须是故障-安全的。为了保证在故障条件下不失去对飞机的控制,早期的电信号飞行控制系统都有一个机械备份。这会影响飞行试验任务,因为飞行试验必须在所有可能的故障模式下进行,以确保故障发生时飞机可以安全恢复。起初这样的电信号飞行控制系统是多余度模拟系统,帕那维亚公司的狂风战斗机是这类系统的一个典型。它的指令与增稳系统(command and stability augmentation system, CSAS)有一个机械备份的三余度模拟系统。然而,飞行控制系统复杂性的增加使得在飞行中注入最坏故障的试验方法不再可行,因为这需要一个故障注入设备同时与多余度系统的所有通道有接口。为确保注入设备的故障不会危害飞机,这种设备必须是多路的。本章后部将详细介绍在飞行控制台架上如何进行这样的故障试验。

随着微处理器技术的快速发展,向数字飞行控制系统的转变成为可能。此外,主动控制技术(active control technology, ACT)和随控布局飞行器概念的研究表明,这些概念在未来战斗机中的应用将带来显著的气动和结构方面的收益。这样的进步被认为是极有意义的,美国和英国启动了若干研究计划来安全地开发这类系统。英国第一架具有全权限数字飞行控制系统的飞机是电传飞控美洲虎验证机。这项国家研究计划的目的是为战斗机设计、开发和飞行验证一个安全、实用的全时数字飞控系统。其首要任务是搞清楚设计方法和获得飞行合格审定所需的适航标准,各个方面都将该飞控系统作为产品来对待的观念贯穿计划始终。尽管没有打算验证主动控制技术的气动收益,计划仍包括了纵向气动不稳定构型的飞行验证及对防失速和尾旋预防系统的验证。所有这些验证对主动控制技术的实用化是非常重要的。在计划的最开始,就决定了电传美洲虎的数字飞行控制系统将不配备任何形式的备份飞控系统。这样的选择有两个原因:首先机械系统可能无法控制不稳定构型的飞机;其次一个独立的电备份系统,不论是模拟式还是数字式,都会在系统(硬件与软件)设计和飞行许可过程中引入大量额外的复杂性,对项目会起到负面作用。从飞行试验的角度来看,任何这样的备份系统必然需要对所有可能的相关隐患进行空中试验。就此事来看,由于其他验证计划(如美国 AFTI F-16)的备份系统出现了重大问题,也充分证明了无备份系统这一决定的正确性。

因此电传美洲虎计划为英国提供了一架飞行器,使其能以谨慎的循序渐进的方式,开展数字式飞控飞机所必需的地面及飞行试验的放飞许可方法研究。

作为一个研究计划,电传美洲虎的地面与飞行试验取得了空前的成功。这种渐进的方式提供了一套经过确认的设计、开发、地面试验和飞行试验的技术与流程,这可作为后续所有英国数字飞控系统项目的基础。在电传美洲虎上对数字飞行控制系统的原理成功验证后,启动了研制一架在设计之初就充分利用主动控制技术的优势的飞机计划,来进一步探索充分使用数字飞行控制效益之路。该飞机就是实验机计划(experimental aircraft programme,EAP)的验证机。由于要将未来战斗机所需的多种关键新技术进行集成,这个计划的目标比电传美洲虎计划更加广泛。无论如何,数字飞控系统对气动、结构和航空电子的设计成功是至关重要的,它充分使用了从电传美洲虎中获得的经验。该计划也提出了对飞行试验流程的重要挑战,并预示着试飞理念的重大改变。从试验安全的角度和提高飞行试验效率出发,英国的试飞计划早已经开始使用遥测技术来监视每次试验飞行。然而,大多数试验分析工作却是在飞行后进行的。计算机与建模技术的进步使数字飞行控制成为现实,同样也使飞行试验数据的飞行中(即实时)分析概念成为可能。EAP 验证机计划为数字飞行控制飞机实时分析技术的开发提供了载体,这些技术已经成为最新的欧洲作战飞机——欧洲战斗机(Eurofighter)飞行试验的基础。

6.2 飞行试验理念

前文指出,飞机的试飞是对运行于真实环境的飞行器整体中的飞控系统性能和特性的唯一真实的有效评定。然而,现代数字控制的飞机太过复杂,目前试飞只代表了飞机及其系统评估工作的一部分。随着飞机气动及其单个系统的精确建模能力的提高,飞行试验计划成为一个集开发、飞行许可和飞行合格审定计划的一部分。现在飞行试验的重点是对飞机设计和初次放飞许可中开发的模型进行确认,以及在覆盖飞机构型和任务范围内,全包线满足要求特性的演示。

因此,飞行试验任务从计划的设计阶段开始,贯穿于仿真、台架试验和飞机地面试验,直至进入实际的试飞阶段。

6.2.1　地面试验

为了理解地面试验流程,必须考虑在整架飞机中飞行控制系统实际上是如何组成的。

作为飞控系统设计和放飞许可过程的前提,飞行控制系统控制的飞行器的结构和气动特性需要尽可能准确地定义。理论方法与实体模型的风洞试验被用来建立所需的结构和气动模型,这些模型需要在地面或空中进行验证。很明显,气动模型只能通过飞行进行验证,而结构模型可以在地面进行部分验证,因此地面试验是作为"放飞许可→飞行"过程的一部分而进行。

飞行控制系统要求电源与液压能源具有相当于飞控系统本身的完整性水平。由于电气设备需要冷却,因此从飞控系统的角度来说环境控制系统也同样重要。当飞行控制系统是飞机大气数据的主要来源时,则飞控系统与座舱显示系统的接口同样需要高度的完整性以确保飞行员总是能得到所需的飞行参考显示(即:空速、高度、马赫数、迎角及法向过载、姿态等)。

飞行控制系统本身由许多设备组成。系统的核心,典型的是一套四余度(也可能是三余度)数字飞行控制计算机(flight control computers,FCC)。这些计算机连接到不同的输入传感器,即驾驶员控制装置(操纵杆、脚蹬、油门位置及各种开关)、惯性传感器(陀螺仪、加速度计等)、大气数据传感器(敏感空气的压力和气流角,以产生空速、高度、马赫数、迎角和侧滑角)、作动器位置和状态信号,及来自飞机其他系统的信号(如机轮承载、液压压力等)。飞控计算机的输出是作动器指令及飞机其他系统所需的控制信号和数据(如驾驶员显示及其他子系统所用的大气数据信号)。每组传感器及接口都应具有满足需求的适当的余度,因此主飞控系统传感器也是四余度的。在飞行控制计算机中,测试工程师直接感兴趣的一些基本功能包括控制律、传感器处理功能、作动器接口及余度管理、故障监测与报告系统。

所有这些功能必须在地面得到充分测试,这需要测试设备支持。

6.2.2　模拟器与台架试验

控制律是借助于建模和仿真手段设计和开发的。设计过程同时需要气动模型和飞控系统模型。飞控系统模型包括作动器、传感器和计算机软硬件特性,因此控制律可以针对包括非线性和计算延迟的真实系统设计和开发。在设计过程中的这一阶段,气动模型带有不同程度的不确定性,每个模型用标称模型加上特定气动系数不确定性水平的误差来表示。使用人不在环的非实时仿真完成了初步控制律设计后,将完整的飞控系统和气动模型装入飞行模拟器由飞行员和工程师进行评估。显然,由于模拟器可能有自己的延时,仿真模型必须针对设计模型进行验证,以保证在模拟器中的正确实现。

飞行模拟器包含一个带有外部视景显示器的具有针对性的座舱,来实现对控制律的详细评估。评估可在整个飞行包线范围内对标称的和带容差的气动数据进行,因此控制律设计中的任何不足都可以被识别并改正。评估通常是飞行员识别到问题返回给控制律设计者修改的迭代过程。控制律修改后,先使用离线仿真再评估,再返回到飞行模拟器由飞行员重新评估。一旦达到满意的标准后,控制律才被签发供编码加载到飞控计算机中。此时仿真任务并没有结束而是转入下一阶段,对飞行评估设定的所有飞机构型,继续通过仿真对控制律进行全面的评估以便从飞行力学的角度得到飞行许可。

在英国,许多有人驾驶的仿真设施被用于控制律开发过程。例如,在英国宇航工程公司 Warton,一些具有通用驾驶舱的多用途模拟器可用来进行初步的控制律设计评估。控制律的详细评估需要更具针对性的驾驶舱(尤其是驾驶员操纵装置方面),这可以在为项目专门配置的飞行模拟器或下节介绍的飞行控制系统台架的仿真设备上做到。通用模拟器的优势在于有极高品质的外部视景和设备所具有的计算能力。

飞行控制系统设备在地面试验台架上进行测试。台架本身的针对性可根据所涉项目的需要而定。最具针对性的台架被称为铁鸟,它复制了飞机本身的飞行控制系统及所有的接口功能。铁鸟的配置与飞机本身的非常接近,在对应结构处安装了操纵面作动器。所有线缆与管路的敷设都使用飞机的标准器材,并按一一对应的方式布局和安装。使用飞机标准电源与液压源,设备机架也与飞机相似。这样的铁鸟需要在器材与设备上有相当大的投入。英国最近在探索使用一种试验台架,这种台架不完全模仿飞机结构,但可以完全再现飞行控制系统。这种试验台架由一系列独立试验台组成,这些试验台可以独立使用也可以连接起来实现完整的系统。该试验台架同样具备飞控系统所需的所有接口(真实的或模拟的)。试验台架由下列单元组成:

- 飞控计算机试验台;
- 作动器试验台,包括针对性的安装结构和施加模拟的气动负载设备;
- 惯性传感器试验台;
- 大气数据传感器试验台;
- 其他传感器试验台;
- 传感器与作动器仿真台;
- 座舱,具有全部飞控系统相关设备、针对性的飞行仪表及逼真的外部视景;
- 仿真计算机,能够运行气动模型、飞行控制系统模型及其他模型(如起落架、大气效应等)功能,并支持外部视景生成;
- 真实的或模拟的发动机控制系统;
- 真实的或模拟的航电设备及公用设施控制系统;
- 在压力、流量和余度方面再现飞机系统的液压与电力供应;
- 数据采集与分析系统。

图 6.1 是电传飞控美洲虎地面试验台架的原理图,可以看到该设备提供了较高

的灵活性。例如,可以在每一个试验台上同时进行试验,或者将不同组试验台连接起来分组同时进行试验。甚至对于闭环试验(即驾驶员在回路),也可能有不同的组合方式。从纯数字仿真(座舱连接到仿真计算机运行整个飞控系统和气动模型),到真实飞控计算机与仿真的作动器、传感器的组合,直到全部真实飞控系统设备与只实现空气动力学闭环的仿真计算机的组合。如果需要在最短时间内完成飞控系统确认所需的大量试验任务,则这种灵活性和同时试验能力是必不可少的。

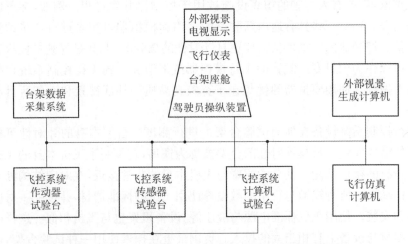

图 6.1　电传美洲虎:飞控系统地面试验台架原理框图

台架试验计划的主要任务可概括如下:
(1) 在编码到飞控计算机之前,通过驾驶员评估来验证控制律;
(2) 集成飞控系统硬件和软件;
(3) 对实际加载入飞控系统的软件进行确认;
(4) 将飞控系统与其他飞机系统集成,也包括飞行试验的仪表系统;
(5) 获得对整个系统一定级别的置信度;
(6) 为飞行员和工程师提供用于飞行试验的准备和训练的设施。

6.2.2.1　控制律验证

前文指出,控制律在飞控计算机中执行之前,控制律设计与验证任务常由通用模拟器和地面试验台架共同承担。至关重要的是这两种设备使用的每个模型必须是完全相同且经过充分验证的。因此,每个模型所用标准必须明确定义并由主数据文件严格控制,该主数据文件只有通过充分的检查后才会发放给试验设备。一旦载入试验设备中,就会运行检查案例以确保模型正确运行。对模型的任何修改,在正式签发给所有试验设备前,都要首先装入新版本的主数据文件中并核查。只有这样才能确保使用了正确标准的模型以验证和确认飞控系统是否适于飞行。

6.2.2.2　飞控系统硬件与软件的集成和测试

地面台架首次提供了将飞控系统设备作为一整套硬件运行的条件。首批交付设备的软件功能通常是低级的,只是简单的启动设备的不同部分并使其一起工作。增加每项软件功能时,都要经过彻底的检查(适当情况下还要进行调试)以确保正确的实现和运行。整套 FCS 设备最终需要具备的机内自检功能(built-in test,BIT)也被开发来确保正确识别所有可预知的故障情况。设备的独立部件在各自的工作台进行测试。这样,在每个安装到对应结构的作动器上来进行性能试验(即频率和瞬态响应、负载试验中的阻抗特性和加载速率)。试验结果不仅用于确认作动器满足其规范,还用于更新/验证作动器模型。惯性传感器(含速率陀螺)在速率转台上进行试验,对操纵接口装置(操纵杆部件及传感器、方向舵脚蹬组件及传感器、座舱开关等)需进行试验以确保正确的力/位移及切换特性。

6.2.2.3 软件确认测试

作为软件全面确认过程的最后阶段,软件确认测试是台架试验中最苛刻的任务。飞行控制系统软件必须是高度完整且没有故障的,因此要经过一系列的测试,测试的最后阶段在台架上进行。在正式台架测试验证过程开始前,交付的验证软件必须是没有错误的。因此,当每个功能被加入软件时,都要经过充分测试,任何缺陷都由软件补丁更正。一旦达到符合要求的标准,正式配置的标准化软件被确定下来并签发到设备中执行。此时,台架上正式的软件确认测试才可以开始。如果任何正式测试失败,就必须制作新的标准化软件,整个过程需要重复进行。

实际的正式测试过程包括以下几个方面:

(1) 初始测试——保证所有先前的系统问题都已经解决。

(2) 使用加载正式软件的真实飞控计算机进行台架闭环运行的初始闭环评估——这项评估使用所有其他适配的真实飞控系统硬件,然后由一位有经验的试飞员进行一系列飞行剖面的飞行,在很大飞行条件范围内对飞机操纵和系统状况进行评估,识别任何可能的缺陷并对任何可能的软件错误给出预警。在识别新签发软件的潜在错误方面,这种方法特别有效。在建立了对系统及其软件的信心后,就可以开展全面的详细测试程序。

(3) 对机内自检测功能进行全面评估,通过全序列的故障测试来证明 BIT 能正确检测和识别每种故障,确保不存在自检测错误。根据飞控系统的设计,任何 BIT 故障通常都会阻止系统进入其飞行模式,因此飞行测试工程师特别关心这些测试。于是,工程师们需要熟悉 BIT 故障的原因以及串扰/虚警与硬故障之间的差异。

(4) 开环静态、动态及瞬态试验——确保系统端点到端点特性的正确性。这种试验配置的气动力不闭环(即系统是开环的),在全程条件下对每个传感器到操纵面的路径进行试验。静态试验确认正确的增益,动态试验检查适当频率范围的增益和相位,瞬态试验检查不同操纵路径和控制律分支的时变响应。这些试验的每个结果被用来与飞控系统模型的预测结果进行比较。由于试验的次数可能高达 10 万次,因此应尽可能自动地由计算机将每组结果与一个容忍带作比较,仅当试验不通过时才需要操作员介入。

（5）同步试验——确保系统在启动时获得并保持同步，或重新正确的建立同步。

（6）定时测试——确保经过飞控系统的时间延时满足要求，并且由模型正确的反映出来。

（7）开环故障测试——确保故障监控功能可正确检测和识别每一种不同故障，表决器与监控门限及定时正确并进行了正确的系统重构。由于飞行员的故障训练和处置程序需要应对所有可能的故障场景，飞行测试工程师对这项测试同样特别关心。必须保证为飞行员显示器生成了正确的告警，为故障记录和维护功能生成了正确的故障信息。为确保正确的故障检测和系统性能/重构，根据情况同样要对飞机其他系统故障或特定的飞控系统设备硬件故障进行评估。

（8）闭环动态测试——使用仿真计算机实现气动力闭环和飞行员闭环，进行动态和瞬态测试，将其结果与从模型得到的理论响应进行比较。

（9）闭环故障测试——确保当单个或多重故障被注入飞控系统时，所产生的任何瞬态都在可接受的程度内，并且任何飞控系统重构后的操纵品质仍然是完全可接受的。对于这项测试，台架完全闭环运行，并由试飞员或有经验的测试工程师进行飞行。故障类型和故障注入时的飞行条件由一个飞行试验工程师、气动工程师及系统工程师团队来决定，以确保所有可能的故障情况都包括在内，并且最坏情况飞行条件和系统构型都能得到评估。

（10）闭环操纵测试——确保飞控计算机中实际执行的控制律软件产生的操纵品质与仿真评估及放飞许可过程中评估的结果一致。该测试在所飞的全部系统模式、全部重量和重心位置范围内进行。此外还包括对飞机其他系统故障后飞控系统运行状况的评估。例如，燃油系统故障会引起大的重心偏移，可以对该情况下飞控系统的运行状况进行评估。实际上，台架可以用于评估极端条件下飞机和真实作动器的运行状况，以确保不存在飞行中可能会引起飞机损毁的悬崖边缘状况。

只有当正式软件测试成功完成后，才可以考虑局部的重新测试。在英国，在电传美洲虎计划中开发了一个有限更改的放飞许可流程。在对一经过充分测试的软件标准进行了小改之后，该流程可以辨识出最少的需要重新测试的软件。在英国随后的项目中，这个流程被证明是安全高效的。

6.2.2.4　系统集成试验

飞行控制系统与飞机许多其他系统有接口，这些接口可能是硬连接或数据总线连接。典型的例子如图 6.2 所示，说明了 EAP 验证机的总系统结构。

进行系统集成试验是为了确认正常和故障条件下这些接口的每一个都正确运行。在 EAP 的试验设施中，飞控系统台架大多时间能够使用仿真接口运行，但最后的集成试验阶段进行的一系列试验是将飞控系统台架与航电台架、公用系统台架连接运行。其他飞机项目一般有专用的集成平台，无论是飞控系统还是任何其他连接系统的软件或硬件发生更改，都必须重新进行相应的集成试验。

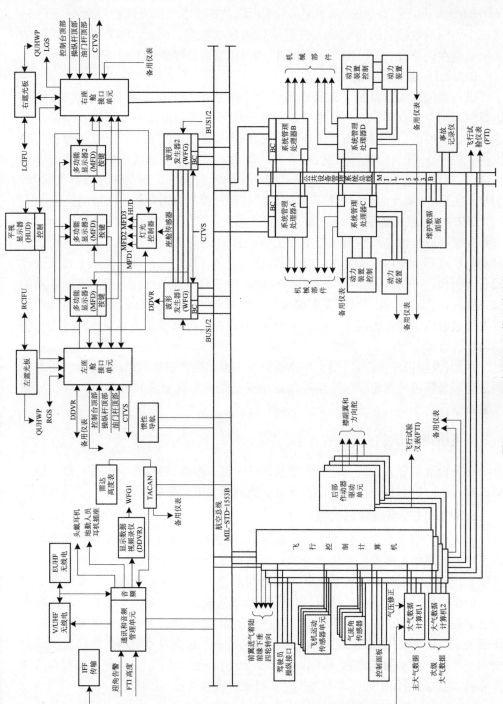

图 6.2 EAP 验证机:总体系统结构

飞行试验计划中至关重要的部分是飞机的飞行测试仪器（flight test instrumentaion，FTI）系统，用于记录分析所需数据。在现代飞机上，大部分 FTI 从飞机上不同的数据总线特别是飞控系统总线获取数据。因此，FTI 和飞控系统的接口必须在试验台上进行彻底的测试，以确保正常和故障条件下的正确运行。

6.2.2.5　置信度测试

进行置信度测试是为了得到作为一个完整系统的飞控系统功能的运行体验。运行时采用全套真实设备并将台架运行在全闭环模式。由飞行员和工程师进行一系列有针对性的一小时的飞行任务，每架次都包括加电 BIT 检查、起飞、一个例行操纵测试程序、一段自由飞行操纵、近进着陆及系统关机。该测试序列飞行按需要尽可能多，在尽可能大的条件范围内尽可能全面的考验系统。如在新飞机首飞前，认为至少需要 50 架次的运行。接下来后续的软件升级则只需要较少次数的运行。

6.2.2.6　试飞准备

台架可以在试飞前作为飞行员和工程师预演试验飞行的设备。根据飞行试验计划的状态和所需进行的试飞，预演可以使用全仿真模式或也可以使用全真实硬件设备。例如，一架新飞机的首飞前预演应使用全套真实设备进行。根据实际涉及的试飞科目，后续飞行练习可以在台架或飞行模拟器上进行。然而，由于模拟器的外界视景显示质量通常远高于飞控系统台架，因此在进行操纵品质试验预演时飞行模拟器更为合适。

台架（及模拟器）还可以用于为飞行员和工程师提供逼真的训练条件，对所有可能故障场景练习处置流程。甚至可以完全安全地练习最复杂和最危险的潜在故障与突发事件。

6.3　飞机地面试验

在飞机准备好开始试飞计划前需要进行一整套地面试验，其中包括飞控系统装机试验、地面共振与结构耦合试验、飞机系统试验及电磁兼容试验。

6.3.1　飞控系统装机试验

将飞行控制系统安装到飞机上并在飞机环境中全功能运行，确保完整的系统设计正确地在飞机上实施。装机试验确认所有单独的飞控系统设备部件及所有飞控系统布线能正确工作。飞控系统装机试验与其他系统装机试验相综合来确保所有接口的正确性。于是，电气、液压、制冷、航电及其他系统必须从飞控系统的角度表明也是正确运行的。在飞控系统中所有的作动器、传感器和驾驶员操纵装置必须被正确装配与协调，并且必须演示在任何控制路径中不存在符号颠倒。这些装机试验使用一种地面自动测试设施（automatic test equipment，ATE）。这种设施有自己的计算机，通过适当保护的接口与飞控计算机硬件直接连接。

6.3.2　地面共振试验

前面已经指出，设计过程牵扯到一系列模型的建立。这些模型需要在地面和飞行试验计划中确认。

进行地面共振试验的目的是识别飞机的各种结构模态（即机翼、机身、垂直安定面、水平安定面/鸭翼，襟翼/升降副翼/升降舵，方向舵等），试验提供了用于确认飞机理论结构模态的第一手数据。为了进行这些试验，飞机被放置在适当的试验设备上（即可能被悬挂在试验框架上或支撑在气囊上）来复现空中状态。相应的外部激励设备被用在机体的不同部位，众多加速度计安装在飞机上来测量结构响应并据此识别实际的结构模态。

然后将经确认的结构模态与气动及飞控系统模型相结合，用来预测空中的结构特征。

6.3.3　结构耦合试验

结构耦合（也称为气动伺服弹性）是将高增益飞行控制系统引入弹性机体时出现的一种相关现象。飞控系统传感器（包括运动与姿态传感器）不仅测出了刚体运动信号（用于控制飞机），还测出了包括叠加在这些信号上的任何结构模态振荡（由弹性结构产生）。如果对结构信号的衰减和相移不适当，就可能出现不稳定。这种不稳定可能是灾难性的，因为它可能会导致失控或严重的飞机结构/疲劳损坏。

当飞机的结构模型可能存在潜在的不稳定时，设计的飞行控制系统控制通道中就会包含结构模态滤波器。为识别相关结构模态的特征并测试所用的结构陷波器，需要进行一系列结构耦合地面试验。使用适当的试验设备在所需的频率范围驱动飞控系统作动器，并监控每个飞控系统传感器以确定所有结构响应的特征。为确定全部滤波器需求，试验必须在不同的飞机构型下进行［即不同燃油情况，一组经选择的外部（或内部）载荷配置及不同的飞控系统状态］。这些数据用于更新飞机结构和飞控系统模型，然后可以使用完整的飞机结构/气动/飞控系统模型来设计结构陷波器。

为证明对全部飞行标准设备具有符合要求的稳定裕度，需要对应用了陷波器的控制律进行进一步的机上试验。对所有这些试验，飞机的状态必须尽可能接近准备飞行的状态，这样试验结果才具有充分的代表性。

6.3.4　电磁兼容试验

电磁干扰（EMI）反映了电子飞行控制系统的一个严重的问题，它是多余度飞控系统具有的潜在共模故障的一个缘由。从本质上无关紧要的小瑕疵，直到引起灾难的故障，都可能由 EMI 引起。EMI 可能是内源性的也可能是外源性的，这些都必须在飞控系统设计过程中进行处理。飞行控制计算机、操纵面作动器、传感器（惯性、大气等），和所有的操纵接口装置、开关、所有数据总线输入及与飞控系统连接的电缆，必须设计为能防范所有形式的电磁干扰。这些干扰源自射频（RF）、微波、闪电及电磁脉冲（electromagnetic pulse，EMP）。

在飞机首次飞行前，对整机进行充分的电磁兼容性试验，确保飞机可以在当地电磁环境中安全飞行。随着试验计划推进，继续进行电磁兼容性试验以消除全部电磁威胁等级对飞机的影响。

最初的机上试验开始于未加电条件下的飞机,进行单束或集束线缆电流注入测试;可以使用外部天线在多种不同方向,以一定的频段和发射机特性(如水平与垂直极化偏振等)对飞机进行辐射测试。通过对飞控系统设备的测量,来确定单位场强诱导的电流强度。这些结果可以与在更高试验级别进行的设备试验台试验结果进行比较。接下来进入加电飞机配置的试验阶段,并将进行一系列的试验。典型的试验有系统交互影响试验、机载发射机试验和外部发射机试验。

进行系统交互影响试验的目的是确保飞机所有系统之间,尤其是与飞控系统之间彼此兼容。因此,在发动机试车过程中,每个飞机系统的所有工作模式都必须被选中运行,以确保没有系统间交互影响。

根据需要,对执行手动或自动切换功能时飞机电气汇流条上产生的瞬态电流进行测量。让所有的机载发射机在正常模式(若可能,在增强功率模式)覆盖其频率范围运行,确保不受电磁干扰影响。

针对外部发射机的试验同样可以以多种方式进行。传统做法是,将试验中的飞机暴露在从研制直到使用寿命结束过程中可能遇到的各种外部发射机下。目前的试验技术使用一种测试基站,其天线能够以适当频率范围的辐射照射带电飞机。

在这些试验过程中可以用不同方式对飞控系统的运行状况进行监测。一种方式是使用试飞用的仪表测量系统,这种方式需要谨慎进行,因为装在飞机上的仪表测量系统本身也受到电磁干扰(实际上,仪表测量系统没必要设计成与飞机系统一样高的电磁兼容等级,它们可能更容易受电磁干扰)。

比较好的方案是使用光纤将飞控系统计算机与远处的计算机监测设备相连,这些设备可用于监测大量的飞控系统信号并与事先约定的门限作比较。

得到在高闪电风险环境中的飞行许可,在飞机研制的飞行计划中是非常重要的,这是对服役飞机的基本要求。它要求飞控系统可以经受雷击。在数字计算机首次用于飞行控制系统时,就存在这样的担心:其处理器可能会被雷击引起的电脉冲损坏。为使设备免受雷击影响,开发了系统硬件和电缆屏蔽设计流程,这对使用复合材料结构的飞机尤其重要。尽管设备试验台试验可用于验证设备对雷击(和电磁脉冲)的抵抗能力,现在普遍认为有必要进行整机雷击试验来确认设计和放飞许可流程。这样的一系列试验需要专门的试验设施,包括为所试验的特定型号飞机定制的试验台架。尽管这样的试验通常是对不加电的飞机进行的,有时候部分试验也需要对加电的飞行控制系统进行。对电传飞控美洲虎和 EAP 验证机都做了整机雷击试验,图 6.3 所示为电传飞控美洲虎所用的试验布局。

6.3.5　发动机运转试验

最后的地面试验是一系列的发动机运转,此时飞控系统和所有其他飞机系统使用飞机内部电源运行(机库内检查是使用外部装置为飞机系统提供电源和液压源)。这些试验提供了首次机会,在完全接近真实飞行条件下运行整架飞机。在飞控系统

图 6.3　电传美洲虎：整机雷击试验布局

与液压、电气、航电及发动机之间交联的情况下,对飞控系统完整的加电和机内自检测功能一起进行评估。

6.4　飞行试验工具与技术

为评估飞机的性能和运行状况,需要大量的仪器设备。直到最近,仪器设备包含了全套独立传感器来记录飞机及其系统状态。随着电子飞行控制系统和数字总线的引入,仪器所需的大多数数据可以直接从飞机系统上记录。而一些额外的独立传感器仍然是需要的,如用于颤振/振动测量的加速度计、用于载荷测量的应变仪和压力传感器,及温度传感器等其他专门的传感器。为使飞行试验计划既安全又高效,还需要遥测技术。尤其是遥测使得下面叙述的飞行中在线分析技术成为可能。

此外,执行飞行试验计划还需要许多专门的飞行试验设备。这样的设备通常会包括一个飞行试验机头杆和某种形式的颤振模态激励设备。机头杆(包含压力传感器,并装有敏感气流飞行的风标)提供一个独立的对飞行状态(空速、高度、迎角和侧滑角)的测量,来帮助校准飞控系统的大气数据传感器。颤振模态激励设备用于在飞行中激发飞机的多种颤振模态,来演示具有合适的阻尼水平,从而确认飞机的结构模型。其他专用的飞行试验设备为专门的飞行试验而安装。例如,进行大迎角试飞时,存在飞行失控和进入尾旋的风险。在开始这类试飞前,要安装包括尾旋改出降落伞,备用液压源与电源等应急恢复设备。当然,在试飞开始前,这些设备必须经过地面与空中的试验。

当前英国飞行试验的主导思想是"为确认模型而试飞",这需要许多新的激励、分析技术及新颖的试验设备。这些飞行试验技术是在下面介绍的狂风、电传美洲虎及 EAP 验证机的飞行试验计划中发展起来的。

6.5　飞行试验

先进数字飞行控制系统的试飞评估涉及广泛的试验专业。包括气动稳定性与控制、气动载荷、动态特性(颤振与结构相互作用)、大气数据传感器、液压与电气系统,及整个飞行控制系统。而从飞行控制系统的观点,飞行试验计划的目标和程序取决于要评估的飞机。下面介绍的两个飞行试验计划说明了现在正应用于欧洲战斗机的飞行试验技术的演变和发展。

6.5.1　电传美洲虎验证机飞行试验计划

非常成功的电传飞控美洲虎验证机计划的全部细节可以在文献[1—4]中得到。从 1981 年到 1984 年进行了试飞,全程使用遥测技术。尽管遥测系统的作用有限,它使高效的架次管理成为可能,为试飞员提供了安全监控及工程支持。在飞行间隔中进行详细分析,以确保飞控系统的满意性能和进一步验证气动模型。进入试飞阶段时,电传美洲虎与常规的美洲虎飞机相比气动上没有变化,因此不需要进行气动和结构模型的确认。但是,飞机安装了新的主操纵面作动器,全新的控制律,新的大气数据传感器。因此,飞行试验计划的最初目标不仅是演示飞控系统的基本性能与完整性,还包括飞机飞行品质评估、大气数据系统校准,及确认新的作动系统对飞机颤振特性的影响。

一旦大气数据传感器完全校准后,将更新控制律以使用经过验证的大气数据信号,飞行试验计划进入下一阶段。这一阶段涉及全面的操纵品质评估,包括大迎角试验,此时要全面评估控制律失速偏离及尾旋预防功能。还要包括纵向不稳定气动布局飞机的首次试飞评估(通过在后机身使用大量铅制配重实现)。图 6.4 所示为这种布局的飞机的飞行。

图 6.4　电传飞控美洲虎:纵向不稳定气动构型

计划至此,验证飞机还是一架常规的美洲虎,其气动特性根据风洞试验和飞行数据已得到很好的建立。然而,计划的最后阶段涉及为产生严重的纵向不稳定性而安装大的机翼前缘边条。由此产生了气动特性的重大变化,因此要根据理论和气动数据建立一个新的气动模型。这一模型已用在控制律设计和飞行放飞许可过程,但在进行最大不稳定度的飞行之前还需要进行飞行中确认。由于验证飞机是高度增稳的,常规的控制输入无法提供足够的激励来提取气动特性(参数辨识)。因此需要对新的激励技术在电传飞控飞行模拟器上进行评估,并在电传验证机进行飞行确认,但此时的验证机仍然是已定义的常规美洲虎气动布局。这一技术要求飞行员使用一种3—2—1—1的操纵输入,在一定频率范围内提供激励,从而能成功识别气动参数。3—2—1—1的称谓是因为飞行员输入的持续时间是按 $3t—2t—1t—1t$ 秒的节拍确定的,如图 6.5 所示。

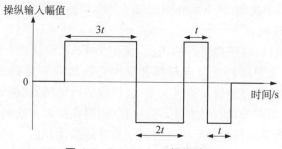

图 6.5 3—2—1—1 操纵输入

当安装了大的机翼前缘边条后,使用这一技术来确认飞机新的气动模型。最初的飞行试验使用控制律对气动导数误差相对不敏感的较低气动不稳定度的构型。一旦证明气动模型在控制律设计过程所用的容许范围内,迅速转入最大不稳定度飞行试验。图 6.6 示出了这种构型的飞机,清楚地显示了机翼前缘边条的大小。

图6.6 电传飞控美洲虎:气动高不稳定的边条翼布局

飞机成功地对高纵向不稳定度进行了试验飞行。实际试飞的最高的气动不稳定度的倍幅时间是 250 ms。由于飞控系统为飞机提供了非常稳定且敏捷的极好操纵品质,这种不稳定性对飞行员是完全透明的。循序渐进的飞行试验计划得到了充分的肯定,这为后续数字飞控系统飞机研制计划提供了极大的信心。

6.5.2　EAP 验证机飞行试验计划

实验机计划 EAP 由欧洲大量的未来战斗机要求研究发展而来。这些研究就主要要求达成了共识:主要是一种用于近距或中等距离空战的高机动性飞机,其次是高效的空对地战场支援能力。相应地,这需要一架能够携带各种载荷的轻量级的单座飞机,为提供高生存性应该配置双发动机。为了以可接受的成本制造这种飞机应该大量采用新技术,其中许多技术还处于概念阶段或研制的初级阶段。在 1983 年,英国宇航公司和英国政府签订了一项合作协议,该计划将设计和制造集成这些新技术的验证飞机。这项试验飞机计划包括全面的飞行试验开发阶段,将新技术作为一个完整的概念进行评估并验证其可行性。关于该计划及其目标的更详细描述可以在参考文献[5,6]中找到,而下面介绍的细节与本章特别相关。

6.5.2.1　验证机

在该计划中设计、制造并飞行的飞机,被称为 EAP 验证机。机体是前翼-三角翼构型,结构含有大量碳纤维复合材料并采用先进的共胶接制造技术。可变三角翼,带有全翼展的后缘襟副翼及前缘下垂、大权限的可动鸭翼(前置翼)、单垂尾及方向舵,所构成的气动布局具有强本征不稳定性(同时在纵向和航向)和非线性。设计了全权限四余度数字飞行控制系统来稳定飞机并提供优化的一级操纵品质,允许飞行员无约束操纵,即无忧操纵。这个飞控系统是在为电传美洲虎设计的飞控系统上进一步开发的,但没有备份的电子或机械系统。关于飞控系统和数字座舱、航电、飞机系统的细节描述可参见文献[5,7]。

EAP 验证机飞行试验计划的初始目标可以归结为:

- 渐进扩展飞行包线,为飞机及其系统的总体设计树立信心;
- 渐进评估先进气动结构布局与主动飞行控制系统相结合所提供的飞机的机动能力。

为达到这些目标,要采用一种"一次测试就确认满意"的飞行试验指导思想,其由来可参见文献[8]。该指导思想可以描述为飞行许可与飞行评估的一体化过程,如果飞行试验数据被确认符合了放飞许可过程中所用的带误差的气动模型,那么就许可飞机在全飞行包线中飞行。这样的指导思想要求分析工具能够近乎实时(即在飞)地分析飞行数据,并具有将结果与基于标称的或带误差的气动模型产生的对应数据进行比较的能力。这样,如果证明飞行数据处于由模型生成的预先确定的可接受边界内,飞行评估计划可以继续进行,而不会有飞后分析所导致的延迟。

6.5.2.2　分析技术

为验证机飞行试验所开发的新的分析技术,是为验证飞行中(准实时)飞机的稳定性、控制及载荷模型而设计。这些技术在文献[8,9]中作了介绍,这里总结如下:

(1)变换分析——这项技术用来确定由 3—2—1—1 输入或双峰这样的小扰动机动引起的纵向和横航向模态的频率或实根位置;比较飞行结果与标称或容差气动模型所得数据,对每种试验条件用两分钟的测试输入来确认气动模型。

（2）比较飞机响应数据与预测数据——这项技术用来比较大摄动机动下飞机的飞行响应数据与基于标称气动模型在试验条件下的飞前预测数据。通过实时的对照绘制特定响应参数，比较预先准备的边界，在机动执行后可立即得到结果。

（3）气动载荷分析——飞机载荷是根据遥测的飞机响应数据，使用在大型计算机中的载荷模型（该计算机通过光纤与遥测设备计算机相连）计算得到的。计算的载荷与最大允许载荷比较，在测试机动结束后30 s内可得到结果。

（4）参数辨识——尽管参数辨识无法实时完成，但遥测数据传输给大型计算机可使测试机动一结束就立即开始辨识过程。这样初步结果在飞行试验结束时就可得到，在几小时后可得到全部结果。然而，如果前述技术已证明飞机在容忍范围内，则这种程度的详细分析是不必要的。

6.5.2.3 试飞

EAP验证飞机的试飞从1986年8月开始，新的分析技术使飞行包线得到了迅速的扩展[5]。在不到三周的时间内进行了20次飞行，完成确认的气动模型使该飞机获得了在首飞三周后开始的范堡罗航空展上展示全部内容的飞行许可。

验证机试飞继续进行到1991年5月[6]，在此期间飞行控制系统和实时分析技术都取得了重大的进展。根据文献[10]的描述，由于飞机和控制系统配置与欧洲战斗机的建议方案非常相似，因此，EAP飞行试验计划对于欧洲战斗机开发计划而言是一个非常高效的降低风险的经验。

6.5.2.4 飞行试验计划阶段的飞控系统开发

前文已指出，EAP验证机的飞控系统是一个没有电气或机械备份的四余度数字系统。系统的核心（速率和加速度传感器、计算机、作动器接口、飞行员输入接口装置及开关）是四余度的，但大气数据系统（集成在飞控系统中）是三余度的。三余度的皮托静压数据由一个机头探头和安装在鸭翼尖上的两个探头提供，其中机头探头是主要信源。三余度的迎角和侧滑信号来自分布安装在机头下表面的4个气流方向检测器。迎角/侧滑角传感器的二次故障，使飞控系统进入备用模式。3个皮托静压管中的任意两个失效，将使飞控系统进入固定增益模式。在因故障进入备用模式后，飞机可以从包线的任何点恢复。由于机体本身的不稳定性，当因故障进入固定增益模式时，部分包线是无法恢复的。对于验证飞机来说，由于固定增益模式原本只是设想作为安全弹射平台使用，这种情况被认为是可接受的。这是因为大气数据系统设计得足够鲁棒，降级到固定增益模式的可能性极小。尽管如此，为地面试验台与飞行员还是都开发了恢复程序，设计了最佳恢复剖面以确保在大气数据系统故障后的安全恢复。事实证明设计假设完全合理，在整个试飞过程中没有发生过皮托静压系统的故障。

飞机开始试飞时飞控系统处于备用模式，也就是迎角和侧滑角传感器是完全工作的但没有在控制律中使用，这样来自风洞的校准可以在飞行中得到确认。此外，用加配重的方法使重心位置前移来降低不稳定度（即使在这种构型，纵向不稳定程度用倍幅时间表示约为 250 ms,即与电传美洲虎所飞的最大不稳定条件相同)。在初期飞行包线中一旦对大气数据传感器进行了校准,就可以把全系统的控制律编码注入飞控系统,并拆除前部配重进行第一阶段的无忧操纵试飞(这种构型的纵向不稳定程度相当于倍幅时间约 180 ms)。同样,使用上面介绍的实时分析与模型确认技术,在 4 周的 25 次飞行中成功确认了初期的无忧操纵包线。这样的高风险试飞意味着飞机装备了尾旋改出伞,适当的应急能源供应,以及飞控系统具有了尾旋改出模态。在整个验证机计划期间这些设备从未真正使用过,这主要归功于试飞中模型确认技术的成功开发与应用。图 6.7 是这些试飞中飞机进行典型机动的图片。

图 6.7　EPA 验证机机动演示

飞控系统开发的最后阶段是执行最终标准版控制律,这一控制律增强了亚声速无忧操纵特性并引入了超声速无忧操纵。这是通过在控制律里使用一种迎角和法向加速度混合限制,并引入了惯性迎角、侧滑角信号及姿态调参功能实现的。控制律的开发和无忧操纵试飞分别在文献[11, 12]中进行了描述。飞行员评述用了[12]诸如"飞机和飞控系统经得起野蛮的滥用"之类的话语,极为偏爱这种飞机和飞控系统。实时分析工具再次使得整个飞行包线得到快速和成功的评估。

6.5.2.5　飞行试验与分析技术的发展

在 EAP 验证机的试飞阶段,在提供测试设备和使用实时模型确认技术两方面产生了许多重要的进展。其中,飞控系统的空中结构模态激励系统的提供和实时大气数据系统模型确认分析技术的使用备受关注,本书将在下面详述。其他进展还包括综合目标跟踪系统(用来演示好的操纵特性及高增益任务中消除驾驶员在环振荡)的提供,和飞行中压力标绘技术(用于确认气动载荷模型)的开发。这些进展的更多细节可以在文献[10, 13]中找到。

(1)空中结构模态激励——在飞控系统地面试验台架上开发,并在飞控计算机中实现[14]的通过飞机操纵面作动器激励飞机结构模态的设施。这是通过在计算机中产生四重频率扫描信号和脉冲激励信号,然后直接注入前翼和襟副翼的主作动器控制回路实现的。多达 63 种飞行员可选的测试条件被编入程序,实现对操纵面、振幅、对称或非对称激励、扫频/脉冲剖面的选择。经过 15 次飞行试验证明了该设施非常有效[14]。尤其是,与传统颤振模态激励技术相比,由于在每次飞行时能够对大量测试点进行试验,该设备提供了降低整体试验时间的巨大潜力(使用这个系统在一次飞行中飞了 83 个试验点)。此外,它所提供的飞行数据随后用在了欧洲战斗机颤振飞行试验计划的准实时分析技术的开发中[15]。同样的飞控系统试验设施还应用在开发能测量地面与空中结构耦合特性的新的试验和分析技术中。这些技术使建立精确动态结构模型并随后在飞行中进行验证成为可能,这种模型将用来确定飞控系统的最佳陷波器的需求。其目标是证明用同一个陷波器设计可满足多个挂载构型的飞行认证要求。这一目标得到了成功的实现,发展出的方法论和飞行试验原理直接引用到了欧洲战斗机计划中。

(2)实时大气数据模型确认——EAP 验证机构型的不稳定程度导致了飞控系统控制律的高增益,该增益是飞行条件的函数。如果空速误差过大,飞控系统稳定性将显著降低,尤其是在跨声速和超声速飞行阶段。机头探头大气数据修正系数相对较小且可预测,而鸭翼翼尖安装的测量探头的修正系数是鸭翼迎角和飞行条件的函数,因此更为复杂,且更难以预测。在超声速扩展包线的试飞阶段,对来自机头探头和鸭翼尖探头的大气数据的实际偏差与根据大气数据模型事先生成的预测偏差实时进行比较。在预测值上叠加的可接受边界对应于最低的飞控系统稳定性需求。如果实时辨识的鸭翼尖修正系数误差被确认为小到可接受,就可继续扩展飞行包线,这种方法被证明是很成功的。后来在计划中进行大迎角机动时也采用了相同的技术。这一技术直接引入到了欧洲战斗机计划中。

6.6 结语

配备复杂数字飞行控制系统的现代战斗机的地面与飞行试验需要一个既安全又高效的试验指导思想,以限制此类计划日益增长的费用。英国宇航公司所经历的电传美洲虎和 EAP 验证机项目,验证了一种地面与飞行试验计划一体化概念,它成功地体现了这样的指导思想。在试飞阶段,实时分析、新试验技术和试验设施相结合,对确认将应用于设计和放飞许可过程的飞机和系统模型是非常有效的。这一技术使得开发效率更高且成本更低的飞行试验计划成为可能,当前正随着欧洲战斗机飞行试验的进展得到了证明。

6.7 致谢

作者感谢 BAE Warton 飞行试验、系统试验和气动设计部门成员的贡献,以及本章所描述的电传美洲虎和 EAP 验证机团队的工作。

6.8 参考文献

[1] Daley E, Smith R B. Flight clearance of the Jaguar fly by wire aircraft [C]. Proceedings of

the Royal Aeronautical Society Avionics working group symposium Certification of avionic systems, 1982.

[2] Smith T D, Yeo C J, Marshall R E W. Ground and flight testing on the fly by wire Jaguar equipped with a full time quadruplex digital integrated flight control system [C]. AGARD 35th Guidance and controlpanel symposium, Portugal, Lisbon, 1982.

[3] Daley E. An update on experience on the fly by wire Jaguar equipped with a full time digital flight control system [C]. AGARD 65th Flight mechanics panel symposium, Canada, Toronto, 1984.

[4] Nelsonj J R, Smith T D. Improved combat performance using relaxed static stability and a spin prevention system （FBW Jaguar） [C]. AGARD 68th Flight mechanics panel symposium, Italy, Venice, 1986.

[5] Hartley R A. The experimental aircraft programme test programme [C]. A GARD 73rd Flight mechanics panel symposium, USA, California, 1988.

[6] Smith T D. The experimental aircraft flight test programme [J]. FIEA J. Test and Evaluation, 1991.

[7] Kaul J, Sella E, Walker M J. The flight control system for the experimental aircraft programme （EAP） Demonstrator Aircraft [C]. AGARD 65th Flight mechanics panel symposium, Canada, Toronto, 1984.

[8] Hartley R A. The development and use of real time analysis [C]. AIAA 95 - 3877 First AIAA Aircraft engineering, technology and operations congress, USA, Los Angeles, 1995.

[9] Smith T D. The use of in flight analysis techniques for model validation on advanced combat aircraft [C]. AIAA 96 - 3355, Second Test and evaluation international aerospace forum, UK, London, 1996.

[10] Smith T D. The role of the demonstrator aircraft in the development of a new Aircraft/ Weapon System [C]. Fourth European mini symposium of the Society of Flight Test Engineers, Italy, Rome, 1991.

[11] Mccuish A. Experimental Aircraft Programme （EAP） flight control system design and test [C]. A GARD - CP - 560, Flight mechanics panel symposium, Italy, Turin, 1994.

[12] Orme K P. EAP Carefree handling trials [C]. 23rd symposium of the Society of Experimental Test Pilots, UK, Bath, 1991.

[13] Watson G J. Development and flight testing of a surface pressure measurement installation on the EAP demonstrator aircraft [C]. AGARD - CP - 519, Flight mechanics panel symposium, Crete, 1992.

[14] Ramsay R B. In-flight structural mode excitation system for flutter testing [C]. AGARD - CP - 519, Flight mechanics panel symposium, Crete, 1992.

[15] Ramsay R B. Flight flutter testing of combat aircraft [C]. AGARD - CP - 566, Flight mechanics panel symposium, Netherlands, Rotterdam, 1995.

[16] Caldwell B D. The FCS structural coupling problem and its solution [C]. A GARD -CP - 560, Flight mechanics panel symposium, Italy, Turin, 1994.

7 气动伺服弹性

7.1 引言

从根本上讲,飞行控制系统结构耦合(在英国被简称为结构耦合,在美国通常被称为气动伺服弹性)是一种将闭环飞行控制系统引入弹性飞机所产生的相关物理现象。飞行控制系统(FCS)可以用来增强飞机的自然稳定性,或者,在极端情况下,对于那些为获得所需气动性能被专门设计为不稳定的飞机构型提供人工稳定性。

在所有情况下,FCS 通过偏转操纵面增强飞机的空气动力产生的气动力和力矩。为了补偿正比于增稳的迎角 α 和增加阻尼的俯仰角速率 q 的气动力和力矩,FCS—指令控制—操纵面偏转必须是这些相同变量的函数。因此,FCS 必须有传感器组件来完成对飞机运动的测量,通过控制算法或控制律来计算满足增稳要求的力和力矩,即最终所需的操纵面偏转角,作动系统将控制律指令转变成升降舵和副翼的机械偏转。

然而,FCS 运动传感器不仅测量了飞机的刚体运动,还会测量到叠加的由结构谐振或弹性模态所产生的高频振荡。我们知道,如果传感器输出的高频部分没有被衰减,它将通过控制律来驱动飞机的飞行操纵面。由于控制本身就可能激励起共振,于是会形成一个具有潜在不稳定性的闭环系统。

为了解决结构耦合"问题",应该衰减由弹性飞机运动而引入 FCS 的高频振荡信号,来保持闭环系统稳定性,避免 FCS 性能的降级或飞机结构的损坏。解决方案的设计要求对 FCS—弹性飞机系统建立有效且合理的模型,以便理解和分析。该系统各部分对所有应用是通用的,将在以下各节中描述,但系统模型所需的细度和真实度与项目密切相关,取决于所存在的结构耦合程度以及对飞机整体性能潜在的不利后果,和由此所付出的求解代价。

结构耦合方法及解决方案与项目的相关性以及由主动控制技术(ACT)潜能不断开发利用而引发的结构耦合和 FCS 设计过程发展的依存性,已经在先前的英宇航计划中得到了演示验证,并导致了应用前沿技术于当前的欧洲战机计划的热烈讨论。项目需求以及降低过程成本和开发周期的期望同样驱动了一些超越欧洲战机计划的研究开发,本章最后一节将概要介绍一些未来计划预期要实现的发展方向。

7.2　结构耦合要素

解决很多工程问题的关键在于对系统的理解,并以合适的形式对其建模,并进行定量分析。FCS与弹性飞机结构耦合的基本原理如图7.1所示,描述如下。

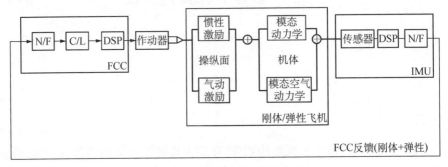

图 7.1　结构耦合回路示意图

7.2.1　弹性飞机模型动力学

与其他弹性结构体一样,飞机也具有很多振动模态,每种模态都有其特征谐振频率和振型。例如,图7.2显示了机身弯曲的典型对称模态振型,其谐振频率大概在15 Hz。该模态振型图表明了受谐振频率激发时机身各部分间的相对运动。注意到机身前部和中部的偏转以及此处安装的FCS传感器。飞机在FCS带宽内有许多模态,其中很多模态的响应频率和幅值的变化很大,这与携带的载荷、燃油状况及飞行条件有关,每个模态都会在传感器位置引起不同的偏转。

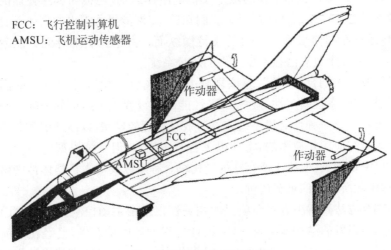

图 7.2　机身弯度对称振型

7.2.2 弹性飞机操纵面的惯性激励

飞机的飞行操纵的振荡可以激发或"驱动"出弹性模态。图7.3给出了飞机地面测试的结果,其中飞机对操纵面激励的相应响应的振幅经测量是频率的函数。这里,相应响应是用操纵面偏转1°所对应的俯仰角速度q(°/s)来表示。在测试中,对作动器注入需要的测试信号,同时监测飞机运动传感器(AMSU)的输出来测得该响应。峰值对应于各结构模态谐振点,且峰值的幅值取决于:

(1) 各操纵面激发某一特定模态的效率。

(2) 在FCS的传感器位置上,对于每个被激发的模态所产生的运动振幅。

以上两者都是模态振型的函数。

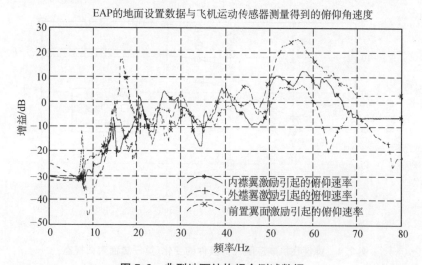

图7.3 典型地面结构耦合测试数据

7.2.3 作动器,飞行控制计算机及飞机运动传感器

自动飞行控制系统的存在,通过传感器、控制律和作动器,直接将激励与响应链接起来。即便图7.1中没有气动力部分,形成的闭环仍有潜在的不稳定性。

系统中各独立单元自身可能很复杂,但是必须了解与结构耦合回路特性相关的各个方面,包括各单元的频率响应特性、任何非线性效应和相应的数字实现的影响。需要了解的程度很可能会超过成功设计一个刚体飞机控制系统的要求。

7.2.4 弹性飞机操纵面的气动激励

通过操纵面振荡运动施加于结构的激励力有两个分量。首先是前述的惯性分量,由操纵面质量偏离铰链轴产生,其幅值与操纵面振荡的加速度成正比。其次是气动分量,由操纵面自身及相邻翼面上气动压力分布的变化而产生,这些变化是由翼面相对于其基准位置的位移引起。对于小扰动,气动分量与位移幅值及动压成正比。

7.2.5　弹性飞机模态的空气动力学

除激励力随空速变化外,系统对激励的响应还将受到气动阻尼及与飞机其余部分的诱发振荡运动产生的气动阻尼及刚性力的影响。在空速较低时,经常会遇到结构耦合的临界飞行条件,然而,这些影响是次要的,结构响应特性随飞行条件的变化主要将反映激励力的趋势。

激励力的气动分量对空速的依赖,以及气动分量与惯性分量反相的事实,导致弹性飞机随空速的响应变化如图 7.4 所示。该图表明,在空速较低时,最重要的特性差别取决于是惯性激励力占主导,还是气动影响超过了惯性影响。

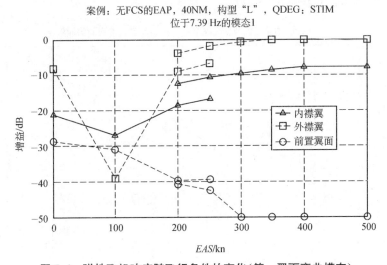

案例:无FCS的EAP,40NM,构型"L",QDEG:STIM
位于7.39 Hz的模态1

图 7.4　弹性飞机响应随飞行条件的变化(第一翼面弯曲模态)

对于全动操纵面,如鸭翼翼面或全动升降副翼,前者是典型的惯性影响占主导。而后者是气动影响占主导,出现在相对轻型,而气动力强的翼面上,如,机翼的后缘操纵面。

7.2.6　解决方案和设计权衡

正如前文指出,以上各要素对任何结构耦合的机理是共同的。以适当的方法描述和综合这些要素,导出系统的结构耦合特性的全貌,并与设计和放飞许可要求相比较,评估问题的严重性,并确定所需要的解决方案。在英国宇航公司,结构耦合作为 FCS 设计过程的一部分来处理。因此,用于分析刚体飞机的频域方法,基于结合伯德图和尼克尔斯图的奈奎斯特稳定判据,都被扩展和应用于覆盖高频弹性模态范围。系统的频域建模与分析,以及用增益和相位裕度来描述的设计与放飞许可要求,都有利于采用传统的方法进行低通滤波器和陷波器(带阻滤波器)的设计。这些滤波器都安装在传感器支路,用来衰减飞机弹性模态所产生的反馈信号。

对一个标称陷波器的频率响应特性(见图 7.5)的考察,表明它除了在特定频率处提供了衰减,从而有效阻断 FCS 在弹性飞机的模态响应与操纵面激励间的关联外,在低频段却增加了不期望的相位延迟。现在,考察一个不稳定、增稳的(刚体)飞机的典型尼克尔斯图(见图7.6),它清楚表明由于陷波器增加了增稳回路的相位延迟,它将频率响应轨迹拖到左边,进入了定义稳定性要求的围绕0 dB,−180°点的边界。因此,陷波器可以被看作是对刚性飞机动态性能起降低稳定性的作用,图7.5也表示了提高刚性飞机稳定裕度的一种常用方法——采用相位超前滤波器。然而由图可见,相位超前滤波器在高频段有高增益,它肯定会加剧结构耦合的影响,并导致需要更多的衰减;这是一个明显的设计矛盾。

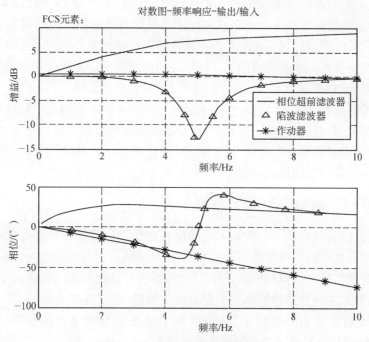

图 7.5　FCS 单元的频率响应特性

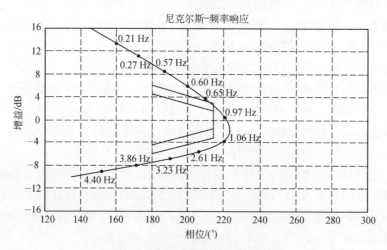

图 7.6　典型俯仰轴开环频率响应

图 7.5 还给出了高性能作动器的特性,表明在飞行控制系统硬件设计中的进一步权衡。作为基本的设计理念,选择高带宽作动器、高吞吐量飞行控制计算机及高速数字总线通信,来最小化 FCS 的固有延迟,这些可以起到消除飞行器不稳定性的作用。高带宽作动器和低延迟通常与在高频结构模态频率段具有较高增益并存。因此,在使用相位超前滤波器时,陷波器设计的高频衰减和低频延迟会产生冲突。设计、开发和制造高性能 FCS 硬件所用的费用是对这些设计选项做仔细审查的重要理由。

飞行控制系统对相位延迟很敏感,在已经观测或预测到系统具有相当严重的结构耦合的困难情况下,结构耦合(structural-coupling, SC)及 FCS 设计者必须十分紧密地合作,以确保获得一个对刚性和弹性飞机控制问题都有效的解决方案,并在全部设计和放飞许可过程中保持平衡。滤波器设计必须小心处理,必须构建一个结构耦合特性的适当详细的模型描述,同样,控制律设计一定不能忽视较高的 FCS 增益和带宽对 SC 的影响。

通过考察英国宇航公司执行的一系列项目可以说明结构耦合问题的影响程度、所要求的细节、数据质量以及它们对分析及解决问题的影响。在这些项目的进展期间,推进应用主动控制技术要求 FCS 和 SC 设计任务之间增进集成,使结构力学家成为 EF2000 的 FCS 团队的一部分。

7.3　FCS‐SC 结构耦合:设计举例

如上所述,具有自动飞行控制系统的所有弹性飞行器都有可能存在结构耦合。尽管这个问题在飞机控制中确实已预料到,并且也经历过[1-4],但这个问题最先被广为知晓和分析的是在制导导弹的设计中[1, 2],由于对结构耦合的作用缺少了解和分析不当,所导致的制导导弹整体损失是众所周知的,但是在有人驾驶飞机所经受的明显与结构耦合有关的遭遇中,还没有一个被证明是灾难性的[1, 4-6]。1967 年,X‐15四号机失事,有些消息来源提及试飞员 Mike Adams 把失事归因于结构耦合,但所提供的细节[7]不是结论性的。

尽管 X‐15 事故发生了,但是以颤振形式出现的结构损坏不大可能是结构耦合的结果,因为 FCS 一般不能够输入足够大的能量,也由于 FCS 的非线性无论如何都会限制通过操纵面的激励幅值。然而,即便有这些约束,仍预测结构耦合会对疲劳寿命有深刻的影响[8],这些已经由典型地面测试所得的机体和作动器疲劳寿命使用经验中得到了证实。进一步应关注的是可能发生的与颤振模态的耦合[1, 4],这会导致结构损毁,且高频信号通过 FCS 的传播可以严重地降低针对刚性飞机动力学进行刚性飞机控制的作动器性能[9]。

作为在沃顿(Warton)的飞行控制设计的经验,用于分析和解决结构耦合问题的工具和程序的开发,始于 1960 年代早期的 TSR2 飞机,直至现在的 EF2000 飞机。本节使用具体案例描述来强调飞行控制系统的功能、结构耦合设计、使用的分析工具以及成功设计要求的 FCS‐SC 设计集成程度之间的关系。

7.3.1 美洲虎——1968 年首飞

美洲虎Jaguar(见图7.7)被设计为一款简单、坚固的对地攻击机。主俯仰操纵由全动水平尾翼实现。飞机基本是稳定的,但具有低增益俯仰及偏航自动稳定器来增加系统阻尼。控制律低增益(低速时实际小于1,随着动压增大进一步减小)、惯性主导SC特性(取决于飞行控制类型,如7.2.5节所述)与自动稳定器(自身能通过FCS衰减任意结构频率反馈)的相对适中的作动器能力三者的结合,意味着美洲虎构成了一种相对易于处理的结构耦合问题。此外,美洲虎FCS对结构模态滤波(由名义上的10 Hz/20 dB陷波滤波器和50 ms低通滤波器构成)引入的附加相位延迟并不敏感。

图 7.7　美洲虎 Jaguar

由于美洲虎自身相对有利的特性,基于基本的地面测试所进行的SC分析也相应简单,可与刚性飞机设计完全分离,这样的处理已经足够,提供了一个确保飞机整个生命周期鲁棒性的解决方案。

7.3.2 狂风——1974 年首飞

多用途作战飞机狂风(Tornado)(见图7.8)配装了全权限控制增稳系统(CSAS),也具有相对较低的增益(但在此例中不小于1),也通过大的全动平尾操纵面实现主飞行控制。像美洲虎那样,通过分析可以确认,惯性主导的SC特性结合控制律增益随动压的倒数调参,预期会引起零空速的最坏状况。从这个分析可知,弹性飞机模型的绝对准确度在结构耦合设计中不是大问题,因为地面测试会给出最坏状况特征的直接测量。

狂风战机的外挂物种类很多,使得针对结构耦合问题的设计和放飞许可过程复杂化。在相对柔性的、高展弦比机翼上加挂大的载荷,自然会引起弹性飞机动力学的显著变化。尤其是弹性模态谐振频率的变化会潜在地增加对陷波器的要求和增加相应的相位延迟。实际上,选择把主飞行操纵面不安装在机翼上,干净地只留下

图 7.8　狂风 Tornado

高升力装置,也有利于机翼的变后掠这一特性。这意味着受外挂载荷影响最严重的模态(机翼和挂架模态),不会直接通过 FCS 被激励,也不会成为对 SC 最关键的模态(最关键的是由升降副翼动作所激励的模态)。

因此,设计构型的特殊特征,使随着飞行条件变化的 FCS 增益和结构耦合特性起了有利和互补的效果。由于对外挂载荷影响的相对不敏感,就像美洲虎的案例一样,基于地面测试数据的可信度所构建的简单而鲁棒的结构耦合解决方案,仍被证明是适当的,尽管存在 FCS 增益增大、硬件能力和权限以及机翼模态动力学大范围变化的不利影响。

7.3.3　EAP 验证机——1986 年首飞

该实验机计划 EAP 的目的在于演示将用于未来战斗机的一些新技术,其中一项为主动控制技术(ACT)。从空气动力学的角度出发,期望设计出一种如图 7.9 所示布局的验证机,它具有良好的超声速性能及卓越的转弯能力。全权限数字 FCS

图 7.9　EAP 验证机

所提供的使能技术意味着可以通过飞机本体的纵向不稳定性和鸭翼-三角翼组合布局来实现该设计意图。经精心选择的亚声速飞行条件下的不稳定程度提供了：

- 后缘下偏的升降副翼用于配平，随迎角变大而增加，在整个迎角范围内，给出一个简单的机翼弯度调整方式以得到良好的升阻比；
- 在超声速飞行条件下，当气动中心向后移动接近中立稳定时，只需要很小的控制角度配平，从而实现了低值配平阻力。

强有力的 FCS 与带后缘操纵的三角翼形是设计理念的核心，但也带来了若干导致结构耦合难题的特性，即：

（1）作动器和传感器组合的高带宽；

（2）在结构模态频率处的控制律高增益；

（3）后缘飞行操纵会生成较大的结构耦合激励力，在 FCS 增益也很高的空速时，激励力主要由气动效应主导，这表明结构耦合特性由气动效应主导，并出现了最坏的飞行情况。

另外，较高的纵向不稳定度（倍幅时间为 0.18 s）也意味着 FCS 对附加低频相位延迟敏感，导致求解结构耦合问题时，相位的预留较为紧张，在设计及放飞许可过程中，系统的数字实现要求充分考虑混叠和频率翘曲效应。

显然，对刚体动态的控制律设计从一开始就必须认识到结构耦合问题的困难。否则，压力将落在结构耦合分析上，有可能会超越了当前的技术水平，最终会在飞行许可过程中产生问题。同样显然的是，需要一种与以前的项目不同的结构耦合设计过程，因为需要飞行状态的评估，并需要细心地将滤波器引起的相位延迟最小化。

7.3.3.1 刚体飞机 FCS 设计——结构耦合设计考虑

在计划的早期，没有足够的弹性飞机数据来支持具体的、定量的设计权衡，但借助于美洲虎的 FBW 的经验，可以对影响结构耦合设计过程的控制律的设计抉择做出若干先验判断。概述如下。

陷波器的相位滞后假设：

利用美洲虎 FBW 获得的经验，基于外推法对陷波器引入到 FCS 的低频相位延迟进行估计，并且假设作动器动力学及飞控计算机中的计算延时都包含在控制律设计过程中。

反馈信号的选择：

成熟的主动控制技术使 FCS 设计者可以实现复杂的控制律，它可在不同的传感器信号中自由地切换和调参等。法向加速度、迎角及俯仰角速率都用于 EAP 的俯仰控制系统中。理论上迎角 α 反馈是增稳的自然选择，考虑到气流方向检测器（airstream direction detector, ADD）的固有阻尼和有限带宽，该参数被认为与结构耦合问题无关。俯仰速率 q 反馈被用于增稳和增强阻尼。对于增稳，将其滤波形成伪 α 信号，这一滤波有效消除了该通道中的结构耦合。但对于增强阻尼，直接使用俯仰速率比例信号被证明是结构耦合最主要的通道。对于增稳而使用的法向加速

度 n_z 要除以一个速度平方因子,这也给出了一个伪 α 项,于是低速时加速度反馈增益将变得非常大,一般认为这将导致结构耦合问题。所以,EAP 的控制律是基于俯仰速率反馈,对于阻尼,有直接比例项,对于增稳是积分的,低速时加入 α,因为此时 n_z 增益过高,高速时加入 n_z,因为此时 ADD 的分辨率不合适。

飞机运动传感器(aircraft motion-sensing unit,AMSU)的定位和安装:

在以前的项目中已经充分了解到;对于一些特殊讨厌的模态,有利的安排是把飞机运动传感器中的 FCS 传感器放置在低偏转角的位置上,并且将其固定在主要受力结构上,以避免由局部弹性变形引起的问题。然而,在这些方面,EAP 的特性要被迫对理想做些折中,如图 7.3 所示的 15 Hz 时的峰值。同时,AMSU 的定位对其电子设备的空气冷却的考虑,要优先于对结构耦合问题的考虑,从而导致了对机身弯曲模态会有较大的响应。另外,图 7.3 中的 55 Hz 处的高增益归因于 4 个单元之间的 AMSU 安装板所产生的局部弯曲。

硬件设计:

在 EAP 研制的初期,还没有深入探讨 FCS 硬件带宽与 7.2.6 节中提到的陷波器的要求和相位滞后之间的权衡。因此,作动器、传感器及计算机的频率响应指标都是基于众所周知的硬件能力与飞行器可控的不稳定性之间的关系(当不稳定度增加时,要求有更快的作动器和计算机)。然而,结构耦合效应确实影响了 AMSU 中的数字信号处理器(DSP)的设计,设计中安排了滚动平均和下行采样处理,为 FCS 对非常高频的弹性模态响应提供抗混叠保护。

反馈增益和回路成形设计:

如上所述,EAP 的俯仰稳定需要相对较高的控制律增益。为了获得所需的稳定裕度,反馈回路成形同样是需要的,这是采用超前-滞后或相位超前滤波器(见图 7.5)来实现的,这将进一步增大控制律在高频段的增益。然而,考虑到潜在的结构耦合问题,开始设计时就要对控制律总的高频增益设置全面的限制。

结构耦合(SC)设计:

既然已经认识到 FCS 和 SC 设计过程之间存在着很强的交叉影响,为此,一开始就采取了相应的措施。为 EAP 寻求 SC 解决方法的目标是避免在控制律设计中假设的陷波器所引起的相位滞后超标,当然,还要满足项目客户已同意的结构模态设计及放飞许可要求。特别地,对于这一创新计划,还期望能使结构耦合设计及放飞许可过程尽可能透明、开放和更易被接受。因此,该方法要使 SC 问题的处理尽可能的简单,同时做到:

(1) 满足设计及放飞许可要求,限制滤波器引起的相位延迟;

(2) 确保有一个可证明的、覆盖所有考虑因素的安全余量;

(3) 充分辨认可用信息的质量。

与以前的项目相比,以上因素会直接影响设计过程的细节、描述系统结构耦合特性的方法,以及设计、放飞许可要求的集合,因为:

（1）飞行中最坏情况意味着地面试验测试结果本身对于陷波器设计和结构耦合放飞许可是不充分的；

（2）用于评估飞行中结构耦合影响的弹性飞机模型的准确度缺乏可信度，特别是对相位响应的预测；

（3）系统的数字化实现对较高频率的结构模态的影响需要被理解和考虑；

（4）在频率接近飞控计算机的采样频率时，需要有较完整的结构耦合信息，因为在滤波器设计时对相位延迟的严格要求意味着具有较宽高频范围的衰减（如抗混叠滤波器）的方案不可行。

从设计团队的角度来讲，这些问题和要求是从一个高度介入和理解的演变过程来着手研究的，这要优于整体式的自动化分析程序。该过程包含了迭代，从问题的各种有关因素的宽泛假设开始，补充细节并加以细化，以加强被视为本问题关键方面的评估。

设计要求：

EAP 的结构模态设计要求基于 MIL－F－9490D[10]。它给出了稳定裕度的频域技术要求（见表 7.1），与英国宇航公司的一体化刚性和弹性 FCS 设计功能所采用的方法一致。由于上述因素，对 MIL－F－9490D 稳定性指标进行了修改，以设立比较保守的放飞许可要求。对于 EAP 计划的初始阶段，做了以下抉择：

- 对所有的结构模态频率规定 9 dB 的稳定裕度要求；
- 结构耦合分析中完全不考虑相位。

后一条规范意味着对 FCS 结构回路中的所有并行通道分别计算，并如同标量一样相加而形成开环系统传递函数，对于具有良好相位裕度的模态都不允许降低其衰减要求。由此得到的稳定性裕度自动满足了（论证是不充分的）MIL 规范的多回路部分的要求，否则在 EAP 应用中将很难处理。由此得到的稳定性裕度需求如图 7.10 所示。

表 7.1　MIL－F－9490D 增益及相位裕度要求

模态频率	空速			
	低于 V_{0min}	V_{0min} 到 V_{0max}	限制速度 V_L	$1.15^* V_L$
$f_M < 0.06$	$GM = 6$，在低于 V_{0min} 处无相位要求	$GM = \pm 4.5$ $PM = \pm 30$	$GM = \pm 3.0$ $PM = 20$	$GM = 0.0$ $PM = 0.0$
$0.06 \leqslant f_M <$ 首个 ASE		$GM = \pm 6.0$ $PM = \pm 45$	$GM = \pm 4.5$ $PM = \pm 30$	稳定在标称相位和增益处
首个 $ASE < f_M$		$GM = \pm 8.0$ $PM = \pm 60$	$GM = \pm 6.0$ $PM = \pm 45$	

V_0 速度；f_M 模态频率/Hz；ASE 气动伺服弹性模态；GM 增益裕度/dB；PM 相位裕度/(°)。

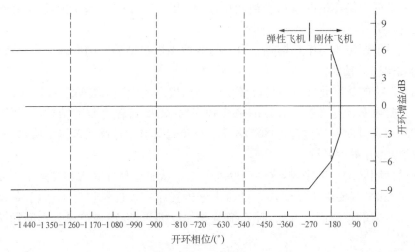

图 7. 10　EF2000 EAP 方法尼克尔斯图示结构耦合稳定裕度要求（见图 7. 12）

结构耦合系统描述—空气动力学及控制律：

用于飞行条件下评估所需的弹性飞机的描述基于为颤振计算而建立的数学模型。该模型由描述弹性和刚体飞机模态的惯性、刚性和气动特性的矩阵运动方程组成。该模型的结构元素来自有限元分析（由公司的应力办公室建立，并成为 EAP 各专业结构建模的共用基础），经转换给出的自由度相对较少的适度描述。刚体空气动力学由风洞结果得到，而非定常空气动力学则是在固定马赫数和频率参数条件下，由基于核函数的串接表面法得到。

作动器和传感器的动态特性通过增广弹性飞机矩阵方程的自由度被引入，包括作动器需用值和传感器输出信号与 FCS 控制律的接口。

陷波器的特性，特别是那些为低相位延迟设计的如 EAP 的较低频滤波器，其在陷波中心附近频率的衰减变化率非常高，因此准确了解模态频率就很有价值。然而，使用颤振模型的零空速计算，适当再现飞机结构耦合特性，就如同在地面上仅对某些要求的传感器输出/作动器输入测试组合进行测试，且直到适当的频率。这意味着不能只依靠弹性飞机模型本身来设计陷波器，这会严重影响结构耦合设计程序的状态。

因此，对于 EAP，该模型只被用于导出弹性飞机的空气动力学的影响和在结构耦合回路中（见图 7.1）操纵面的空气动力激励。由模型导出的空气动力学效应结合地面试验测得的零速结构耦合特性，就说明了零速测量与预测的频率和增益匹配差的原因。

在把控制律加入到表达式之前，初步频率响应分析表明，与结构及气动力组合的 FCS 通道在结构模态频率上有可忽略不计的增益，这可消除积分通道以及由迎角、侧滑角反馈传感器的输出。剩余通道（比例俯仰、滚转及偏航角速率和横向加速度），包括作为弹性飞机一部分的传感器与作动器的动力学，以及单独考虑的数字化效应,使得可以在整个飞行包线网格上的每个飞行条件点上,用单一高频(6 Hz 以上,这已经超出 FCS 相位超前滤波器的频率范围)增益值来作为控制律,在每一飞行条件下,最大控制律增益通过考虑迎角、非线性传动等的调参效应来寻求。

加上相应的 FCS 增益、结构模态增益以及频率趋势构建了全飞行包线内所有飞行条件下逐模态的结构耦合回路增益变化图。对于每个重要的 FCS 通道,它非常清晰地表明了关键的飞行条件及其相对重要的模态及操纵面。

结构耦合系统描述——结构动力学和 FCS 硬件:

由于上述颤振模型的不足,故图 7.1 中弹性飞机动力学中的结构耦合回路以及操纵面惯性激励部分代之用地面试验所推得的数据来描述,其中每个重要输入-输出对的频率响应函数都要被测量(见图 7.3)。飞机运动传感单元中的数字信号处理有效地限制了高频模态的反馈,表明对结构耦合测试数据的要求要高至飞行控制计算机的采样频率。这就要求给作动器提供一个模拟测试输入,并且要求传感器处理器提供高速率的数字输出。由于测试数据是陷波器设计和放飞许可计算的核心部分,为了准确了解模态频率,人们已做出了巨大努力来提高设计结果的质量。一些需要特别考虑的因素有:

(1) 在 FCS 软件中需要在数模转换器(D/A)之前设置特定的增益,以减少采自电缆和连接器的噪声的相对幅值,并使 16 位内部信号的最低有效位可以被地面试验所提供的 12 位 D/A 使用;

(2) 频率响应函数是与作动器指令相关,而不是与作动器位置相关,因此在图 7.1 的弹性飞机动力学部分的测量信息中包含了作动器的动态,在高频段会给出更好的结果,此时作动器位置响应非常小,不能作为分析的良好基础;

(3) 特别需要注意电缆布线、接地布置等,使引入的模拟噪声最小;

(4) 经常参考的是传感器响应输出波形,要确保达到与数字系统分辨率相当的响应幅值;

(5) Solartron 公司的 Sl1250 TFA 仪器是结构耦合试验的核心设备,可进行稳态、单频正弦激励及相关性分析,以获得优良的幅值精度和噪声抑制效果。

该试验还可以处理一些不能进行建模的因素,包括:

(1) 确认所安装的作动器的稳定性及性能;

(2) 评估作动器故障案例对结构耦合特性的影响;

(3) 评估悬挂飞机与起落架支撑飞机的结构耦合性能的比较;

(4) 评估操纵面配平位置的效应;

(5) 结构线性度检查。

重点要关注线性度检查。一般策略是驱使飞机结构尽量呈现饱和结构非线性,同时要避免过度的疲劳损伤,并避免出现作动器速率限制和其他非线性。这一方法核心是考察激励振幅的效应。

采用疲劳寿命作为该测试的主要约束。为了做疲劳评估,飞机上装了大量测试仪表,记录每个参数超过其预设可忽略损伤极限的所有响应循环数。绝不要超过可忽略损伤的 3 倍这个绝对极限。其他测试约束是要按一定间隔旋转发动机转子以防止轴承损坏,并且要周期性大幅度移动操纵杆来润滑作动器的密封件,以免作动器缸体内腔出现划痕。

对每个重要的 FCS 通道,以增益相对频率形式给出的测试结果(见图 7.3),形成覆盖 EAP 最差飞行情况的模态增益趋势的外推绝对基础。在外推处理后,对并行的 FCS 的俯仰通道(俯仰角速率/俯仰速率指令通过该通道到内襟副翼、外襟副翼和鸭翼)和横向通道的贡献按标量相加,得到了端到端的俯仰和横向开环传递函数。所产生的增益包线覆盖全部飞行条件,直接确定了所需的衰减幅度以满足设计和放飞许可的要求。然而,它仍然包含了设计陷波器之前的 FCS 数字特性的影响。

数字化效应的处理:

仔细考虑采样过程[11],可给出包含所有重要影响的一个简单的处理。

首先,AMSU 中采用滚动平均和下行采样过程的数字信号处理的设计,提供了非常有效的抗混叠功能。与飞行控制计算机(FCC)的采样及零阶保持器(ZOH)的特性一起,有效消除了频率高于 FCC 的采样速率的信号分量。这就确定了整个分析所关注的上限频率。

其次,分析表明,FCC 的采样和 ZOH 功能的效应可以通过将采样及保持的衰减特性加到全包线的开环传递函数上来表示,然后相对 1/2 采样频率折叠数据,将较高与较低频率上的数值标量相加来表示混叠效应。这种处理在 Taylor, Pratt 及 Caldwell 文献中[12]有更全面的解释(也可参看 Kehoe 等资料[6])。对 EAP 而言,这就生成了对于 q/q, ζ/ζ 和 p/p 在(0~1/2)采样频率范围内的开环传递函数,即可给出在飞行控制计算机中控制律的关键点上的开环增益。然后这些数据可直接用于陷波器的设计。

陷波滤波器设计:

正如前面所指出的,AMSU 中的数字信号处理对高于 FCC 采样频率(EAP 是 80 Hz)的频率提供了抗混叠功能。在这种情况下,常规的抗混叠滤波器被证明在 40~80 Hz 带宽范围的衰减当然不如位于 AMSU 中 FCC 采样之前的宽带陷波器有效,在 AMSU 滤波后仍存在的高频响应会被折回,并与 FCC 滤波器设计的 0~40 Hz 数据相加。

在验证机的计划中,得益于排除了特定操纵面所产生的一些模态的激励,如图 7.3 所示,明显例子是由鸭翼翼面产生的鸭翼弯曲模态(18 Hz)的激励,由外侧后缘襟翼产生的机翼弯曲模态(7 Hz)的激励。陷波器设置在作动器指令通道,而不在传感器的输出位置,这样既给出了所需的衰减,又减少了与特定滤波器相关的总体相位延迟代价。然而,该方案的缺点是在飞行员指令与操纵面位移之间的通道中增加了控制律延迟。在该通道中的相位延迟是产生驾驶员诱发振荡(PIOs)易发性的一个重要因素,因此所增加的滤波必须计入 PIO 分析中。表 7.2 比较了 EAP 与以前项目的陷波器配置,表明了各个对应飞机结构的耦合程度。

表 7.2　陷波滤波器(NF)的方案

飞机	反馈		取值
美洲虎	所有轴	1	一阶延迟(4 Hz), 1NF(10 Hz)
狂风	俯仰	1	NF(11.5 Hz)
	滚转	1	NF(11 Hz)
	偏航	1	NF(5 Hz 的斜置陷波)
EAP	俯仰	0	AAF(给定 AAF 的 AMSU), 1 个模拟, 6 个数字 NF
验证机	滚转	0	AAF, 2 个模拟, 1 个数字 NF
	偏航	0	AAF, 2 个模拟, 1 个数字 NF
	N_y	0	AAF, 2 个模拟, 1 个数字 NF
	A_y	0	AAF, 2 个模拟, 1 个数字 NF

7.3.4　欧洲战斗机 2000(EF2000)——1994 年首飞

EF2000(见图 7.11)基本上采取了验证机计划(最初开发的合作伙伴是 DASA,然后是 MBB)的设计理念,进而发展成为一个生产的武器系统。不稳定气动布局和全权限数字 FCS 与 EAP 一致,但所携带的大范围载荷的结构耦合问题的分析成为其重要发展。由此产生的结构动力学的大范围变化在狂风飞机上得到了改善,因为 FCS 操纵面没安装在机翼上,但 EF2000 显然与这不同,可以预料 EF2000 的结构耦合问题会比验证机计划困难得多。

图 7.11　EF2000

由此认识到,最初为 EAP 开发的方法,虽然满足了计划的初始阶段,但还不能完全适用于 EF2000。为满足 EAP 的裕度需求和覆盖全部构型而设计的一组陷波器的低频相位延迟,若不在 FCS 的设计过程中作根本性的改变,将会超出 FCS 的允许范围。按照载荷挂装而切换滤波器的解决方案被排除了,因为方案的实现将使外挂物管理系统成为飞行安全的关键系统,因而更加复杂和昂贵。基于 EAP 的研发过程能够提供一个解决方案,不使滤波器的设计、实现和放飞许可任务复杂化,并具有可接受的成本。非线性滤波器和其他形式的滤波器调参方案(例如,随飞行条件变化)也不予考虑。

研究表明,通过精细定位飞机运动传感单元,以及放宽最受外挂载荷装载影响的模态的稳定裕度要求,可以有效地消除机身弯曲模态(在 EAP 上是最棘手的 15 Hz模态),从而只设计一组陷波器来同时满足刚体飞机控制和覆盖所有载荷构型。显然,只有用更精细的弹性飞机模型表示,加上提供额外的确认的证据,在这种情况下,也就是以关键的预测证明和飞行条件下的证明的形式,放宽要求才是可能的。由 EFA 支持的验证机计划(EAP)的拓展部分,被设计用来测试放宽裕度的理由是否充分有据。该计划有 3 个目标:

(1)演示所建立的结构耦合回路的模型有足够的准确性和鲁棒性,允许放宽的稳定裕度要求可被应用于俯仰轴的基本机翼模态。

(2)设计、实现和飞行验证安装在主 FCS 中的结构模态激励系统,可作为 EF2000类似系统的原型。

(3)演示验证弹性飞机的空气动力学相对于操纵面效率是保守的,且随着迎角增加,弹性飞机操纵效率遵循与刚性飞机的气动力对应项的类似趋势。

在刚性和弹性空气动力学中,操纵效率基本上就是增益,在结构耦合回路的评估中,目标(3)的达到将允许控制律增益随迎角而增加(基于刚性机体气动效益的设计)的作用被弹性飞机操纵面产生的气动激励力的减小所抵消。上述 3 个目标都成功地实现了,下面概述的 EF2000 研发过程,反映了验证机项目的进展。

7.3.4.1　刚性 FCS 设计——结构耦合考虑

应用于验证机计划设计中的结构耦合的考虑被直接应用于 EF2000,包括对高频增益的限制、反馈信号的使用和硬件设计。AMSU[在 EF2000 中被称为内部测量单元(IMU)]的安装结构刚度必须得到保证,由于已经知道机身弯曲效应的最小测取非常重要,它作为有利于外挂物取证策略的一部分,IMU 定位具有很高的优先级,导致选择在主航空电子设备舱外的一个位置。

由 EAP 获得的经验允许在 EF2000 的控制律设计中采取更加周全和综合的方法。在控制律调参设计中,工程师们现在意识到结构耦合增益随飞行条件的变化趋势,并会在非关键的飞行条件下选用更高的增益。此外,现在可以将相位超前、陷波器和反馈增益设计集成在一个联合优化程序中,从而在前文提及的设计权衡中得到更好的平衡。

7.3.4.2　结构耦合设计

对于欧洲战斗机 2000,其结构耦合设计过程基本上是成功地部署在验证机计划上了,但对俯仰轴低频模态补充了更详细的分析,这对设想的外挂物构型范围的放飞许可是必要的。这些补充要求加强对弹性飞机模型的预测,这得到了模型与地面试验相匹配、灵敏度研究和基本的结构耦合特性飞行试验的支持。

在专门的结构耦合飞行试验中收集飞行数据，测试时，测试信号注入所选的 FCS 作动器，由惯性测量单元记录飞机响应，从而可对如图 7.1 所示弹性飞机的系统部分进行直接测量。该方法是对结构耦合进行稳定裕度显式测量的首选，因为它可以分别测量各操纵面的作用，对模型确认工作很有好处。

显然，如果模型在有信心使用之前要求进行飞行测量，开始时飞行许可基于更多保守假设和多次申请是必然的，这样才可以安全地获得所需的飞行数据。对于欧洲战斗机 2000 而言，结构耦合设计和放飞许可过程因此被分阶段进行，以使引入新的设计和放飞许可要求细化之前，在先验的更保守的放飞许可条件下，获得支持证据。测试计划的阶段划分将与 FCS 的功能开发和所配置的构型范围的扩展同步。其主要阶段有：

（1）对"基本"设计和放飞许可要求（见图 7.10）的初步认定。有限的空-空外挂构型、支持放宽稳定性需求和匹配操纵效应的飞行试验；

（2）对"放宽"SC 稳定裕度要求的放飞许可。空-空载荷的子集和翼下油箱的布局。支持由油箱效应引入对弹性飞机操纵效应减弱的飞行试验；

（3）对放宽裕度的放飞许可。所有空-空油箱和空-地构型，引入油箱的减弱效应；

（4）对放宽裕度的放飞许可。所有空-空油箱和空-地构型。

设计和放飞许可要求：

结构耦合的设计和放飞许可要求的放宽或精化，都期望从飞行试验获得附加的证据来确认弹性飞机模型。建议必须提供适当的飞行试验数据以保证模态相位稳定，使陷波器的设计更为容易，从而达到对所有期望的载荷构型的确认。相位稳定意味着在确定稳定性时，除了检查响应增益外还要检查系统频率响应的相位。这显然意味着图 7.1 的 SC 回路的建模中应包括相位，但在验证机项目中有意回避了这一点。

显然，如果闭环系统是稳定的，系统的开环频率响应在稳定图中必须避开单位增益（0 dB）、相位为 $-180°$ 的点。在图 7.12 的尼克尔斯图上显示了 EF2000 的 SC 稳定裕度要求，封闭区域表示结构耦合系统的开环频率响应特性应避开的区域，以及环绕增益为 1，相位为 $-180°$ 点的序列（相位加上 $-360°$ 的倍数，以便周期地等价于 $-180°$，$-540°$ 的点）。该区域的大小与刚性飞机在 $-180°$ 右侧的裕度要求有关，这反映了刚性飞机和弹性飞机建模的相对置信度，以及对弹性飞机定义敏感参数不确定性的困难，但这，在提供适当的容限研究和确认证据后，也可以反过来允许较小的禁区。

要注意到，在 $-360°$ 区域的相位上频率响应轨迹的幅值超过 0 dB 是允许的。之所以接受的原因是，在闭环回路中，这种相位的结构反馈实际作用是稳定弹性模态。这种情况的其他影响以后再作考虑。

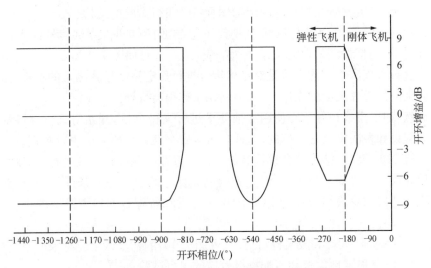

图 7.12   EF2000 相位稳定性尼克尔斯图 SC 稳定性裕度要求

应用相位稳定方法的频率范围被下列条件限制：

（1）可用的飞行测试技术的能力。在这种情况下飞行结构模态激励受到作动器能力和系统数字效应的限制。

（2）由相位稳定方法可得到的好处；避免在放飞许可过程中额外的复杂性和成本，放宽的需求只被用于最受载荷布局影响的模态和 FCS 中最影响低频延迟的模态。

随着承诺可获得更多的附加信息，由下述事实来进一步明确采用降低的裕度要求是合理的，即问题模态是由外侧襟翼激励所主导，导致了一个伪单回路情况，降低了回路间相位变化的潜在影响。而且，众所周知，在低频段 SC 回路的硬件组件是可检查的，而且是相对不变的，此外，系统的数字实现效应的重要性相对较小。

结构耦合系统描述：

对于大量的结构耦合放飞许可任务，系统采用同验证机项目一样的方式来描述，是基于地面测试数据和预估的气动效应的组合，而且分析中完全排除了相位。

然而，对于那些相位稳定的模态，整个系统建模是对弹性飞机运动矩阵方程的扩展，也就是一个颤振模型，该模型直接用来计算作稳定性要求评估的结构耦合增益及相位裕度。由弹性结构和空气动力模型组成的矩阵组，再增广一些额外的自由度，来表示链接传感器输出与作动器指令的控制律变量（在标准的分析工作中都包含这些变量）。额外的矩阵元素则对应于滤波器时间常数和组成给定飞行条件下线性化的控制律模型的增益元素。

弹性飞机模型本身可以进行细化，以保证它在用于相位稳定时是合适的描述。实际上，这意味着要建立一个模型去重现地面试验构型并计算零速 SC 特性来与测试数据相比较。对于低频机翼模态，通常只要通过分解结构刚度矩阵，微调模态的频率,响应振幅就会很好复现。

特别是,幅值与试验测量值的匹配准确程度大体上可被看作是反映了单个模态振型中所存在的机身弯曲程度。相对较好的匹配,表明其机身形变不是模态的重要部分,这用立体机身与平板机翼建模更难于加以解释。对于 EF2000 的基本机翼模态,可以近似认为机身是刚性的,从而解释了上面提到的良好匹配。

在直接预测稳定性的应用中,往往伴有对模型的附加要求。依据模型增益和相位对构型变化的灵敏度(如 EF2000 的翼尖吊舱的惯性特性)的附加分析,已成为设计验证过程的一部分,来建立影响增益和相位裕度的因子。同时还必须彻底研究 FCS 硬件的增益和相位变化,并且在对服役机队的确认中,必须说明磨损和老化的影响。

关于试飞主要做如下论述。

目标:

尽管,对结构耦合的地面测试是验证机计划的设计和放飞许可过程的重点,然而预测结构耦合特性的飞行许可是该方法应用于 EF2000 的核心。考虑到飞行试验计划的费用昂贵,对于飞行验证的依赖只在无法避免才被接受;例如,为解决结构耦合问题,需要必不可少证据的情况下。因此,EF2000 的 SC 试飞的目的如下:

- 提供用于计算相位稳定裕度模型的必要确认;
- 能够对未建模的因素进行评估。

如已在 EAP 原型上实施的,在作动器注入激励以及在 IMU 测量响应,来模拟地面 SC 试验和测量 SC 系统的弹性飞机部分。控制律已在地面台架试验中充分确认,因此直接测量 SC 稳定裕度并非是首选方法。

确认工作是专门针对验证飞行条件下结构耦合预测的相位特性的,同时证实并量化预期的对弹性飞机操纵面效率的预估。第二个目的主要与同一操纵能力/功率随迎角的预期变化相关。

从用于弹性飞机模型的相对简单的空气动力学公式所得到的气动效应,它假设了无黏性流,因此缺乏附面层的影响,从而减少了操纵面效应,因此不能处理典型的三角翼布局在大攻角下的分离流。

如前所述,操纵功率项在结构耦合回路中的作用是一个增益,将预测结果与测量比较时,可以预料到基本 SC 处理的保守性并表现为 SC 增益的减小,相当于在评估低频模态的 SC 稳定裕度时引入了一个衰减因子。同样,由 EAP 飞行试验的支持还可以预料到,测量的结构耦合增益会随迎角的增大而减小。一些在飞行测量攻角效应的成功匹配,得益于对非定常气动项中的变化进行建模(通过在风洞中测量稳定流的相应变化)。从而制订了试飞程序,围绕若干亚声速和超声速飞行条件,在所选条件下保持迎角为常值,来研究迎角的影响,辨识空气动力学模型的保守性。

激励系统:

频率和偏置注入系统用于结构耦合试飞中产生激励(参考文献[13]描述了用于

颤振试飞的该系统),作为 FCS 的子系统,编排在飞行控制计算机里。该频率和偏置注入系统生成高采样速率(伪模拟)数字指令信号,与作动器外环闭合回路同步,与控制律输出信号相加,然后输入到作动器中。

结构耦合激励信号是一个扫频正弦波,其参数(开始及终止频率、持续时间、随频率变化的振幅、驱动的作动器)全部在软件中定义,以便于修改。确定性信号是关键,可以帮助理解和可视化。选择扫频形式信号而不是地面测试时的单一正弦信号,这显然是由于在飞行试验中某一飞行条件的接通时间的约束,特别对大迎角条件的测试。根据 EAP 试飞中取得的经验,以及参考 EF2000 本身的地面测试,来指导测试参数值的选取。

在该应用中,选择了 60 s 的持续时间、2～15 Hz 的对数频率扫频信号。激励信号的幅值包线随频率变化,与驱动系统的能力相匹配。1/3 和 2/3 的因子可以应用到基本包线形状上,来考虑动压对所生成的激励的影响,并匹配预测的响应振幅,使其在每个测试飞行条件下尽可能接近动态载荷限制。

响应测量和分析:

图 7.13 示意地显示了激励测试和分析路径。注意到,数据对正在进行飞行试验的放飞许可阶段的确认不是必需的,因此不需要遥测和实时分析。

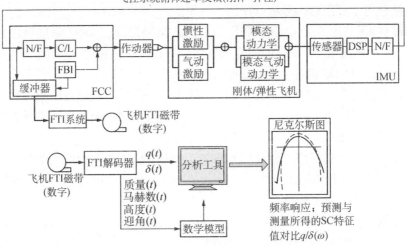

图 7.13 FBI/FCS/FTI/分析系统原理图

用标准快速傅里叶变换(FFT)方法来分析所记录的激励和响应的时间历程。FFT 参数(采样数量、划分时间历程的数据段的数量、连续数据段的重叠处理以及数据的窗口技术)在可用数据的数量和质量的约束下,被精心选择以获得期望有可接受精度的分辨率[14, 15]。图 7.14 显示了与预测值比较的典型结果。

由于数据的基本重要性,尤其是,因为要清晰地了解"预测"和"实际"SC 相位是如何匹配的,需要特别仔细地识别系统中飞机的物理运动与实际分析该运动的时间

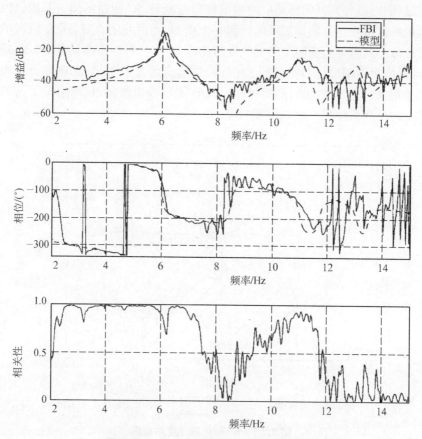

图 7.14 FBI 测试结果和模型预测的比较

历程描述之间的所有时间延迟以及动态元素。这些动力学和延迟与 FCS 中,以及飞行测试仪器的接口中参数的传输和处理有关。

相位稳定的含义:

对低频模态进行准确的结构耦合回路建模,以及对每个回路元素的必要确认,一起构成了 EF2000 项目计划的可观的成本,除了飞行试验本身的明显花费外,这都可直接归因于采用了相位稳定方法。其他成本还花在与实现相位稳定裕度准则相关的更广泛的工作上,概括如下。

验证机项目的增益稳定准则(见图 7.10)中,最小 SC 回路裕度(最大开环传递函数增益)为 −9 dB,在多数情况下甚至更高。这意味着通过 FCS 由陷波器提供的衰减有效地消除了弹性飞机响应与通过 FCS 操纵面激励间的链接,或有效地断开了结构耦合回路。这有助于颤振和动态载荷的放飞许可,因为这意味着预测和放飞许可工作可以基于不包含 FCS 的弹性飞机模型,且放飞许可过程可以完全不依赖于 FCS。

尼克尔斯图显示了叠加在常规开环网格上的闭环增益及相位,图 7.15 显示的大片区域(阴影部分),其闭环响应的幅值将超过断开 SC 回路的同一系统。因此开环幅值的峰值落在这一阴影区域内任何一个模态,当回路闭合时,通过 FCS 的作用将有效地减小其阻尼。实际上需要注意的是,一个在$-180°$相位具有$-9\,\text{dB}$开环增益的模态(满足 EAP 准则)将显示出闭环峰值响应增大了$4\,\text{dB}$,或60%。该相位稳定准则被用来对$\pm90°$的相位裕度保持$-5\,\text{dB}$闭环峰值增益,从而给出了与增益稳定要求下的最坏可能相一致的闭环响应。

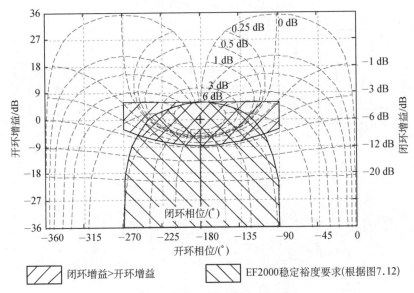

图 7.15　开环/闭环尼克尔斯图

落在阴影区外的开环响应峰值将产生一个低于开环幅值的闭环响应,表明 FCS 的作用与该激励相反,对响应起阻尼作用。直观上可以预期此现象会对颤振问题产生有利的影响,特别是对动态载荷,但由于 FCS 操纵面现在是被启动来修正系统响应的,或者是有效地增加模态阻尼的,这意味着与开环情况相比,机翼上的动态压力分布也同时被修正,这可能导致不同的结构载荷。在任何情况下,除非结构耦合裕度非常大,闭环系统的表现将与开环不同,这意味着动态载荷及颤振分析必须对 FCS 耦合进行建模。此外,为了正确复现闭环效应、必须准确地描述耦合的幅值及相位,这说明必须采用与 SC 飞行及地面测试匹配的弹性飞机模型,来进行相位稳定裕度预测。颤振模型的传统匹配,只扩展到调整模态频率,机翼、尾翼和鸭翼翼面与地面共振试验测量的模态振型匹配就不再适用了。

7.4　未来发展方向

就引入 FCS 的附加相位延迟来说,解决结构耦合问题的代价与其他渠道(例如主作动器)引起的延迟相比较,不是微不足道的,如图 7.5 所示例子。为了实现 FCS

的潜在性能,采用了昂贵的开发努力来减小系统整体延迟,人们还必须付出相应的努力使解决 SC 问题的代价最小。因此需要继续审视英宇航的结构耦合技术途径,下面给出一些需要的或正在进行的工作方向。

7.4.1 极限环预测及替代放飞许可要求规范

与推动应用于 EAP 的设计和放飞许可方法的起因一致,结构耦合一直被作为一个飞行安全问题来处理。然而如前所述,结构耦合的发生不一定会直接导致结构故障,因为 FCS 的输入能量有限,也因为系统的非线性约束。对于弹性飞机,在这种情况下,一个不稳定模态自身会表现为极限环振荡,它也许是非常不期望的,但未必一定对飞行安全是关键的。真正的关切在于颤振模态、结构及 FCS 硬件疲劳和对作动器性能影响的耦合,这本身可能隐含安全性问题。

为了充分理解这些关切,必须设计一种方法来预测系统内的极限环振荡的幅值和频率。下节将对一个简单示例系统和一个更具代表性的飞机系统模型,应用非线性系统理论来研究闭环结构模态不稳定的案例。然后,通过替代结构模态放飞许可程序,会考虑到这种安排的可能优点。

7.4.1.1 极限环预测技术的描述

极限环标准及预测:

非线性系统中极限环的存在可以通过把非线性元素用它们的描述函数来代替[22],然后从它的特征方程的解进行预测。为了简化分析,将只考虑 FCS 中的软件速率限制功能的非线性。控制软件中速率限制器的目的是为了防止作动器主阀的饱和,它是限制作动器性能的主要非线性因素。然而,它也会确定任何可能发生的极限环的幅值。

考虑如图 7.16 所示系统,其中作动器应用于位置控制系统,在闭环系统的带宽内,其负载表现为 个结构模态。

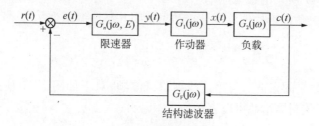

图 7.16 系统框图

在此例中,该系统的特征方程可以被写为

$$1 + G_n(j\omega, E)G_1(j\omega)G_2(j\omega)G_F(j\omega) = 0 \qquad (7.1)$$

该特征方程的解给出了极限环的条件,通过重新整理方程(7.1)可对其进行预测:

$$G_1(j\omega)G_2(j\omega)G_F(j\omega) = \frac{-1}{G_n(j\omega, E)} \tag{7.2}$$

如果可以导出速率限制器的描述函数,而且可以对系统中的线性部分充分建模,那么就可能预测出系统中极限环的存在条件。

速率限制功能的描述函数推导:

为了推导出速率限制器的描述函数,考虑如图 7.17 所示设备的输入/输出特性。在本例中,经过足够长时间达到稳态后,其特征就会显现。此外,假设输入信号是一个纯正弦波,它触发速率限制器会产生一个三角波形输出[23]。

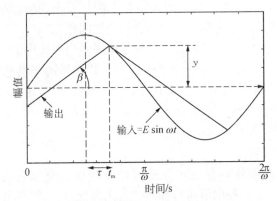

图 7.17　速率限制函数的输入/输出特性

由图 7.17,可以推导出三角输出波的幅值:

$$Y = \frac{\pi\beta}{2\omega} \tag{7.3}$$

式中:β 是图 7.17 所示的最大速率。

振幅 Y 的三角波形的傅立叶分析结果说明其基波振幅为

$$y\,|_{\omega} = \frac{4\beta}{\omega\pi} \tag{7.4}$$

还有无限数量的谐波。忽略这些高阶谐波项,对于如图 7.17 所示的正弦波形式的输入,速率限制器增益可以表达为

$$|G_n(j\omega, E)| = \frac{4\beta}{\omega E\pi} \tag{7.5}$$

为了推导出速率限制器的相位响应,再次考察图 7.17 中的输入/输出关系。从图中,可以看出,两个信号间的相位延迟可以用时间延迟 τ 表示。为了获得时间延迟的表达式,必须要定位时间,此时输入信号等于输出信号,使得

$$E\sin\omega t_{\mathrm{m}} = \frac{\pi\beta}{2\omega} \tag{7.6}$$

考虑到 t_m 在 $t = \pi/2\omega$ 后发生,则通过上式可以解出 t_m:

$$t_m = \frac{\pi}{\omega} - \frac{1}{\omega}a\sin\frac{\pi\beta}{2E\omega} \tag{7.7}$$

因此,时间延迟 τ 可以表示为

$$\tau = \frac{1}{\omega}\left(\frac{\pi}{2} - a\sin\frac{\pi\beta}{2E\omega}\right) \tag{7.8}$$

最后,输入和输出信号间的相位延迟可以表示为

$$\angle G_n(j\omega, E) = -\tau\omega \tag{7.9}$$

在之前提出的假设下,速率限制器的描述函数为

$$|G_n(j\omega, E)| = \frac{4\beta}{\omega E\pi} \tag{7.10}$$

$$\angle G_n(j\omega, E) = -\left(\frac{\omega}{2} - a\sin\frac{\pi\beta}{2E\omega}\right) \tag{7.11}$$

因为速率限制器的增益永不会大于1,并且速率限制器的相位永不会大于零,可以将这些限制加到以上的表达式。就产生了如下要求:

$$E\omega \geqslant \frac{4\beta}{\omega} \tag{7.12}$$

对于增益表达式有效,且有

$$E\omega \geqslant \frac{\pi\beta}{2} \tag{7.13}$$

对于相位表达式有效。

因此,由以上表达式就可根据方程(7.2)给出的系统特征方程的解来预测极限环条件的存在。但前提是假设系统的线性环节能够被准确地建模,或由合适的测试可获得其频率响应。

示例系统的极限环预测:

为了说明在极限环预测中描述函数的作用,考察如图 7.16 所示的系统,其特征方程如方程(7.2)所示。该系统的线性部分的传递函数表达式给定如下:

$$G_1(s) = \frac{1}{(0.026s+1)(0.00005917s^2 + 0.007693s + 1)} \tag{7.14}$$

$$G_2(s) = \frac{1}{s^2 + s + 4000} \tag{7.15}$$

$$G_F(s) = 1 \tag{7.16}$$

式中: $G_1(s)$ 表示一个典型的伺服液压作动器, $G_2(s)$ 表示一个弱阻尼模态系统。

当没有速率限制器时,该系统闭环是不稳定的,在初始扰动下将产生发散的振

荡响应。然而,当该系统包含速率限制器时,就可以求解特征方程来预测所产生的任何极限环。解算所得特征方程的方法之一是绘制方程(7.2)两端的奈奎斯特图,并找到两条轨线的交点。遗憾的是,速率限制器的描述函数与频率和输入幅值有关,导致有无限多的轨线。然而,可以通过合适的迭代法,或是通过绘制作为 $E\omega$ 函数的速率限制器的描述函数来求得特征方程的解。因此,交叉点确定了 $G_1G_2G_F(\omega)$ 轨线上极限环的频率和 $E\omega$ 的值,因此,也就确定了在速率限制器描述函数的轨线上的 ω 值。

该示例系统对应的奈奎斯特图如图 7.18 所示。在这种情况下,图中绘制了单一频率 ω_1 下的非线性特性,它与 $G_1G_2G_3(j\omega)$ 的轨线相交于 $G_1G_2G_3(j\omega_1)$。该交点代表特征方程的解,并由此来预测所得极限环的频率和幅值。由图 7.18,两条轨线交点处的频率值为 9.6 Hz,相应的极限环幅值 E 为 0.04。图 7.19 给出了两条轨迹相交的更多细节。

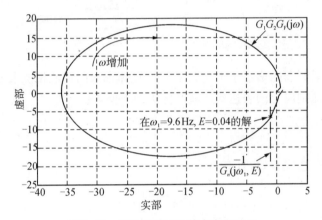

图 7.18　示出极限环解的奈奎斯特图

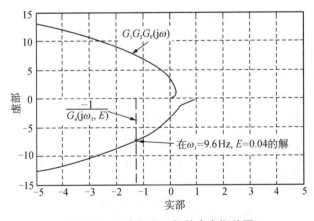

图 7.19　示出极限环解的奈奎斯特图

系统产生极限环的仿真如图 7.20 所示。由该图可知,极限环频率为 9.64 Hz,幅值 $E=0.38$。这些结果非常符合由描述函数法进行的预测。

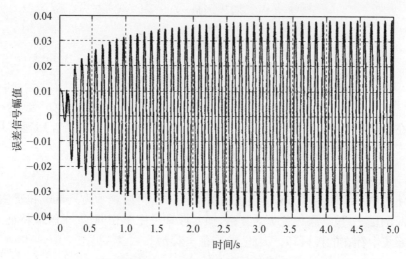

图 7.20 示例系统的时域仿真结果

从这个简单的例子至少可以看出,包含速率限制器的系统的极限环预测是可行的。本节的以下部分将把这种分析推广用于研究一个基于典型飞机模型的系统。

飞机系统中的极限环预测:

上一节说明了描述函数理论在极限环预测中的应用。然而,与飞机系统模型相比,所用的示例系统过于简单。假设飞机的飞行控制系统是模拟系统,同时传感器的动态可以先忽略,飞机系统的框图可以如图 7.21 所示。假设 3 个操纵面作动器是相同的,并已进行了线性化,以便可以使用前述的描述函数分析方法。

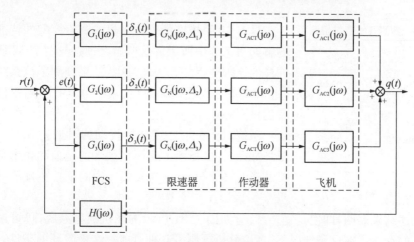

图 7.21 飞机系统框图

直接可推导出该系统的特征方程,得到:

$$1 - H(j\omega)G_{ACT}(j\omega)G_T(j\omega, \Delta_1, \Delta_2, \Delta_3) = 0 \tag{7.17}$$

其中，

$$\begin{aligned}
G_T(j\omega, \Delta_1, \Delta_2, \Delta_3) &= G_{AC1}(j\omega)G_1(j\omega)G_N(j\omega, \Delta_1) + \\
&\quad G_{AC2}(j\omega)G_2(j\omega)G_N(j\omega, \Delta_2) + \\
&\quad G_{AC3}(j\omega)G_3(j\omega)G_N(j\omega, \Delta_3)
\end{aligned} \tag{7.18}$$

现在，根据误差信号和特定的 FCS 通道的传递函数，可以推导出速率限制器 $(\Delta_1, \Delta_2, \Delta_3)$ 的输入信号的幅值，例如为

$$\Delta_1 = |G_1(j\omega)| E \tag{7.19}$$

这使得该系统的特征方程，与前面的例子一样，可以表示为只是 ω 和 E 的函数。虽然与前例相比，该结果方程更为复杂，但其原理是完全相同的，求解该特征方程就可预测系统中存在的极限环。因此，该特征方程为

$$H(j\omega)G_{ACT}(j\omega) = \frac{1}{G_T(j\omega, E)} \tag{7.20}$$

其中，

$$\begin{aligned}
G_T(j\omega, E) &= G_{AC1}(j\omega)G_1(j\omega)G_{N1}(j\omega, E) + G_{AC2}(j\omega)G_2(j\omega) \cdot \\
&\quad G_{N2}(j\omega, E) + G_{AC3}(j\omega)G_3(j\omega)G_{N3}(j\omega, E)
\end{aligned} \tag{7.21}$$

并且，

$$|G_{Nx}(j\omega, E)| = \frac{4\beta}{\omega |G_x(j\omega)| E\pi} \tag{7.22}$$

$$\angle G_{Nx}(j\omega, E) = -\left(\frac{\pi}{2} - a\sin\frac{\pi\beta}{2|G_x(j\omega)|E\omega}\right) \tag{7.23}$$

表 7.3 预测飞机系统极限环

ω/Hz	E/V
16.0	0.0142
16.4	0.0332
24.0	0.0371
66.0	0.0040
73.6	0.0106

具有 10 个模态的弹性飞机的降阶模型的特征方程的解如表 7.3 中所示。这些解是通过与图 7.18 所示的同样的原理获得的。因此，这些结果预测了该系统存在 5 个可能的工作点，每个点代表一个具有不同幅值和频率的极限环。

系统对于一个任意初始扰动的时域仿真产生的极限环如图 7.22 所示。实际极限环的幅值和频率分别为 0.035 和 16.4 Hz。这与表 7.3 中的第二个预测的极限环特性相符。

上述结果表明，即使是复杂系统，如图 7.21 所示的飞机模型系统，仍可以预测极限环的存在。在这种情况下，理论分析预测了 5 种可能存在极限环的条件。实际上，该系统只能在一个极限环条件下工作。表 7.3 给出了极限环分析的 5 个解的值。第二对数值为 16.4 Hz 和 0.0332 V，对应实际发生的极限环。这里不研究其他

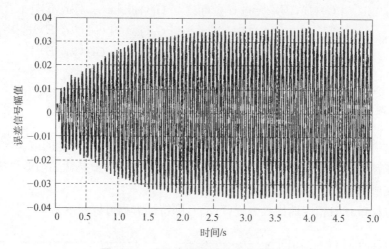

图 7.22　降阶飞机模型的极限环条件

值的实际意义,但它们有可能对应不稳定的极限环,当然,在实际中这些极限环是不会出现的。

7.4.1.2　存在相位不确定性时的极限环预测

上节已描述了在非线性系统中预测极限环存在的一种方法。在此案例中,唯一考虑的非线性元素就是软件速率限制器。预测的极限环与由时域仿真得到的结果进行对比,说明简化的非线性特性仍旧可以很好地估计出极限环的频率和幅值。

但是,此方法依赖于系统所有线性部件具有可靠的频率响应数据。在实际的飞机系统中,情况并非如此。虽然地面振动试验提供了飞机系统开环增益的可靠测量数据,但系统相位响应中存在很大程度的不确定性。部分原因是在非定常空气动力学建模过程中,以及在典型飞行控制系统中许多可能的信号通路之间的相位关系中存在的不确定性。正如前文已讨论过的,放飞许可程序允许相位不确定性的存在是基于可忽略它对系统稳定性的影响,并假设所有信号通路的相位可叠加。

如果系统的相位响应不能信赖,那么这些极限环预测技术的使用将受到限制。下面一节将讨论,当存在这种不确定性时,极限环条件可以分析到什么程度。

存在相位不确定性时的极限环预测

考察方程(7.20)给出的飞机系统特征方程。如果没有可用的相位信息,则该特征方程的解只能给出增益值,如:

$$| H(\mathrm{j}\omega) | | G_{\mathrm{ACT}}(\mathrm{j}\omega) | = \frac{1}{| G_{\mathrm{T}}(\mathrm{j}\omega, E) |} \tag{7.24}$$

其中,

$$
\begin{aligned}
\mid G_{\mathrm{T}}(\mathrm{j}\omega,\ E)\mid = \ & \mid G_{\mathrm{AC1}}(\mathrm{j}\omega)\mid\mid G_1(\mathrm{j}\omega)\mid\mid G_{\mathrm{N1}}(\mathrm{j}\omega,\ E)\mid + \\
& \mid G_{\mathrm{AC2}}(\mathrm{j}\omega)\mid\mid G_2(\mathrm{j}\omega)\mid\mid G_{\mathrm{N2}}(\mathrm{j}\omega,\ E)\mid + \\
& \mid G_{\mathrm{AC3}}(\mathrm{j}\omega)\mid\mid G_3(\mathrm{j}\omega)\mid\mid G_{\mathrm{N3}}(\mathrm{j}\omega,\ E)\mid
\end{aligned}
\tag{7.25}
$$

且

$$
\mid G_{\mathrm{N}x}(\mathrm{j}\omega,\ E)\mid = \frac{4\beta}{\omega\mid G_{\mathrm{X}}(\mathrm{j}\omega)\mid E\pi}
\tag{7.26}
$$

在前一节的情况下,它只有一个解,而现在变成有无穷多可能的解。实际上,真实的解依赖于相位响应。由于无法可靠地知道相位响应,于是就必须假设极限环可能出现在所有频率上。

把方程(7.26)相应地代入方程(7.25),则特征方程可以表示为

$$
\mid H(\mathrm{j}\omega)\mid\mid G_{\mathrm{ACT}}(\mathrm{j}\omega)\mid = \frac{1}{\dfrac{4\beta}{\omega E\pi}(\mid G_{\mathrm{AC1}}(\mathrm{j}\omega)\mid +\mid G_{\mathrm{AC2}}(\mathrm{j}\omega)\mid +\mid G_{\mathrm{AC3}}(\mathrm{j}\omega)\mid)}
\tag{7.27}
$$

整理以上方程,得到用误差信号表达的极限环的幅值方程如下:

$$
\begin{aligned}
E = \ & \frac{4\beta}{\omega\pi}\mid G_{\mathrm{ACT}}(\mathrm{j}\omega)\mid (\ \mid G_{\mathrm{AC1}}(\mathrm{j}\omega)\mid +\mid G_{\mathrm{AC2}}(\mathrm{j}\omega)\mid + \\
& \mid G_{\mathrm{AC3}}(\mathrm{j}\omega)\mid)\mid H(\mathrm{j}\omega)\mid
\end{aligned}
\tag{7.28}
$$

方程(7.28)揭示了在任意给定频率的极限环幅值就是速率限制器最大输出乘以该点与希望得到的极限环振幅的点之间的回路增益。在这种情况下,当极限环的幅值由误差信号给出时,幅值由方程(7.28)给出。此外,在目前的设计方法中,最坏的情况是假设三条信号通道同时工作。通过相应地增加飞机的增益项,也可以在方程(7.28)的形式中计入飞行条件的变化。

现在,考虑:

$$
\frac{4\beta}{\omega\pi}\mid G_{\mathrm{ACT}}(\mathrm{j}\omega)\mid = X(\mathrm{j}\omega)
\tag{7.29}
$$

式中: $X(\mathrm{j}\omega)$ 是在任意给定的频率下线性作动器和速率限制器组合的最大输出。这使得极限环的幅值可以通过作动器的性能限制和系统剩余线性单元的增益响应来预测。此外,为了预测这样的极限环幅值,作动器的线性化不再是必要的,代之以实验测量作动器随频率变化的最大输出幅值就足够了。因此,相位响应中存在的不确定性限制了对系统极限环的预测——只能估计系统中极限环的幅值。

极限环幅值预测对飞机系统的应用:

为了说明典型系统中极限环的最大幅值的预测,考虑如图 7.21 所示的飞机系统模型。然而,与前例中使用的线性模型不同,此时该模型将包含一个非线性作动系统模型。此外,分析中将考虑所有的结构模态。

由方程(7.28)和方程(7.29),计算误差信号处的极限环幅值所需的因素如图 7.23 和图 7.24 所示。

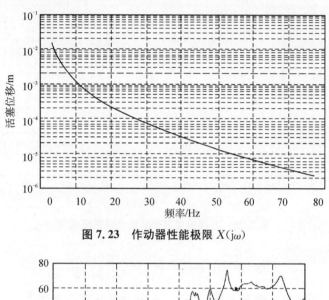

图 7.23 作动器性能极限 $X(\mathrm{j}\omega)$

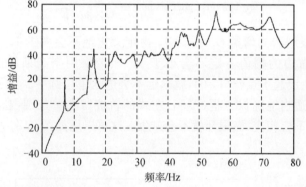

图 7.24 回路增益 $(\,|\,G_{AC1}(\mathrm{j}\omega)\,|+|\,G_{AC2}(\mathrm{j}\omega)\,|+|\,G_{AC3}(\mathrm{j}\omega)\,|\,)\,|\,H(\mathrm{j}\omega)\,|$

根据方程(7.28),结合这两张图,再加上活塞位移和操纵面运动之间必要的比例标定,可得到在误差信号处的极限环幅值的最大边界[23, 24]。该边界如图 7.25 所示。

上述理论已经表明,系统中极限环的最大幅值可以很快用作动系统的性能边界以及飞机结构和飞行控制系统的增益响应来确定。预测这种极限环的能力使它们对其他系统元素产生的影响或相互作用能得到评价。实际上,我们不能长时间容忍系统中存在极限环。这种情况在飞机结构的疲劳寿命和作动器组件的磨损方面都会产生严重的后果。此外,飞行控制系统为了响应极限环条件的出现,会损耗大量的能量。因此,确保在正常飞行运行下不出现这样的极限环条件是至关重要的。

7.4.1.3 极限环的预防

回顾 7.2.4 节提到的系统,该系统如图 7.16 所示,其特征方程为

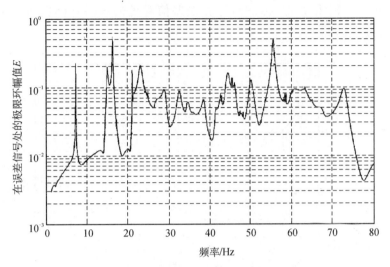

图 7.25　在误差信号处的最大极限环幅值

$$G_1(\mathrm{j}\omega)G_2(\mathrm{j}\omega)G_\mathrm{F}(\mathrm{j}\omega) = \frac{-1}{G_n(\mathrm{j}\omega,\ E)} \tag{7.30}$$

考虑速率限制器的增益 $G_n(\mathrm{j}\omega,\ E)$，由定义它绝不会大于 1。其结果是，方程 (7.30) 的等号右边的幅值一定不会小于 1。该结果用奈奎斯特图表示，则方程 (7.30) 右式的轨线起于点 (−1, 0)，就永远不会进入单位圆中。为了防止可能的极限环条件，就应适当地确保方程 (7.30) 左式的轨迹留在单位圆内。如果做到这一点，则两个轨线不会相交，极限环就不会产生。这可以用如图 7.26 所示的奈奎斯特图来图解说明。

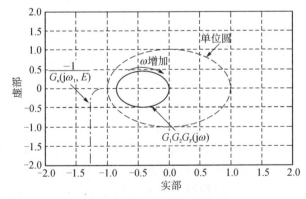

图 7.26　任意系统的奈奎斯特图

在这人为设定的示例中，之前考察的示例系统的线性部分已有一个足够的增益衰减，使响应约束在单位圆内。虽然该系统加入这样的增益可能不会产生所需的闭环响应，但它将确保极限环条件不会发生。

对于飞机系统,即使是存在相位不确定性的情况,仍可能满足这样的准则。由于该准则只依赖于系统的开环增益,相位影响是不重要的。如果相位信息在某些结构频率下是可用的,则可能放宽要求。例如,如果在 7 Hz 结构模态时可靠的相位信息是可用的,且速率限制器描述函数的轨线也不与之相交,则极限环就不会发生。

总之,若系统的开环增益小于1,则该线性系统的奈奎斯特轨线在任意点都不会与速率限制的描述函数相交。结果是,对于该特定非线性,自然就不可能存在极限环。

对于目前的放飞程序,在反馈通道中引入合适的滤波器,就可把开环增益减小到所需的水平。要着重注意的是,如果飞机模型有误差,那么任何潜在极限环特性都是可预见的。此外,如果极限环确实发生了,它对作动器性能的影响,进而对刚性飞机响应的影响都是可以被量化的。

7.4.1.4 替代放飞许可程序的技术规范

如前面讨论的,现在使用的放飞许可程序是假设飞机系统主要是线性的。其结果是,设计反馈滤波器对大多数结构频率确保 $-9\,\mathrm{dB}$ 的最大开环增益,来保证闭环稳定性。即使有显著的建模误差,$9\,\mathrm{dB}$ 的安全裕度仍可保证闭环稳定性。应用这个较大的安全裕度,是由于不稳定的结构模态对整体飞机影响的不确定性。

前面的章节已经在一些细节上讨论了作动系统的非线性性质对结构耦合问题的影响。特别已经表明由于 FCS 中存在的速率限制功能,不稳定的结构响应可能会产生一个极限环的条件。前文介绍了存在这样的极限环的准则,当存在相位响应不确定性时,也已说明极限环条件可能出现在系统的开环增益超过 $0\,\mathrm{dB}$ 的场合。

允许在标称情况下存在极限环的影响前面已讨论过,其结论是,应该在系统中加入适当的滤波器,来给出小于 $0\,\mathrm{dB}$ 的最大开环增益。然而问题是,开环增益应当减小到什么程度,才能应对可能的建模误差?

幸运的是,如果建模误差使得开环增益大于1,所产生的任意极限环都是可以被预测的。例如,在系统建模存在误差的情况下,开环增益超过 $0\,\mathrm{dB}$ 处的所有频率都可以产生极限环。然而重要的是,这个极限环的幅值可以预测,而且它对刚性飞机满意控制的影响也可以被评估。

假设结构滤波器被设计成给出 $-1\,\mathrm{dB}$ 的最大开环增益。其结果是,通过这种滤波器引入的相位延迟将明显小于现用的 $-9\,\mathrm{dB}$ 滤波器引入的延迟。在标称情况下,这种滤波器将确保不会出现极限环条件。然而这样做的结果是,系统建模中的任何误差都可能导致极限环条件产生。

我们来考虑建模误差确实导致了飞行中极限环的情况,这种条件更可能在飞机大迎角飞行时,此时 FCS 增益是最大的。如果针对极限环幅值和它对作动器性能影响已研究过这种可能性,则刚体稳定性将保持不变。随后飞机迎角会安全地减小,而 FCS 增益减小的结果会使极限环消失。如果飞行中遇到这样的相互作用,那么就可以相应地修正弹性飞机模型,重新设计结构模态滤波器使其在标称情况下能保持－1dB的最大开环增益。如果依据极限环振幅和它的影响,适当的安全裕度已被选用,那么采用能保持－1dB开环增益的结构滤波器对飞机应该是无风险的。

替代设计方法可以用图7.27给出的流程图表示。该设计过程的初始阶段和现用的方法是一样的。首先,建立弹性飞机模型,当它与飞行控制系统模型组合后,就可以给出显示随频率变化的最大开环增益包线图。当实际地面测试数据可用时,就可对该图进行修正。就目前的设计方法而言,假定所有的信号通道是同相位的。该设计过程的下一阶段是设计合适的结构模态滤波器,以满足－1dB的最大开环增益要求。

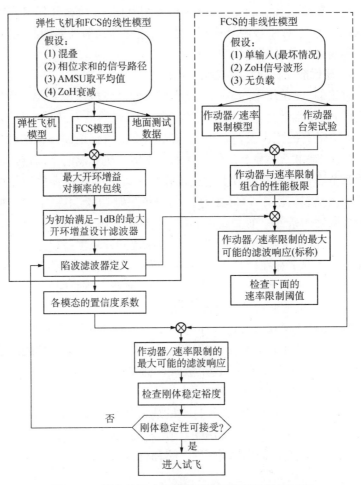

图7.27　提出的气动伺服弹性设计与放飞许可过程

与此并行,由建模和实际硬件的台架试验可得到作动系统的性能限制。一旦得到这些,便可将其与系统内的其他部件模型组合。假设系统模型是正确的,由此就可得到最大滤波器-系统响应的技术参数。经检查,如果这个阶段一切都是良好的,并且速率限制器的结构反馈信号的振幅是在这些条件下计算出的,则应该不会超过限速值。

设计过程的下一个阶段是考察在系统建模中任意误差的影响。这可以用增益的总增量或每个结构模态增益的更具体的增量来表示。例如,可以认为系统模型误差可用某个因式表示。或者,根据地面试验或可能的飞行试验中得到的结果,得到特定结构模态更为可信的增益。一旦获得这样的误差模型,就可用来预测最大可能的滤波器系统响应。因此,该包线将允许对系统内可能存在的任意极限环的振幅进行预测。假设情况就是如此,极限环对刚体飞机性能的影响可以通过考察它对作动器性能的影响来评估。

如果发现预测的极限环都不会引起不满意的刚体响应,那么就可以安全地进行试飞。或者,如果发现某个特定的极限环有可能引起不满意的刚体响应,则应对结构模态滤波器进行相应的补偿。

虽然存在建模误差,就有可能存在潜在的极限环,但不能确定它们一定会发生。本章前节关于极限环准则的讨论已经强调为了防止极限环出现,需要有正确的相位响应。实际上各控制通道的相位肯定不会像假设的那样同相,将以上要求与这一事实相结合,表明了飞行中极限环的产生是不可能的。图 7.28 将极限环实际产生的条件突出地显示出来。

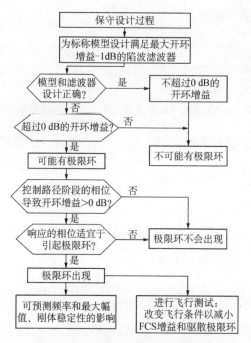

图 7.28　极限环振荡的条件与含义

下节将用一个典型的飞机系统模型来说明该替代设计程序。

7.4.1.5 模拟飞机系统的替代放飞许可程序的演示

1）结构模态滤波器的设计

为了用替代设计方法来设计适宜的结构模态滤波器，与当前设计方法一样，必须建立一个飞机系统模型。为了防止极限环条件的产生，如前面讨论的，必须充分保证该系统的开环增益小于1。为了实现这点，设计滤波器可以在FCS的反馈通道内实现。虽然，这与当前设计方法是一致的，但重要的是要注意，在这种情况下，所设计的滤波器给出−1 dB的最大开环增益。这与当前设计方法要得到−9 dB的最大开环增益不同。

由之前的飞机模型在所有飞行条件下所产生的最大开环增益，可得到结构模态滤波器的衰减规范，如图7.29所示。

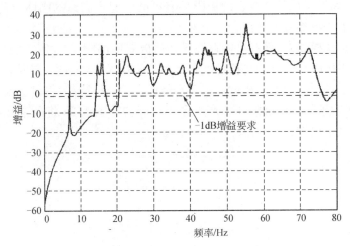

图 7.29 全弹性飞机系统模型的最大开环模态响应包线

只要设计适合的结构模态滤波器以满足图7.29中定义的衰减要求，所得滤波器为

$$G_{\text{sf1}}(s) = \frac{s^2 + 0.90s + 2018}{s^2 + 2.7s + 1968} \tag{7.31}$$

$$G_{\text{sf2}}(s) = \frac{s^2 + 1.62s + 10250}{s^2 + 2s + 9990} \tag{7.32}$$

$$G_{\text{sf3}}(s) = \frac{s^2 + 1.49s + 8636}{s^2 + 7s + 8420} \tag{7.33}$$

$$G_{\text{sf4}}(s) = \frac{0.1648(s^2 + 5.3854s + 113290)(s^2 + 2.2307s + 19437)}{(s^2 + 274s + 29821)(s^2 + 50s + 13131)} \tag{7.34}$$

式中：$G_{\text{sf1}}(s)$ 是中心频率为 7.15 Hz 的陷波滤波器；$G_{\text{sf2}}(s)$ 是中心频率为 16.1 Hz 的陷波滤波器；$G_{\text{sf3}}(s)$ 是中心频率为 14.8 Hz 的陷波滤波器；$G_{\text{sf4}}(s)$ 是一个低通滤波器，用于衰减高频模态。

应用这些滤波器到如图7.29所示的系统，可得到滤波后系统的最大开环增益，如图 7.30 所示。

图 7.30 表明所要求的衰减水平已经实现，使系统的最大开环增益小于－1 dB。结果表明，包含这样滤波器的飞机系统将确保不会出现极限环条件。

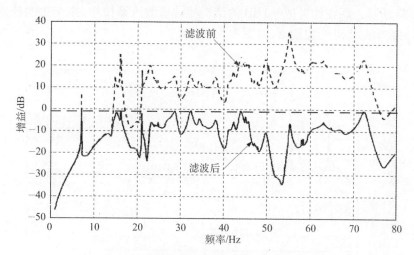

图 7.30　滤波后飞机系统的最大开环增益

作为采用这些滤波器后相位延迟显著减小的示例，－1 dB 滤波器在 3 Hz 频率处的相位延迟为－18.0°。这与－9 dB 滤波器在同样频率处的－32.4°的相位延迟相比要好很多。可以看到对结构模态应用－1 dB 的放飞许可要求可以获得明显的收益。然而，取得这些收益是以损失系统对建模误差的鲁棒性为代价的。

－1 dB 滤波器防止极限环条件的能力依赖于被准确建模的实际飞机的响应。系统增益超过图 7.29 所示的任何增量都可能导致滤波器系统的开环增益超过 0 dB，这随之就会引起极限环条件。因此，评估这种情况对刚体控制会产生怎样的影响是非常重要的。

预测系统建模误差可能产生后果的能力对替代放飞许可程序是至关重要的。对于线性系统而言，必须假设开环增益大于 0 dB 的一个结构模态会在闭环系统中会产生一个无界的结构振荡。系统的非线性本质允许预测产生任何的极限环及其影响，允许我们有把握降低结构模态的放飞许可要求。

应当注意到，即使开环系统的增益超过 0 dB，并不意味着一定存在极限环。正如前面所讨论的，极限环的存在同时受到幅值和相位的支配。随之的结果是，如果增益大于 0 dB，极限环只有在系统的相位响应恰当的时候才会发生。从奈奎斯特图上来看，即使线性部分的响应可能超出单位圆，在相应的频率上它仍然可以不与速率限制器的描述函数轨线相交。

2) 存在系统建模误差时的极限环预测

前节的结果说明，如何预测系统中任何可能的极限环的最大振幅。这种情况下，如果系统增益与建模时一致，由于有正确设计的结构模态滤波器，就不会产生极限环。

　　然而,当有建模误差时,可以预测任一极限环的振幅,并可以评估其对刚体控制的影响。

　　考虑标称系统模型,其反馈回路里没有结构模态滤波器。所产生的任一极限环振荡的最大振幅都可以如 7.3 节所述的那样进行预测。由此所得的最大振幅包线如图 7.25 所示。现在如果把一1dB 的结构滤波器装入系统中,则产生的任何极限环的最大振幅都将可能被预测,如图 7.31 所示。

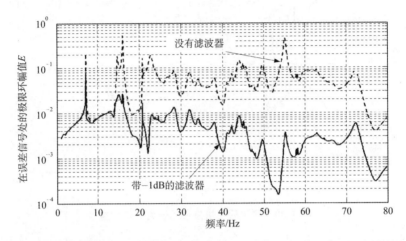

图 7.31　标称模型在误差信号处的最大极限环幅值(虚线)及使用一1dB 滤波器的结果(实线)

　　在标称模型的情况下得到的包线纯粹是一个学术性练习。实际上,当系统增益与建模一致时,则一1dB 滤波器将制止极限环的出现。然而,生成标称模型的最大振幅包线允许快速评估建模误差的影响。

　　例如,假设系统开环增益的误差因子是 2。由图 7.31,可以很容易得到任一可能的极限环振幅。所得振幅包线如图 7.32 所示。

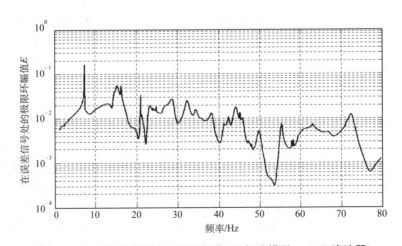

图 7.32　误差信号的最大极限环幅值(2^* 标称模型,一1dB 滤波器)

虽然系统模型存在这样程度的误差,出现极限环的唯一可能仍然是系统的开环增益超过 0 dB。

这个系统的开环增益响应如图 7.33 所示,可以从图中辨识出在哪些频率上,在开环增益大于 0 dB,可能发生极限环。将这些结果合并到最大极限环振幅规范,就可以预测当系统增益是标称模型的两倍时,可能的极限环频率和振幅。该预测如图 7.34 所示。

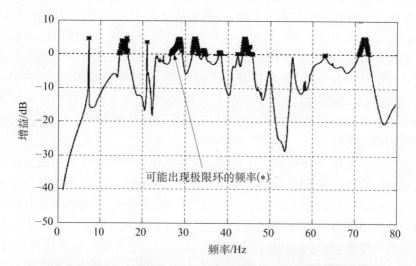

图 7.33　带有 2* 标称增益及−1 dB 滤波器的系统的最大开环增益

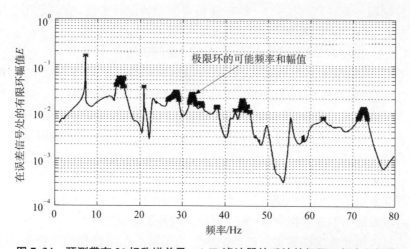

图 7.34　预测带有 2* 标称增益及−1 dB 滤波器的系统的极限环频率和幅值

可见,在给定一个特定水平的系统建模误差时,可以预测系统中可能存在的极限环的频率和振幅。在本例中,误差被选择为结构模态开环增益的两倍。

重要的是若有这种极限环条件,要能够评估它对已令人满意的飞机刚体控制的影响。如果能够表明仍可保持令人满意的刚体控制，则可以按照设计来应用−1 dB滤波器。用这方法，可以探究系统模型存在较大误差的条件，以此来确保系统的安全性。

7.4.2　刚体的主动控制及结构模态稳定

如本章已阐明的，刚体 FCS、非定常空气动力学和机体结构动力学通过 FCS 的传感器、控制律和气动操纵面之间存在着十分重要的相互作用。这一气动伺服弹性现象表明系统可能存在闭环不稳定性，常规做法是在 FCS 中加入陷波器进行预防，形成一种被动的结构模态控制系统。这种被动的方法衰减了操纵面作动指令的模态反馈的作用，可以预料由于引入了相位延迟，附加的 FCS 滤波器会降低刚体飞机的稳定性。虽然该方法现在仍被成功地应用，但由于现代飞机设计趋于有更大的不稳定性、更高的 FCS 增益以及更复杂的武器系统，目前已面临设计难度和成本增大的局面。另一种解决方法是拓展目前的气动操纵面的使用来抑制结构振动，形成一种主动结构模态控制。

最新的一项报告[17]研究了一种可同时控制刚体动力学及结构振动的渐近伪微分反馈（PDF）结构。在单输入单输出（SISO）PDF 控制[26]中，一种伪微分形式代替了众所周知的比例加积分（P+I）结构的误差驱动的比例项，航向通道中只留下积分项。通过分析以及与 P+I 控制器比较，费伦指出 PDF 控制降低了驱动系统的作动器指令的峰值要求，更易于适应非线性饱和情况。基于鲁棒动态逆估计（RIDE）的内环补偿[26]，SISO PDF 方法已经被推广到多输入多输出（MIMO）的一般形式。然而，研究表明 RIDE 控制与主动结构振动控制系统互不兼容，从而促进了渐近PDF[17]控制器的发展，它提供了一种直观和多变量的设计方法，能满足用于刚体和结构模态的一组需求准则。

7.4.2.1　敏捷战斗机（ACA）——设计准则案例研究

为说明控制器设计方法的有效性，所介绍的案例是一个开环不稳定、一般的敏捷战斗机（ACA），会产生典型的结构控制问题。该 ACA 是一种带有后缘内侧和外侧升降副翼的鸭式三角翼布局，带有机身安装的鸭翼翼面，用于对称轴控制。

文献[27]提出了一组同时进行刚体飞机和主动结构振动控制的时域和频域设计准则，以及已确定的刚体稳定性和操纵品质的要求，和保守的气动弹性稳定裕度要求[10]。它们是：

在尼克尔斯图上相对 6 dB/35°的封闭边界的刚体稳定性进行评估。

在时域跟踪俯仰速率指令，产生一个积分俯仰姿态响应[27]。

只通过内侧和外侧襟翼实现机动配平。为了减小在所选择的飞行条件下的配平阻力，稳态鸭翼偏转应该为零。

主动控制策略的性能是通过增加结构阻尼来减小机身疲劳来衡量[28, 29]。尼科尔斯稳定性判据拓展应用到受控的结构模态，并且对这些模态之外的频率，使用常规的气动弹性增益裕度。

7.4.2.2　对象及控制律描述

不失一般性，开环系统动力学和输入、输出及附加的测量向量总是可以各自被分解成一组一阶模态[30]：

$$\begin{bmatrix} \dot{x}_1(t) \\ \dot{x}_2(t) \\ \dot{x}_3(t) \end{bmatrix} = \begin{bmatrix} \mathbf{0} & \mathbf{0} & \mathbf{I}_m \\ \mathbf{A}_{21} & \mathbf{A}_{22} & \mathbf{A}_{23} \\ \mathbf{A}_{31} & \mathbf{A}_{32} & \mathbf{A}_{33} \end{bmatrix} \begin{bmatrix} x_1(t) \\ x_2(t) \\ x_3(t) \end{bmatrix} + \begin{bmatrix} \mathbf{0} \\ \mathbf{0} \\ \mathbf{B}_3 \end{bmatrix} u(t) \tag{7.35}$$

$$y(t) = \begin{bmatrix} C_1 & \mathbf{0} & C_3 \end{bmatrix} \begin{bmatrix} x_1(t) & x_2(t) & x_3(t) \end{bmatrix}^{\mathrm{T}} \tag{7.36}$$

$$m(t) = \begin{bmatrix} M_1 & M_2 & M_3 \end{bmatrix} \begin{bmatrix} x_1(t) & x_2(t) & x_3(t) \end{bmatrix}^{\mathrm{T}} \tag{7.37}$$

并有

$$w(t) = \begin{bmatrix} F_1 & F_2 & F_3 \end{bmatrix} \begin{bmatrix} x_1(t) & x_2(t) & x_3(t) \end{bmatrix}^{\mathrm{T}} \tag{7.38}$$

其中：

$x_1(t) \in \Re^m$, $x_2(t) \in \Re^{n-2m}$, $x_3(t) \in \Re^m$, $A_{21} \in \Re^{(n-2m)\times m}$,
$A_{22} \in \Re^{(n-2m)\times(n-2m)}$, $A_{23} \in \Re^{(n-2m)\times m}$, $A_{31} \in \Re^{m\times n}$, $A_{32} \in \Re^{m\times(n-2m)}$,
$A_{33} \in \Re^{m\times m}$, $B_3 \in \Re^{m\times m}$, $\mathrm{rank}\,B_3 = m$（即可逆）, $C_1 \in \Re^{m\times m}$, $C_3 \in \Re^{m\times m}$,
$M_1 \in \Re^{m\times m}$, $M_2 \in \Re^{m\times(n-2m)}$, $M_3 \in \Re^{m\times m}$, $F_1 \in \Re^{m\times m}$, $F_2 \in \Re^{m\times(n-2m)}$,
$F_3 \in \Re^{m\times m}$,

$u(t) \in \Re^m$ 为输入向量，

$y(t) \in \Re^m$ 为输出向量，

$m(t) \in \Re^m$ 为附加测量向量，

$w(t) \in \Re^m$ 为反馈向量，

且 $\mathrm{rank}\,F_3 B_3 = m$。

定义渐近 PDF 控制律为

$$u(t) = g(K_i z_e(t) - K_p w(t)) + K_v f(t) \tag{7.39}$$

式中：$g \in \Re^+$, $K_i(t) \in \Re^{m\times m}$, $K_p(t) \in \Re^{m\times m}$,

定义前馈项为

$$\begin{bmatrix} \dot{f}_1(t) \\ \dot{f}_2(t) \end{bmatrix} = \begin{bmatrix} \mathbf{0}_m & \mathbf{I}_m \\ -\mathbf{\Omega}^2 & -2\mathbf{\Phi}\mathbf{\Omega} \end{bmatrix} \begin{bmatrix} f_1(t) \\ f_2(t) \end{bmatrix} + \begin{bmatrix} \mathbf{0} \\ \mathbf{\Omega}^2 \end{bmatrix} v(t) \tag{7.40}$$

$$f(t) = \begin{bmatrix} \mathbf{I}_m & \mathbf{0}_m \end{bmatrix} \begin{bmatrix} f_1(t) & f_2(t) \end{bmatrix}^{\mathrm{T}} \tag{7.41}$$

并且引入附加的误差积分作用的状态关系：

$$\dot{Z}_e(t) = v(t) - w(t) \tag{7.42}$$

进一步，如果系统附加测量向量 $\boldsymbol{m}(t)$ 按如下方式排列：

$$
\begin{bmatrix} \boldsymbol{M}_1 & \boldsymbol{M}_2 & \boldsymbol{M}_3 \end{bmatrix} = \boldsymbol{R} \begin{bmatrix} \boldsymbol{0} & \boldsymbol{0} & \boldsymbol{I}_m \\ \boldsymbol{A}_{21} & \boldsymbol{A}_{22} & \boldsymbol{A}_{23} \end{bmatrix} \tag{7.43}
$$

其中：

$$
\boldsymbol{R} + \mathrm{diag}\{r_1, r_2, \cdots, r_m\} \quad \boldsymbol{0}_{m \times (n-2m)} \tag{7.44}
$$

此时，根据式(7.36)、式(7.37)及式(7.43)有

$$
\begin{bmatrix} \boldsymbol{F}_1 & \boldsymbol{F}_2 & \boldsymbol{F}_3 \end{bmatrix} = \begin{bmatrix} \boldsymbol{C}_1 & 0 & (\boldsymbol{C}_3 + \mathrm{diag}\{r_1, r_2, \cdots, r_m\}) \end{bmatrix} \tag{7.45}
$$

此外，在闭环系统稳定的充分必要条件下应用方程(7.35)，则其稳态关系为

$$
\lim_{t \to \infty} \begin{bmatrix} \boldsymbol{0} & \boldsymbol{0} & \boldsymbol{I}_m \\ \boldsymbol{A}_{21} & \boldsymbol{A}_{22} & \boldsymbol{A}_{23} \end{bmatrix} \begin{bmatrix} \boldsymbol{x}_1(t) \\ \boldsymbol{x}_2(t) \\ \boldsymbol{x}_3(t) \end{bmatrix} = \begin{bmatrix} \boldsymbol{0} \\ \boldsymbol{0} \end{bmatrix} \tag{7.46}
$$

是渐近逼近的，则由式(7.37)、式(7.43)和式(7.46)易见，附加测量满足下面的必要条件：

$$
\lim_{t \to \infty}(\boldsymbol{w}(t)) = \lim_{t \to \infty}(\boldsymbol{y}(t) + \boldsymbol{m}(t)) = \boldsymbol{y}(t) \tag{7.47}
$$

合并式(7.42)与式(7.47)，使用式(7.39)的控制律，在下式意义上的稳态跟踪将是令人满意的。

$$
\lim_{t \to \infty}(\boldsymbol{v}(t) - \boldsymbol{y}(t)) = \boldsymbol{0} \tag{7.48}
$$

7.4.2.3　闭环系统的渐近分析

合并方程(7.35)到方程(7.42)所得到的闭环方程组不是块对角形式。因此，无法实现一般控制问题所要求的多变量系统解耦，并且也难以推出该系统的特征。忽略方程(7.39)中前馈项对闭环特征值的作用，可以将该闭环系统划分为不同的无限及有限特征值组，它们符合快模态和慢模态的块对角化的形式[31]。因此，随着标量增益参数 g 趋于无穷大，忽略高阶项，渐近闭环结构呈现出块对角化形式为

$$
\begin{bmatrix} \dot{Z}_{n_s}(t) \\ \dot{Z}_{n_f}(t) \end{bmatrix} = \begin{bmatrix} -\boldsymbol{K}_{\mathrm{P}}^{-1}\boldsymbol{K}_{\mathrm{i}} & \boldsymbol{0} & \boldsymbol{0} & \boldsymbol{0} \\ \boldsymbol{F}_3^{-1}\boldsymbol{K}_{\mathrm{P}}^{-1}\boldsymbol{K}_{\mathrm{i}} & -\boldsymbol{F}_3^{-1}\boldsymbol{K}_1 & \boldsymbol{0} & \boldsymbol{0} \\ \boldsymbol{A}_{23}\boldsymbol{F}_3^{-1}\boldsymbol{K}_{\mathrm{P}}^{-1}\boldsymbol{K}_{\mathrm{i}} & \boldsymbol{A}_{21} - \boldsymbol{A}_{23}\boldsymbol{F}_3^{-1}\boldsymbol{F}_1 & \boldsymbol{A}_{22} & \boldsymbol{0} \\ \hline \boldsymbol{0} & \boldsymbol{0} & \boldsymbol{0} & -g\boldsymbol{B}_3\boldsymbol{K}_{\mathrm{P}}\boldsymbol{F}_3 \end{bmatrix} \times
$$

$$
\begin{bmatrix} Z_{n_s}(t) \\ Z_{n_f}(t) \end{bmatrix} + \begin{bmatrix} \boldsymbol{I}_m \\ \boldsymbol{0} \\ \boldsymbol{0} \\ -\boldsymbol{F}_3^{-1}\boldsymbol{K}_{\mathrm{P}}^{-1}\boldsymbol{K}_{\mathrm{i}} \end{bmatrix} v(t) \tag{7.49}
$$

且

$$y(t) = \begin{bmatrix} C_3 F_3^{-1} K_P^{-1} K_i & C_1 - C_3 F_3^{-1} F_1 & 0 & \vdots & C_3 \end{bmatrix} \begin{bmatrix} Z_{n_s}(t) \\ Z_{n_f}(t) \end{bmatrix} \quad (7.50)$$

其中,闭环状态 $Z_{n_s}(t)$ 和 $Z_{n_f}(t)$ 分别与渐近慢模态和渐近快模态相关联[17, 31]。由方程(7.49)显而易见,慢模态组 p_1 由 $p_1 = z_1 \bigcup z_2 \bigcup z_3$ 给出,其中:

$$z_1 = \{s \in C : sI_m + K_P^{-1} K_i = 0\} \quad (7.51)$$

$$z_2 = \{s \in C : sI_m + F_3^{-1} F_1 = 0\} \quad (7.52)$$

且

$$z_3 = \{s \in C : sI_{n-2m} - A_{22} = 0\} \quad (7.53)$$

同理,"快"模态组为 p_2,由 $p_2 = z_4$ 给出,其中:

$$z_4 = \{s \in C : sI_m + gB_3 K_P F_3 = 0\} \quad (7.54)$$

从上述的系统定义,显而易见闭环极点 z_2 将始终是稳定且解耦的,极点 z_3 将趋近控制输入向量 $u(t)$ 到系统输出 $y(t)$ 的传输零点的集合。因此,如果满足 $p_1 \bigcup p_2 \subset C^-$,且开环系统为最小相位,则可以保证闭环系统的渐近稳定,其中 C^- 代表开环左半复平面。因此,由式(7.51)和式(7.54),闭环稳定性及多变量非交互作用控制可根据定义整理成为:

$$K_P = (F_3 B_3)^{-1} \Sigma \quad (7.55)$$

$$K_i = K_P \Xi \quad (7.56)$$

式中:

$$\Sigma = \mathrm{diag}\{\sigma_1, \sigma_2, \cdots, \sigma_m\}, \sigma_i \in \Re^+ \quad (7.57)$$

$$\Xi = \mathrm{diag}\{\rho_1, \rho_2, \cdots, \rho_m\}, \rho_i \in \Re^+ \quad (7.58)$$

由式(7.55)及式(7.56)给出的反馈增益定义与之前介绍的解耦法[33]、高增益控制[33-35]与 RIDE 控制[26]是一致的,而这些方法和控制都建立了良好的指令跟踪和干扰抑制的条件。

当 $g \to \infty$ 时,快、慢模态分离,且式(7.49)和式(7.50)合成的块对角结构产生出由下式描述的渐近传递函数:

$$\Gamma_T(s) = \Gamma_{n_s}(s) + \Gamma_{n_f}(s) \quad (7.59)$$

式中:

$$\Gamma_{n_s}(s) = C_3 F_3^{-1} K_P^{-1} K_i (sI_m + K_P^{-1} K_i)^{-1} + (C_1 - C_3 F_3^{-1} F_1)$$
$$(sI_m + F_3^{-1} F_1)^{-1} F_3^{-1} K_P^{-1} K_i (sI_m + K_P^{-1} K_i)^{-1} \quad (7.60)$$

且

$$\boldsymbol{\Gamma}_{n_{\mathrm{f}}}(s) = -\boldsymbol{C}_3 \boldsymbol{F}_3^{-1}(s\boldsymbol{I}_m + g\boldsymbol{F}_3\boldsymbol{B}_3\boldsymbol{K}_{\mathrm{P}})^{-1}\boldsymbol{K}_{\mathrm{P}}^{-1}\boldsymbol{K}_{\mathrm{i}} \tag{7.61}$$

具有一定意义的是,与 z_3 相对应的慢模态渐进地变得不可观和不可控,因此不会出现在跟踪模态方程(7.60)和方程(7.61)中。此外,当 $g \to \infty$ 时,快模态变得越来越小,可以忽略不计,方程(7.59)将可近似为渐近形式:

$$\boldsymbol{\Gamma}_{\mathrm{T}}(s) \approx \boldsymbol{\Gamma}_{n_{\mathrm{s}}}(s), \text{当 } g \to \infty \tag{7.62}$$

7.4.2.4　确定性控制器参数的选择

研究[36]强调了高增益控制系统的奇异摄动分析以及滑模变结构控制[37](VSC)之间的联系。最近完成的这项工作和其他文献的综述[38],强调了应用到具有误差积分的多变量伺服系统时等效控制[39]的作用。已证明,对于由方程(7.35)决定的可控状态空间系统,定义 m 个调节开关平面:

$$\boldsymbol{s}(t) = \begin{bmatrix} \boldsymbol{S}_1 & \boldsymbol{S}_2 & \boldsymbol{S}_3 \end{bmatrix} \begin{bmatrix} \boldsymbol{x}_1(t) & \boldsymbol{x}_2(t) & \boldsymbol{x}_3(t) \end{bmatrix}^{\mathrm{T}} \tag{7.63}$$

式中: $\boldsymbol{S}_1 \in \mathfrak{R}^{m \times m}$, $\boldsymbol{S}_2 \in \mathfrak{R}^{m \times (n-2m)}$ 且 $\boldsymbol{S}_3 \in \mathfrak{R}^{m \times m}$,

然后由滑模条件, $\boldsymbol{s}_i(t)\dot{\boldsymbol{s}}(t) \leqslant \boldsymbol{0}$

在开关平面的邻域,有 $\boldsymbol{s}_i(t) = \dot{\boldsymbol{s}}_i(t) = \boldsymbol{0} \quad i = \{1, 2, \cdots, m\}$

保持滑模的等效控制由下式给出:

$$\boldsymbol{u}_{\mathrm{eq}}(t) = -(\boldsymbol{S}_3\boldsymbol{B}_3)^{-1}\{(\boldsymbol{S}_2\boldsymbol{A}_{21} + \boldsymbol{S}_3\boldsymbol{A}_{31})\boldsymbol{x}_1(t) + (\boldsymbol{S}_2\boldsymbol{A}_{22} + \boldsymbol{S}_3\boldsymbol{A}_{32})\boldsymbol{x}_2(t) +$$
$$(\boldsymbol{S}_1 + \boldsymbol{S}_2\boldsymbol{A}_{23} + \boldsymbol{S}_3\boldsymbol{A}_{33})\boldsymbol{x}_3(t)\} \tag{7.64}$$

滑模描述如下:

$$\dot{\boldsymbol{x}}_1(t) = \left(\begin{bmatrix} \boldsymbol{0} & \boldsymbol{0} \\ \boldsymbol{A}_{21} & \boldsymbol{A}_{22} \end{bmatrix} - \begin{bmatrix} \boldsymbol{I}_m \\ \boldsymbol{A}_{23} \end{bmatrix} \boldsymbol{S}_3^{-1} \begin{bmatrix} \boldsymbol{S}_1 & \boldsymbol{S}_2 \end{bmatrix} \right) \boldsymbol{x}_1(t) \tag{7.65}$$

也就是说,方程(7.63)给出的开关调节器的滑模极点是由 $(\boldsymbol{A}, \boldsymbol{B}, \boldsymbol{S})$ 三元所构成系统矩阵的传输零点。通过对高增益控制律的检查,滑模条件可以推广到渐近PDF。由式(7.39)和式(7.42),并假设满足反馈及跟踪条件,式(7.47)和式(7.48),由于渐近PDF控制器的慢模态[由方程(7.50)描述]与滑模方程(7.65)相同,则稳态控制输入向量为

$$\boldsymbol{u}(t)_{t \to \infty} = g\boldsymbol{K}_{\mathrm{i}} \int_0^\infty (\boldsymbol{v}(t) - \boldsymbol{y}(t))\mathrm{d}t - g\boldsymbol{K}_{\mathrm{P}}\boldsymbol{v}(t) + \boldsymbol{K}_{\mathrm{v}}\boldsymbol{V}(t) \tag{7.66}$$
$$= \boldsymbol{u}_{\mathrm{eq}}(t)_{t \to \infty}$$

可惜,无法给出方程(7.64)和方程(7.66)中的等价控制的无限时间解。然而,在忽略这种作用后,通过估计解耦前馈补偿,可以满足俯仰姿态跟踪准则:

$$\hat{\boldsymbol{K}}_{\mathrm{v}} = g(\boldsymbol{F}_3\boldsymbol{B}_3)^{-1}\boldsymbol{\Sigma} \tag{7.67}$$

另外,附加的前馈自然频率和阻尼的对角整定矩阵由文献[18]给出:

$$\boldsymbol{\Omega} = \mathrm{diag}\{\omega_1,\ \omega_2,\ \cdots,\ \omega_m\},\ \omega_i \in \mathfrak{R}^+ \tag{7.68}$$

且

$$\boldsymbol{\Phi} = \mathrm{diag}\{\zeta_1,\ \zeta_2,\ \cdots,\ \zeta_m\},\ \zeta_i \in \mathfrak{R}^+ \tag{7.69}$$

因此,由式(7.66)及式(7.67),积分器状态可以估计理想的等价控制,俯仰姿态误差由下式给出:

$$\int_0^\infty (\boldsymbol{v}(t) - \boldsymbol{y}(t)) \mathrm{d}t = g^{-1} \boldsymbol{K}_i^{-1} \boldsymbol{u}_{eq}(t)_{t\to\infty} \tag{7.70}$$

当 $g \to \infty$ 时,该误差将变得越来越小,以致可以忽略不计。

7.4.2.5 气动弹性模型描述

众所周知,机身结构动力学和非定常空气动力学效应可以用颤振方程的形式来表示:

$$\overline{\boldsymbol{A}}\ddot{\boldsymbol{q}}(t) + (\overline{\boldsymbol{D}} + \sigma \boldsymbol{V}\overline{\boldsymbol{B}})\dot{\boldsymbol{q}}(t) + (\overline{\boldsymbol{E}} + \sigma V^2 \overline{\boldsymbol{C}})\boldsymbol{q}(t) = \overline{\boldsymbol{F}}\boldsymbol{u}(t) \tag{7.71}$$

并定义输出测量是状态变量的速率及位移的函数:

$$\boldsymbol{y}(t) = \overline{\boldsymbol{M}}_1 \dot{\boldsymbol{q}}(t) + \overline{\boldsymbol{M}}_2 \boldsymbol{q}(t) \tag{7.72}$$

其中, $\boldsymbol{q}(t) \in \mathfrak{R}^n$ 是广义的结构模态和刚体状态向量, $\boldsymbol{u}(t) \in \mathfrak{R}^m$ 是操纵面偏转向量, σ 是空气相对密度 ρ/ρ_{s1}, V_T 是真空速,单位 ms^{-1}; $\overline{\boldsymbol{A}} \in \mathfrak{R}^{n\times n}$, $\overline{\boldsymbol{D}} \in \mathfrak{R}^{n\times n}$ 及 $\overline{\boldsymbol{E}} \in \mathfrak{R}^{n\times n}$ 分别为结构惯量、阻尼和刚度矩阵, $\overline{\boldsymbol{B}} \in \mathfrak{R}^{n\times n}$, $\overline{\boldsymbol{C}} \in \mathfrak{R}^{n\times n}$,分别是空气动力学阻尼和刚度矩阵, $\overline{\boldsymbol{F}} \in \mathfrak{R}^{n\times m}$ 为输入矩阵, $\overline{\boldsymbol{M}}_1 \in \mathfrak{R}^{m\times n}$ 和 $\overline{\boldsymbol{M}}_2 \in \mathfrak{R}^{m\times n}$ 是输出矩阵。基于初等矩阵代数,将式(7.71)和式(7.72)转换为式(7.35)和式(7.36)的状态空间形式,经整理系统动态的运动学关系仅用 $\boldsymbol{x}_1(t)$ 表示位移向量,用 $\boldsymbol{x}_3(t)$ 表示位移的速率。

选择结构的位移速率作反馈控制是适当的,它可提高结构阻尼。因此,仅由刚体速率和结构模态输出就可以产生一阶渐近特性,并省去额外测量的自由度。在这些条件下,结合控制器定义[见式(7.55)～式(7.58)]渐近解耦跟踪传递函数变为

$$\Gamma_T(s) \approx \mathrm{diag}\left\{\frac{\rho_1}{s+\rho_1},\ \frac{\rho_2}{s+\rho_2},\ \cdots,\ \frac{\rho_m}{s+\rho_m}\right\} \tag{7.73}$$

7.4.2.6 控制器参数整定的影响

业已发现一种最直观的方法,来选择适当的整定参数 σ_i, ρ_i, μ_i, ω_i 及 $\zeta_i (i=1, 2, \cdots, m)$,使其与闭环系统的参考刚体响应相匹配,其主导特征值由三元组给出:

$$\begin{cases} p_1 = -x_1 \\ p_2 = -x_2 \pm \mathrm{j} y_2 \end{cases} \tag{7.74}$$

同时为满足主动结构振动要求,具有物理可实现的操纵面指令,需要考虑下列

条件：

(1) 闭环快模态不出现在渐近跟踪传递函数中，但是必须定义为能充分地从慢模态中分离出来，从而满足块对角化的条件。然而，高带宽的快模态会引起显著的结构动态激励，并导致较大的暂态解耦操纵面指令。此外，与变结构控制相比较，发现高带宽的快模态调节器将快速估计[36]解耦等效控制向量，这将导致违反对高频裕度的约束。

(2) 闭环慢模态是构成渐近传递函数的基础，根据方程(7.74)中的期望闭环极点 p_1 可以适当定义刚体慢模态。所有一阶渐近闭环受控模态将满足用于结构模态的阻尼设计准则，这就使得结构慢模态的选择是自由的。然而，应该指出，方程(7.70)积分器的状态，将同样适用于结构指令的积分以及由其导出的刚体项。由于结构的速率指令总为零，它遵循着在相对高的积分增益条件下结构位移将被约束。这可以被认为是有效地控制着结构刚度，或是从刚体机动中解耦，而我们知道刚体机动会产生大的操纵面需求。

(3) 前馈补偿被用来满足积分俯仰姿态的设计准则，并且成形闭环刚体瞬态响应。相应的前馈稳态增益由方程(7.67)定义，与所定义的对角化二阶动态系统方程一起，来匹配式(7.74)给出的主导复极点 p_2。请注意，不需要结构前馈项，因为不存在任何相应的跟踪指令。

7.4.2.7　刚体和结构模态双控制

多变量渐近 PDF 主动结构模态控制的前述结果，如应用于那些明显不符合目前的设计假设和准则的模型，会产生：

(1) 与被动结构模态控制相比需要大幅度增长操纵面速率和位置指令，更值得注意的是需要不恰当的稳态操纵面配平偏度。

(2) 计算出无法接受的高频回路增益，引起严重的背离高频增益裕度要求。

增大操纵面指令与违反高频气动弹性增益裕度的要求，在多变量解耦等价控制矢量的快速估计条件下，是高带宽快模态的直接后果。更一般地，完全消除由高 g 机动引起的静态结构变形，可以认为是通过气动操纵面有效地增加了结构刚度，这就需要由不可接受的操纵面偏转来实现机动配平。因此，结构刚度的主动控制不是此处考虑的控制系统的实际目标；不应企图使用多变量操纵面指令来从结构响应中完全解耦刚体机动载荷。然而，应当指出，对于改善乘坐舒适性和操纵品质，依然需要将刚体响应从结构响应中充分解耦。

从结构响应中解耦的刚体响应能够通过加入两个独立的 PDF 控制系统来控制，而不是完全的多变量控制，利用刚体和结构模态的频率分离来尽量减少混叠的交叉耦合效应。双控制器结构框图如图 7.35 所示，其中下标 s 或 r 分别对应于结构或刚体部分。双 PDF FCS 的两部分分别由前述的理论推导来描述，并且一套完整的控制器整定参数是由刚体标量 g_r、Σ_r、Ξ_P、Ω_r 和 Φ_r，结构标量增益 g_s，以及 $m \times m$ 结构矩阵量 $\boldsymbol{\Sigma}_s$ 和 $\boldsymbol{\Xi}_s$ 来定义的。

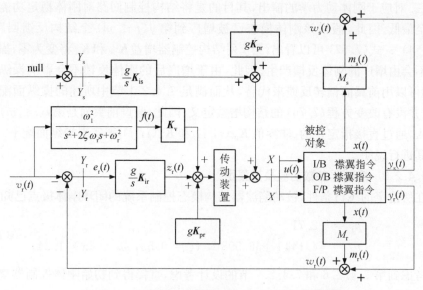

图 7.35 双刚体与结构模态控制渐近 PDF FCS 框图

双控制系统可能会造成来自刚体或者结构模态的混叠分量的操纵面指令冲突或由哪一个主导的问题。在极端情况下,刚体模态分量会产生良好的刚体模态跟踪和解耦,其代价是结构控制无效;结构模态分量将改善结构控制,却以排斥飞行员的指令为代价。结合之前限制结构模态解耦的要求,结构控制器增益被严格限制,从而防止渐近控制器结构的形成,和确保不会实现结构等价控制向量的渐近估计。

图 7.35 所示的飞机的多操纵面和 FCS 的双重结构允许同时控制 3 个刚体及 3 个结构模态,但不能解耦。由于在所考虑的飞行条件下,只指令一个刚体机动轴,必须使反馈信号传递到 3 个可用的飞机操纵面。在本例中,为简单起见,选择了单位传动比。对于一般的情况,可以参考操纵面权限以及对系统传函零点的影响来选择传动比。因此,刚体的输出定义为

$$y_r(t) = \dot{\theta}(t) \tag{7.75}$$

为了构成输入输出具有相同数量的正方系统,应当选择 3 个主动控制的结构模态。对选择结构模态测量的实际考虑[17]得出的结论是只有低频结构模态适合进行主动控制。然而,前 3 个结构模态形成一个非最小相位系统,并因此与渐近 PDF 控制不相容。良好的多变量解耦可以通过采用前两个结构模态,再增广刚体跟踪模态来定义的控制器反馈来实现。因此,这个定义对于双控制系统的结构部分是适宜的,有利于将结构运动从刚体响应中解耦出来。增广的结构输出向量定义如下:

$$\boldsymbol{y}_s(t) = \begin{bmatrix} WBl(t) & FuBl(t) & \dot{\theta}(t) \end{bmatrix} \tag{7.76}$$

当使用组合的结构模态和刚体反馈向量时,必须要定义整定参数元素的零值,

Σ_s 和 Ξ_s 对应于刚体动力学的输出,其目的是将结构控制回路对刚体稳定功能的影响降至最低。因此,假设该刚体模态已被增广到第 $j(j \leqslant m)$ 个结构反馈回路,由式(7.54)~式(7.57)可以看出,第 j 列结构控制器增益 $\boldsymbol{K}_{ps}$ 和 $\boldsymbol{K}_{is}$ 将变为零;操纵面指令不会由增广的刚体反馈产生。因此,由于增广后的刚体反馈不会影响操纵面指令,则可以用前翼面偏转反馈来代替,从而满足 7.4.2.1 节中所述的操纵面配平需求,但并没有改变方程(7.76)的结构增益定义。因此,假设前翼面是第 $i(i \leqslant m)$ 个对象输入,通过直接指定正的、非零值 $\boldsymbol{K}_{ps}(i, j)$ 和 $\boldsymbol{K}_{is}(i, j)$ 来实现操纵面配平。现在将对其进行说明。

7.4.2.8 控制器参数初值及其整定

在所选定的飞行条件,被动陷波器结构模态控制系统的闭环刚体极点已知为:

$$\begin{cases} p_1 = -2.71 \\ p_2 = -4.1441 \pm j6.5980, (\zeta = 0.53, \omega_n = 2\pi \times 1.24) \end{cases} \tag{7.77}$$

考虑到第 7.4.2.6 和 7.4.2.7 节的设计考虑,直接得到初始刚体控制器整定参数为

$$\begin{cases} g_r = 100.0, \Sigma_r = 1.0, \Xi_r = 2.71 \\ \Omega_r = 2\pi \times 1.24, \Phi_r = 0.53 \end{cases} \tag{7.78}$$

通过前面直观的控制器整定机制(见 7.2.4.6 节)和对所得的闭环结构的检验,可以定义结构阻尼的整定参数,完全消除弱阻尼结构振荡;只留下所要求的来自刚体机动的低频耦合。考虑到高频增益裕度限制,最终的结构整定参数为

$$\begin{cases} g_s = 1.0, \boldsymbol{\Sigma}_s = \text{diag}\{60.0, 50.0, 0\} \\ \boldsymbol{\Xi}_s = \text{diag}\{0.001, 0.001, 0\} \end{cases} \tag{7.79}$$

加上前翼操纵面配平反馈,最终的刚体和结构控制器增益为

$$\boldsymbol{K}_{pr} = 0.048, \boldsymbol{K}_{ps} = 10^{-1} \times \begin{bmatrix} 5.93 & -2.20 & 0 \\ 9.36 & -4.40 & 0 \\ -5.64 & -52.0 & 0.5 \end{bmatrix} \tag{7.80}$$

$$\boldsymbol{K}_{ir} = 0.090, \boldsymbol{K}_{is} = 10^{-5} \times \begin{bmatrix} 5.93 & -2.20 & 0 \\ 9.36 & -4.40 & 0 \\ -5.64 & -52.0 & 10.0 \end{bmatrix} \tag{7.81}$$

需要注意的是,按照上述设计指导,结构刚度参数 Ξ_s 是严格受限制的。

7.4.2.9 瞬态响应分析

具有最终整定参数的刚体和结构模态的瞬态响应如图 7.36 所示。这些结果表明,不仅建立了一个确定的方法来匹配期望的闭环刚体特征值,而且它还可以跟踪期望的俯仰速率响应。重要的是,对于相对小的标量增益 g_r 的刚体响应无法从全

部的渐近结果中区分出来,表明 PDF 快模态迅速变得不重要,而跟踪传函受慢模态主导,像方程(7.62)给出的那样。也可以说,附加的结构反馈并没有降低刚体跟踪响应,结构和刚体控制器组合的频率分离依旧足够给出整定参数的适当选择。

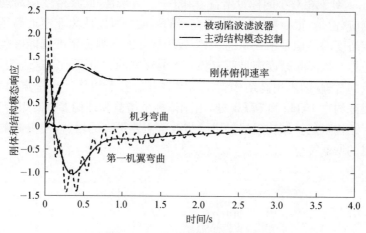

图 7.36 刚体与结构模态瞬态响应

图 7.36 表明,与被动陷波器的结果相比,主动结构控制的有效性是明显的。虽然对第二个结构模态,$FuBl(t)$,闭环性能得到了提高,但对第一个结构模态,$WBl(t)$ 的结果更为明显[26, 27]。与参考的 WBl 响应相比,正向峰值降低了 33%,同时,负向峰值降低了 28%。更重要的是,模态阻尼由 2.1% 增加到 44.9%,这将会显著地降低机体疲劳。

整定后系统的线性操纵面指令与被动陷波滤波器的相应结果一起显示在图 7.37。对结构刚度主动控制限制的重要性在图 7.37 中得到证实,表明稳态操纵面偏度与参考结果相同,包括用于机动配平的前翼面零偏度。

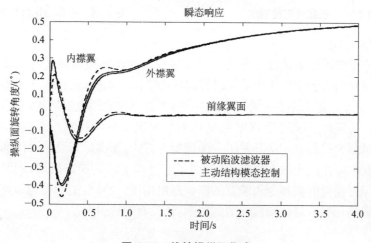

图 7.37 线性操纵面指令

7.4.2.10　稳定裕度分析

使用低频和高频分离区进行稳定性分析[17]，在 $Y_\mathrm{r}Y_\mathrm{r}$（见图 7.35）处计算的低频增益-相位裕度，如图 7.38 所示；在 XX（见图 7.35）处计算的高频增益裕度，如图 7.39 所示。对于相对小的标量增益 g_r 的一个结果是，低频裕度偏离理想的渐近一阶频率响应，但是，很显然，仍给出了充裕的裕度。可以认为非渐近高频结构模态对低频稳定裕度的影响是不重要的，因为较为保守的高频稳定准则能够确保不会接近不稳定边界。该高频裕度满足所有频率上的衰减的分贝要求。这表明，由于控制器整定参数的合理（即不用高结构整定增益）的限制，不用估计高带宽的等价控制。最小增益裕度约在 15 Hz 和 57 Hz 处，由刚体标量增益和结构参数的组合来整定，并最终确定了结构阻尼。结构阻尼的进一步改善需要更高的增益，但更高的增益值会危害高频时的增益裕度。

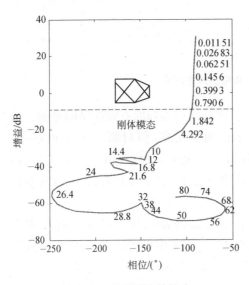

图 7.38　低频稳定性裕度

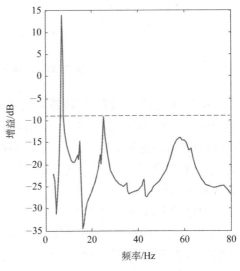

图 7.39　高频稳定性裕度

7.4.2.11　小结

伪微分反馈控制系统设计方法的多变量推广的奇异摄动和块对角化分析已被实施并应用到刚体和结构模态的同时控制任务中。它说明，在作动器动态可以忽略的条件下，对于一定类型的开环对象动力学，即使存在紧耦合的结构模态，仍可以保证渐近闭环稳定性。该渐近 PDF 结构已被用来定义解耦控制器增益矩阵，并以直观的整定机制为控制器定义开发了一种确定性方法，来满足先验性设计准则。

通过在敏捷作战飞机上的应用，证明了它增加了结构模态阻尼，同时对操纵面指令有实际可接受的值和令人满意的高频稳定裕度。然而，主动控制策略对飞机其他系统的影响，例如，对作动器疲劳的影响，还没有进行研究。

7.4.3 弹性飞机模型

已经在验证机项目和欧洲战斗机 2000 的飞行中,证明了迎角与模态响应间的紧密关系,并对刚体和弹性控制-功率效应间的联系提出了解释。虽然已经进行了关于整体非定常气动力随迎角变化的理论和风洞研究[19, 20],但需要将研究扩展到考察控制-功率项,这对结构耦合问题特别重要。

由英国宇航公司赞助的巴斯大学的试验工作[21],一直关注复现在验证机项目中,在风洞测试中观察到的定常和非定常效应,并且负责辨识其流场特征。基于这些数据,进一步的工作首先将着眼于确立定常和非定常控制-功率变化与迎角的联系,进而理解其基础,从而使得在项目的早期就能提供定常数据,来对 SC 分析提供解释。其最终目标是实现不包括试飞的结构耦合放飞许可过程。

当前在建模和模型匹配技术方面显出的不足已表明对 SC 设计和放飞许可方法有重要影响。一个理想模型将能够对所有的感兴趣的模态以及所有激励和响应的组合,复现真实的模态频率响应特性。为了趋近该理想状态,要求建模技术有所进展,特别是对机身的建模,以理解传感器当地的作用会对整个 SC 特性有什么影响,以及理解如何比较真实的和试验测试的特性。为了获得这些进展仍然要求结构和 FCS(SC)设计团队,在相位稳定技术的更广泛的关联和如上所指出的结构耦合技术的进一步开发的推动下,进行更多的联合和合作。

7.5 结语

本章展示了从气动布局设计、飞控系统特性到结构耦合问题的程度,连同所采用的方法之间的相互依存关系。强调了为成功实现方案总目标,对各领域的工程设计团队更紧密合作的要求是随着更多的主动控制技术的应用需求而并行增加的。相位稳定技术的采用已经被描述为结构耦合设计和放飞许可过程(如在 EF2000 的应用)的主要进展,但是,由于附加更多的精确分析,额外的飞行试验测量和其他的相关的需求,也许原来只是不太相关的专业,变得相关性高了,相关的成本增加了。最后,对尚在开发的工作做了综述,其中包括以扭转成本增加趋势为目标的某些基础课题的探索。

7.6 参考文献

[1] Weymeyer W K, Sporing R W. An industry survey on aeroelastic control system instabilities in aerospace vehicles [J]. 1AS paper, 1962, 62 - 47.

[2] Hofmann L G, Kezer A. Simplified analysis of flexible booster FCS [M]. MITE - 1210, 1962.

[3] Notes on some problems of high speed aircraft programmes [R]. Royal Aircraft Establishment TMIAP - 649, 1957.

[4] Felt, L R, Huttsel L L J, Noll T E. Aeroservoelastic encounters [J]. J. Aircr., 1979, 16 (7), 78 - 1289.

[5] Norris G. Amraam block placed on Lockheed F – 16s [R]. Flight International, 20,1993.

[6] Kehoe M W, Laurie E J, Bjarke L J. An inflight interaction of the X – 29A canard and FCS [M]. AIAA – 90 – 1240 – CP, 1990.

[7] Thompson M O. At The Edge of Space—The X – 15 Flight Programme [R]. Airlife, 1990.

[8] Evans G J, Beele B J. Auto aeroelastic mode coupling, a comparison of predicted and actual characteristics [M]. AGARD FMP S&C, 1968.

[9] Taylor R, Pratt R W, Caldwell B D. The effect of actuator nonlinearities on ASE [M]. J. Guid. Contr. Dynam. , 1996,19,(2).

[10] FCS. design installation and test of piloted aircraft, general specification for [M]. MIL – F –9490D.

[11] Tretter S A. Discrete Time Signal Processing [M]. John Wiley and Sons, 1976.

[12] Taylor R, Pratt R W, Caldwell B D. The effects of sampled signals on the FCS of an agile combat aircraft with a flexible structure [C]. Proc. American Control conference, Seattle: 1, June 1995: 505 – 509. Also, Trans. Inst. Meas. Control, March 1996,18(3):160 – 164.

[13] Nanson K M, Ramsey R B. The development and use of inflight analysis at B Ae. Warton [C]. AGARD FVIP meeting, Lisbon: paper 18,1996.

[14] Young P, Patton R. Comparison of test signals for aircraft frequency domain identification [J]. J. Guid. Contr. Dynam. , 1988,13,(3).

[15] Priestley. Spectral analysis and time series—Vol. 1 [M]. Academic, 1981.

[16] Taylor R, Pratt R W, Caldwell B D. An alternative approach to aeroservoelastic design and clearance [C]. R. Ae. S. conference, on Aeroelasticity and structural dynamics, Manchester: June 1995:21. 1 – 21. 9. Also, EE Proc. Control Theory Appl. , 1996,143(1):1 – 8.

[17] Heeg J, Mcgowan A, Crawley E. The piezoelectric response tailoring investigation [C]. Proceedings of RAeS international forum on Aeroelasticity and structural dynamics, 1,1995.

[18] Felton R D. Controller design methodologies for rigid body and structural mode control of an agile combat aircraft [D]. Lancaster University, 1996.

[19] Forsching H W. Unsteady aerodynamic forces on an oscillating wing at high incidences and flow separation [J]. AGARD CP 483,1990,7.

[20] Becker J. Aeroservoelastic stability of aircraft at high incidence [C]. 68th AGARD Fluid dynamics panel specialist meeting, 1991.

[21] Pilkington D J, Wood N J. Unsteady aerodynamic effects of trailing edge controls on delta wings [J]. Aeronaut. J. , 1995,99(983):99 – 108.

[22] Nagrath I J, Gopal M. Control systems engineering [M]. John Wiley and Sons, 1982.

[23] Taylor R, Pratt R W, Caldwell B D. An alternative approach to aeroservoelastic design and clearance[C]. CEAS Aeroelasticity and Structural Dynamics Forum, Manchester, 1995.

[24] Taylor R, Pratt R. W, Caldwell B D. The application of actuator performance limits to aeroservoelastic compensation [C]. AIAA – 95 – 1195, AIAA/ASME/ASCE/AHS/ASC structures, Structural dynamics and materials conference, New Orleans: April 1995.

[25] Phelan R M. Automatic control systems [M]. Cornell University Press, 1977.

[26] Counsell J M. Autopilot Design for Wingless Missiles [J]. Trans. Inst. Meas. Control, 1991,13(3):160 – 168.

[27] Jordan C. FCS Design Study for an Advanced Combat Aircraft [R]. BAe(Defence) Ltd. Lancashire, Preston:Warton Aerodrome, PR4 1AX. Report. BAe – WAE – RP – GEN –FCS –

000709.

[28] Burris P M, Bender M A. Aircraft load alleviation and mode stabilization (LAMS). B - 52 system analysis, synthesis, and design [R]. Air Force Flight Dynamics Laboratory. Ohio: Wright Patterson Air Force Base, Air Force Systems Command. , technical report AFFDL - TR - 68 - 161,1969.

[29] Bendixen G E, O'Connell R F, Siegert C D. Digital Active Control System for Load Alleviation for the Lockheed L - 1011 [J]. Rockwell International, Cedar Rapids, Aeronautical J. Royal Aeronautical Soc. , 1981,85:430 - 436.

[30] Kokotovic P V, O'Malley R E, Sannuti P. Singular perturbation and order reduction in control theory—an overview [M]. Automatica. , 1976:12.

[31] Kokotovic P V. A Riccati equation for block diagonalisation of illconditioned systems [J]. EFF. Trans. Autom. Control, 1975,20:812 - 814.

[32] Falb P L, Wolovich W A. Decoupling the design and synthesis of multivariable control systems [J]. IF. . EE Trans. Autom. Control, 1967,12(6).

[33] Porter B, Bradshaw A. Design of linear multivariable continuoustime tracking systems incorporating high-gain error-actuated controllers [J]. Int. J. Sys. Sci. , 1979, 10 (4): 461 -469.

[34] Burge S E. Design of multi-functional flight controllers for structural load alleviation [D]. University of Salford, 1985.

[35] Hopper D. Active control for VSTOL aircraft [D]. Lancaster University, 1990.

[36] Young K D, Kokotovic P V, Utkin V I. A singular perturbation analysis of high-gain feedback systems [J]. IbTEE Trans. Autom. Control, 1977,22(931 - 938):385 - 400.

[37] Zinober A S I. Deterministic control of uncertain systems[M]. Peter Pereguens Ltd, 1990.

[38] Bradshaw A. Report on equivalent control [R]. UK, Lancaster: Lancaster University, 1994.

[39] Utkin V I. Equations of the slipping regime in discontinuous systems [J]. Automation and Remote Control, 1971,32: 1897 - 1907.

8 特征结构配置方法在民用飞机自动驾驶仪设计中的应用

8.1 引言

早期民用飞机飞控系统的设计,主要基于飞机的线性模型给出初始控制器结构。这是因为线性模型是全非线性飞机模型在飞行包线内某一点考虑小扰动情况的线性化结果,一般说对线性模型进行数学分析更为容易和快捷。不论是传统的单输入单输出(SISO)方法,抑或大部分的现代控制方法,均依赖上述线性综合分析步骤设计控制器的基本结构。基于此,各国学者在线性控制系统设计技术方面投入了大量精力,意在为此类线性飞机模型设计更好的控制器。

但是,我们也经常发现,线性方法设计所得的控制器在现实的飞机环境中测试时并不具备良好的性能,尤其在考虑了更宽的飞行包线、变化的构型以及存在非线性和建模不确定性的情况。解决上述问题的传统工程方法是采用迭代技术,不断调整控制器,直至满足系统要求。此种基于非解析方法的控制器整定过程消耗了大量的时间和金钱。采用这种方法,在调整控制器上所消耗的时间中,线性综合分析方法在整个控制器设计中的贡献极小。在最终完成的软件中,最初的基于线性模型设计的控制算法,仅占整个控制器的 $5\%\sim10\%$,被进一步稀释了。

因此,若能改进初始的线性综合方法,使系统在后续设计阶段只需要较少的整定,这将是一个极大的进步。这将产生一个更快、更省,也许更好的设计过程。

当然,这需开发更灵活、更直观的设计工具。现代方法尝试利用下述两种途径来解决该问题。第一,采用线性系统的全状态多输入多输出(MIMO)描述,这隐含了可同时考虑飞机各变量之间的相互关系;第二,试图设计具有足够鲁棒性的控制器,使其适应在过渡到飞机非线性模型时,不损失其性能或稳定性。但是,对这些方法的主要批评意见在于缺少物理内涵,飞机飞控系统设计人员在设计过程中,通常难于将所得控制器参数的变化和飞机闭环动态模型的潜在变化相关联。

欧洲航空研究与技术组织(GARTEUR)的鲁棒飞行控制行动组,发起了"鲁棒飞行控制设计挑战"。该挑战涉及了欧洲的航空业界、研究机构以及各大学,旨在解决上述不足。特征结构配置（eigenstructure assignment，EA）即是在该"挑战"中应用的一种现代方法，它显示了能够实现弥合理论追求和物理解释之间差距的承诺。

本章将介绍在该设计挑战中，EA 作为鲁棒 FCS 设计方法应用于鲁棒民用飞机模型（RCAM）项目中所显露的潜力和不足。本章首先描述设计问题；然后简要介绍通过控制器的线性综合来解决该问题的方法；最后完成飞机的验证。设计所得控制器将在非线性模型上进行检验，以展示该方法是否能够提供所需的结果、设计速度以及对飞机动力学的洞察，这将有助于改进最终的控制器。

8.2 RCAM 控制问题

RCAM 是一个中型双发民用喷气式运输机的六自由度非线性模型，该模型考虑了作动器的非线性，它可在 Matlab 及 Simulink 中获得。此飞机及控制问题的细节描述请参见文献[1]。如表 8.1 中所示，此模型具有 4 个输入、9 个状态以及 21 个可测输出。表中所列符号将贯穿本章。

表 8.1 RCAM 的输入、输出及系统状态（含符号及单位）

输入	系统状态	输出
δ_a—副翼（rad）	p—滚转角速率（rad/s）	q—俯仰角速率（rad/s）
δ_t—尾翼（rad）	q—俯仰角速率（rad/s）	n_x—水平机体过载系数 g
δ_r—方向（rad）	r—偏航角速率（rad/s）	n_z—垂直机体过载系数 g
δ_{th}—油门（rad）	ϕ—滚转角（rad）	w_E—z 轴地速（m/s）
	θ—俯仰角（rad）	z—离地高度（向下为正）（m）
	ψ—偏航角（rad）	V_A—稳定轴空速（m/s）
	u—x 轴速度（m/s）	V—总速度（m/s）
	v—y 轴速度（m/s）	β—侧滑角（rad）
	w—z 轴速度（m/s）	p—滚转角速率（rad/s）
		r—偏航角速率（rad/s）
		ϕ—滚转角（rad）
		u_E—x 轴地速（m/s）
		v_E—y 轴地速（m/s）
		y—飞机相对于跑道中心线的侧向偏移（m）
		χ—航迹方位角（rad）
		ψ—偏航角（rad）
		θ—俯仰角（rad）
		α—迎角（rad）
		γ—航迹倾斜角（rad）
		x—飞机相对于跑道起点的纵向偏移（m）
		n_y—侧向过载系数 g

随模型附有有助于在飞行包线中具体点上获取线性模型的软件。设计人员明确了飞机质量、重心位置、飞机高度和空速,该模型在相应飞行条件下配平和线性化。所产生的模型采用状态空间形式,被用于后续控制器设计。

该 RCAM 设计挑战吸引了 12 所大学及研究机构,共采用了 9 种不同的线性综合方法。来自于航空工业界的工程师们审查了这些方法的应用并评估它们对实际的飞行控制问题的可用性。

RCAM 问题的定义是基于设计一个满足一组设计规范的飞控系统。该规范被分为性能、鲁棒性、安全性、乘坐品质以及标准输入加到飞机控制器时,操纵动作的结果等。设定这些指标的目的是为了引入对最终控制器的宽泛范围的要求。

8.2.1 进近着陆仿真

飞机受控的主要难点是必须能完成沿给定轨迹的进近着陆任务,因此,控制器必须是一个自动驾驶仪。基于飞机地理位置的基准指令由所提供的仿真环境产生。这些指令被控制器用于保持飞机在给定航线上飞行。图 8.1 给出了该设计挑战的期望轨迹。相关进近仿真的更多细节请参见 8.5 节。

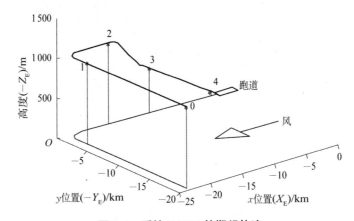

图 8.1 受控 RCAM 的期望轨迹

该仿真软件为所设计的控制器提供了以下列变量表示的所要求指令:

(1) 纵向动态变量——与跑道中心线的地理距离 x 和 z,空速 V_A,航向速度 u,垂直速度 w;

(2) 横向动态变量——与跑道的地理距离 y,与期望航迹的地理距离 y_{lat},横向速度 v 和航向速率 $\dot{\psi}$。

进近轨迹仿真包括单发故障、重启,90°倾斜转弯,以及捕获下滑道。设计人员设计的控制器,应尽可能多的利用所要求的指令,使飞机按照给定路径进近,同时满足性能、鲁棒性、乘坐品质、安全性以及操纵动作诸方面的以下描述的各种规范。

8.2.2 性能指标

性能指标描述了受控飞机对各飞机变量指令的期望瞬态响应。对 RCAM 而言,这些性能指标以阶跃响应的最小上升时间和最大超调来定义。图 8.2 描述了对单位阶跃指令的响应特性。

RCAM 的性能指标可分为两组,纵向动态性能和横向动态性能指标。

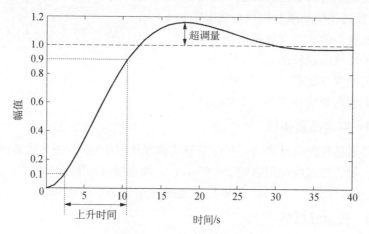

图 8.2 单位阶跃响应特性

8.2.2.1 纵向动态

(1) 高度响应——控制器跟踪高度阶跃指令的上升时间应小于 12 s,在 305 m (1000 ft)以上的高度上,高度阶跃响应超调不超过 5%;

(2) 空速响应——被控系统跟踪空速阶跃指令的上升时间应小于 12 s,在 305 m (1000 ft)以上的高度上,空速阶跃响应对指令超调不超过 5%。在风速为 13 m/s 的纵向阶跃风干扰下,在持续时间超过 15 s 时,空速偏差应小于 2.6 m/s;

(3) 空速与高度的交叉耦合——对于幅值为 30 m 的高度阶跃指令,空速偏差应小于 0.5 m/s;对于幅值为 13 m/s 的空速阶跃指令,高度偏差应小于 10 m;

(4) 航迹角度响应——航迹角对阶跃指令响应的上升时间应小于 5 s,在 305 m (1000 ft)以上的高度上,超调应限制为小于 5%。

8.2.2.2 横向动态

(1) 横向偏差响应——横向跟踪偏差要求规定,在大于 305 m(1000 ft)的高度上,横向偏差应在 30 s 之内减小到其阶跃指令值或初始干扰值的 10%。对指令的超调应不超过 5%;

(2) 发动机失效状态滚转角和侧滑——在发动机失效状态下,滚转角指标要求:静止空气中滚转角偏差应小于 5°,峰值不超过 10°。任何稳态滚转角值应小于 5°,发动机重新起动时,滚转角超调应不超过该稳态值的 50%。发动机失效状态下的侧滑应最小。中度湍流(该词的定义请参见文献[1])下的滚转角仍应小于 5°;

(3) 航向角速率——发动机失效情况下,航向角速率应小于 3 rad/s。

8.2.3　鲁棒性指标

鲁棒性准则由以下要求确定:在飞机的所有构型包线内,系统保持足够的稳定性(即,系统不应进入不稳定状态)和性能(即,系统对指令和干扰应以相同的方式响应)。此处所述飞机的所有构型包线配置如下:

- 飞机重心的水平变化在平均气动弦长(MAC)的 15%～23% 之间,垂直变化在平均气动弦长的 0%～21%;
- 飞机质量变化在 100～150 t;
- 控制器时延变化在 50～100 ms。

8.2.4　乘坐品质指标

乘坐品质指标的设计是为了保证受控飞机在正常机动时,能为旅客提供可接受的舒适度。垂直加速度应限制到 $\pm 0.05g$,水平加速度应限制到 $\pm 0.02g$。除非另有说明,在大于 305 m(1000 ft)的高度上,上述指令变量不应有超调。

8.2.5　安全性指标

安全性准则定义了在全飞行包线中,保证乘员安全的边界。规定了下述限制:

- 最小空速为 51.8 m/s;
- 最大迎角为 18°;
- 最大滚转角为 30°;
- 任何时候侧滑角最小;
- 对于侧向德莱顿阵风,系统的闭环侧滑响应均方根应小于其开环响应均方根。

8.2.6　操纵动作指标

期望保持操纵动作尽可能小,这样可减少油耗,若需要时可为驾驶员提供更多的操纵余量。同时也减少了作动器的磨损,并延长所涉及的各活动机构的疲劳寿命。在中度湍流的情况下,操纵动作规范要求平均作动速率满足以下条件:

- 对于操纵面,其速率应不超过其最大速率的 33%;
- 对于油门,其速率应不超过其最大速率的 15%。

8.3　特征结构分析与配置

特征结构配置(EA)方法曾用于开发飞控系统的应用研究中,如 F - 16[2],VSTOL 飞机[3],以及 RCAM[4]。也曾在 NASA 的大迎角试验机[5]和某些空客飞机[6]的横向控制系统中应用。本章所描述的较简易的用于 RCAM 的设计方法主要应用于具有下列形式的可控、可观、线性时不变 MIMO 飞机系统的控制器设计。

$$\dot{x} = Ax + Bu \tag{8.1}$$

$$y = Cx \tag{8.2}$$

式中：$x \in \mathfrak{R}^n$ 是飞机状态向量，$y \in \mathfrak{R}^p$ 是输出向量，$u \in \mathfrak{R}^m$ 为输入向量。

8.3.1 特征结构分析

飞机开环系统的 n 个特征根和特征向量定义如下：

$$\boldsymbol{\Lambda} = \begin{bmatrix} \lambda_1 & \cdots & \lambda_i & \cdots & \lambda_n \end{bmatrix}$$

$$\boldsymbol{V} = \begin{bmatrix} \boldsymbol{v}_1 & \cdots & \boldsymbol{v}_i & \cdots & \boldsymbol{v}_n \end{bmatrix}$$

其中

$$\boldsymbol{AV} = \boldsymbol{V\Lambda} \tag{8.3}$$

该系统的左侧特征向量（或称对偶特征向量）由 $\boldsymbol{W}$ 给出，其中

$$\boldsymbol{WA} = \boldsymbol{\Lambda W}$$

且

$$\boldsymbol{W}^{\mathrm{T}} = \begin{bmatrix} \boldsymbol{w}_1 & \cdots & \boldsymbol{w}_i & \cdots & \boldsymbol{w}_n \end{bmatrix} \tag{8.4}$$

求解等式（8.1）和式（8.2），获得飞机特征向量、特征值和时间响应之间的直接关联表达式：

$$\boldsymbol{y}(t) = \sum_{i=1}^{n} \boldsymbol{Cv}_i \boldsymbol{w}_i^{\mathrm{T}} \mathrm{e}^{\lambda_i t} \boldsymbol{x}_0 + \sum_{i=1}^{n} \boldsymbol{Cv}_i \boldsymbol{w}_i^{\mathrm{T}} \int_0^t \mathrm{e}^{\lambda(t-\tau)} \boldsymbol{Bu}(\tau) \mathrm{d}\tau \tag{8.5}$$

其中第一项为齐次方程的通解，第二项为非其次方程的特解。上式说明，飞机的动态特性受以下 4 个变量影响：

（1）系统特征值 λ_i；

（2）系统特征向量 $\boldsymbol{v}_i$ 和 $\boldsymbol{w}_i$；

（3）系统初始状态 $\boldsymbol{x}_0$；

（4）系统输入 $\boldsymbol{u}$。

8.3.1.1 行为的实时模态

等式（8.5）中的下标 i 表示飞机 n 个动态模态中的第 i 个模态。例如，在常规的飞机纵向动态特性中，有短周期俯仰振荡模态（SPPO）和长周期模态。本节在开始时仅限于讨论飞机动态特性中的齐次项（即不受系统输入影响的项）。

所有系统的动态行为均可视为一阶模态和二阶模态的组合。每一模态由两部分组成。第一部分描述模态的瞬态特性（延时和频率），在经典控制工程领域中，这就是模态的极点，在特征结构术语中，就是模态的特征值。模态的第二部分是它在任意时间步长所具有的幅值，这是模态的留数。更确切地说，真正重要的是模态的相对留数。它们直接关系到该模态对状态向量 $\boldsymbol{x}$ 中每个状态以及输出向量中每个被测输出的影响。在经典控制工程中，模态的留数取决于两因素，即系统的零点和极点。在特征结构配置中，模态的留数与各模态特征向量的幅值成正比。

特征向量和特征值合起来组成了系统的特征结构。我们以一个四阶线性 RCAM 模型的纵向动态方程进一步说明上述概念。该系统各模态特征结构如表 8.2 所示。

表 8.2　RCAM 纵向动态特征结构

模态 特征值	短周期 $-0.83\pm1.11\mathrm{i}$	长周期 $-0.011\pm0.13\mathrm{i}$
q θ u w	$\begin{bmatrix}0.014\\0.010\\0.015\\0.999\end{bmatrix}$	$\begin{bmatrix}0.002\\0.013\\0.989\\0.142\end{bmatrix}$

表 8.3　RCAM 纵向动态特性模态-输出耦合向量

模态 特征值	短周期 $-0.83\pm1.11\mathrm{i}$	长周期 $-0.011\pm0.13\mathrm{i}$
q θ u w w_{E}	$\begin{bmatrix}0.014\\0.010\\0.015\\0.999\\0.487\end{bmatrix}$	$\begin{bmatrix}0.002\\0.013\\0.989\\0.142\\1.026\end{bmatrix}$

考察系统各特征值和特征向量的幅值即可理解表中所列各模态对飞机动态特性的影响。以长周期模态为例,从其特征值不难看出,该模态的阻尼系数为 0.08,频率为 0.13 rad/s。其特征向量的列元素表明,倘若该模态被激励,其航向速度 u 有巨大偏差,垂直速度 w 也有一定偏差。同一周期中,w 偏差最大值仅为 u 偏差最大值的 14%。也可确定,同一周期中,速度 u 每 1 m/s 的峰值偏差值会对应 θ 角 0.013 rad 的峰值偏差。

研究特征向量的行元素幅值也可获得类似信息。例如,表 8.2 显示航向速度的 u 的时间响应有较大的长周期分量(0.989),而短周期分量较小(0.015)。这意味着相同的外界干扰作用于两个模态,导致 u 主要取决于长周期模态的运动样式。

如同研究特征向量 **V** 就可认识飞机模态和飞机状态间的相互关系,利用模态-输出耦合向量 **CV** 就可认识模态和飞机输出之间的相互关系。表 8.3 给出了本例飞机系统的模态-输出耦合向量的一种选择。在本例中,所选择输出包括飞机的 4 个状态以及飞机地球坐标系中的垂直地速 w_{E}。现在可以看出,尽管短周期模态在机体坐标系中的垂直速度极为明显,但是长周期模态在垂直地速 w_{E} 中占主导。物理上,这是因为长周期模态包含了 θ 角和 u 的变化。而垂直地速 w_{E} 是这两变量的函数。在长周期运动中,θ 角和 u 的变化较 w 的变化大,因此,垂直地速 w_{E} 变化也大。

至此,本章的讨论均基于飞机动态的齐次运动。当需要考虑系统输入和系统模态的关系时,可用上述研究系统特征向量或模态-输出耦合向量的方法来研究系统输入-模态耦合向量,**WB**。系统输入-模态的耦合将在控制器设计时具体论述,此处不再展开。

特征结构分析是一种工具,可用于下述方面的研究:

- 考察飞机的模态特征;
- 提供关于飞机状态中每个动态模态所占分量的信息;
- 提供关于飞机输出中每个动态模态所占分量的信息;
- 提供输入将如何影响飞机的动态模态的信息。

该分析技术对于 RCAM EA 设计过程是无价之宝。特别关注的是,所提供的信息可被用于消除飞机输入和模态之间,以及飞机模态和状态/输出之间不期望的相互作用。

8.3.2　特征结构配置

一个简单的输出反馈控制器 K,改变了方程(8.1)和方程(8.2)给定的飞机系统的输入,可用来实现控制

$$u = Ky \tag{8.6}$$

调节器设计的结果如图 8.3 所示。若要求指令跟踪,通常使用 EA 方法,根据需跟踪的输出方程来增广飞机系统矩阵。然后对已增广系统进行特征结构配置。一旦控制器设计完成,将被分为跟踪和调节两部分。

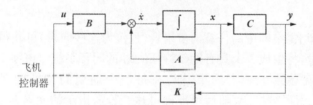

图 8.3　基本输出反馈调节器构型

等式(8.5)表明,对飞机系统给定一组初始条件和输入,通过改变系统的特征结构就可以调控系统的输出时间响应 $y(t)$。因此,所需要的是直接指定闭环系统的特征值和特征向量的方法。

允许有足够的设计自由度对闭环系统配置 $\max(p, m)$ 个期望的特征值[7]。对于大多数的飞机,可测输出的个数 p 通常超过输入的个数 m。极点配置的设计方法可为闭环系统配置 p 个特征值。然而,对这组完全被配置的 p 个特征值,EA 方法提供了附加的自由度来选择 p 个可配置的闭环系统特征向量。假设飞机闭环系统的 p 个期望的特征值和特征向量定义为

$$\mathbf{\Lambda}_d = \begin{bmatrix} \lambda_1 & \cdots & \lambda_i & \cdots & \lambda_p \end{bmatrix} \text{和} \mathbf{V}_d = \begin{bmatrix} \mathbf{v}_1 & \cdots & \mathbf{v}_i & \cdots & \mathbf{v}_p \end{bmatrix} \tag{8.7}$$

其中

$$(A + BKC)V_{d} = V_{d}\Lambda_{d} \tag{8.8}$$

在下述推导中，对于非方矩阵，我们采用 Moore-Penrose 伪逆，而非标准的矩阵逆。若 B, C 及 V_d 非奇异，整理等式(8.8)为

$$K = B^{-1}(V_{d}\Lambda_{d} - AV_{d})(CV_{d})^{-1} \tag{8.9}$$

然而，我们不能任意配置式(8.9)中期望的特征向量 $V_d[V_d$ 将产生控制器 K 来满足式(8.8)]，因为闭环系统具有的有限配置自由度取决于期望特征值 Λ_d。有多种 EA 方法可根据给定的 Λ_d 确定可能的 V_d，如 Kimura 提出的用于输出反馈的首步试探法[7]，Andry, Shapiro 和 Chung 的改进法[8]，以及最近 Sobel, Lallman 和 Shapiro 的工作[9-11]。所有这些方法均要求控制系统设计者先选定闭环系统的期望特征值 Λ_d 和特征向量 V_d，并利用数学算法获得比例增益矩阵反馈控制器 K。这些算法的核心内容是：

从式(8.8)可得

$$(A + BKC)V_{i} = \lambda_{i}v_{i} \tag{8.10}$$

$$\left[A - \lambda_{i}I \vdots B\right]\begin{bmatrix} v_{i} \\ KCv_{i} \end{bmatrix} = 0 \tag{8.11}$$

其特定解满足

$$\begin{bmatrix} v_{i} \\ KCv_{i} \end{bmatrix} \in \left[A - \lambda_{i}I \vdots B\right] \tag{8.12}$$

$[A-\lambda_i I \vdots B]$ 零空间中的任意向量组合（且仅为这些向量）可获得新向量 v_i。若 v_i 选作特征向量，将生成一个具有期望特征值 λ_i 的闭环系统。该零空间被称为可达向量空间。这就导致了一个约束，即，在每一个期望的特征向量中，最多仅有 $\min(m, p)$ 个元素可被指定，随后可准确可达。若需指定的元素多于 $\min(m, p)$，则第 i 个期望向量 v_i 可以被投影到可达空间以获得可达向量 v_{ai}。图 8.4 所示为一个简单的三阶系统某一模态的上述过程。如图所示，若期望一个三维向量 v_i，通过映射到可达空间（文献[8]给出了细节），可得到最近的可达向量 v_{ai}，它可给出系统期望特征值 λ_i。

然后，所有 p 个可达特征向量组成的特征向量矩阵用来替代期望特征向量 V_d，并与期望特征值 Λ_d 一同代入式(8.9)中，获得闭环系统的静态反馈矩阵 K。现在留下的问题是如何首先设定期望的特征结构？这是一个相当难的问题。其难度并不来自期望特征值的选取，而是来自对期望特征向量的指标。我们可用选取闭环系统极点的传统综合方法确定系统的特征值。期望特征向量的选取可反映不同的系统设计要求。就 RCAM 设计规范来说，解耦合鲁棒性要求是最重要的。

8.3.2.1　解耦要求

据上述分析可知，特征向量可反映各模态对系统状态向量 x 的影响。因此，若

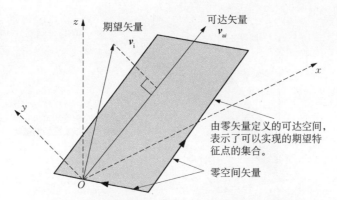

图 8.4 三维状态空间中的二维可达空间图形表示

要消除某模态在系统状态中的影响,仅需将对应的特征向量元素设为 0。

这可由表 8.4 中的特征向量集合来说明。假设我们想消除短周期模态对航向速度 u 的影响,可以设定期望的闭环特征结构中的相应元素为 0。同样也可以处理消除长周期模态对机体轴垂直速度 w 的影响。也有一种扩展 EA 算法可使模态与输出而不是与状态解耦[12],但在 RCAM 设计时并没有使用[12],因为模态-状态之间的解耦已足够。

表 8.4 期望闭环向量示例

模态	短周期	长周期
q	$\begin{bmatrix} X \\ X \\ O \\ X \end{bmatrix}$	$\begin{bmatrix} X \\ X \\ X \\ O \end{bmatrix}$
θ		
u		
w		

图 8.5 解释了 EA 方法如何完成期望的解耦过程。图中所示三维系统中的模态与图 8.4 相同。然而,现在的要求是,除了已获得的期望闭环特征值,我们还希望把该模态与 y 轴解耦。因此,对于此系统而言,唯一可达的特征向量由可达向量空间(这是产生期望特征值的唯一地方)和 x-z 平面(该平面不包含任何分量 y 的轨迹)的交叉处给出。由于期望特征向量包含了期望的解耦信息(如 y 轴对应的元素为 0),因此它应位于 x-z 平面。

但是,为避免数学算法的向量投影产生零向量,每个期望特征向量的一个元素必为非零值。由于在一个系统中,只有足够的自由度对 p 个期望特征向量配置其 m 个元素,这就限制了我们对每个向量只可解耦(设为 0)其中的 $(m-1)$ 个元素。若要配置的元素数多于此,我们使用期望向量在可达向量空间上的最小二乘投影来获得最优解。

8.3.2.2 鲁棒性要求

尽管基本 EA 方法可改进系统的性能,但无法改进闭环系统的鲁棒性(定义见

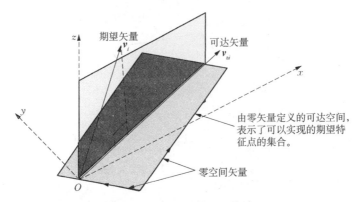

图 8.5   三维状态空间解耦示意图

8.2.5 节)。飞机系统参数的变化转化为 A, B, C 矩阵中元素的变化,进而表现为闭环系统特征值和特征向量的变化,从而最终改变飞机的行为。我们并不期望这种改变,因此我们采用改进的特征结构方法来最大限度地减小系统参数变化对飞机系统特征结构的影响。

RCAM 设计中应用的改进系统鲁棒性的方法基于"方法 0",其细节如文献[13](Kautsky 等)。原方法的目标是选择期望的特征向量 v_i,使得其与由其他向量组成的空间尽量正交。这样就减少了各系统模态间的关联。多数情况下,该方法改进了鲁棒性,因为飞机系统参数的变化仅能影响有限的系统模态,并表现在较少飞机状态的瞬态响应中。

图 8.4 解释了上述过程。如图中所示,在二维可达空间中,我们有无限种可达闭环特征向量的选择。如果我们从该空间中选择尽可能与其他特征向量正交的向量,而不是期望的特征向量,我们可指定该向量为闭环系统的特征向量 v_i。这样,系统在具有期望特征值的同时,也具有对系统参数变化的尽可能的鲁棒性。

8.3.2.3　耦合约束下的鲁棒性

但是,仅仅关注鲁棒性会导致其他性能的丧失。通常要求在获得鲁棒性和配置向量满足解耦要求之间获取平衡。在文献[12]中介绍了获取平衡的一种全面的 EA 方法。文献[12]中描述的方法基于解耦要求获得一个可达向量空间。具有 n 个状态和 m 个输入的飞机系统有一个 $n \cdot (m-k)$,或 $n \cdot 1$(当 $k \geqslant m$)维的可达向量空间。其中 k 为每个期望特征向量的指定元素数。"方法 0"[13] 从上述向量空间中为系统寻找尽可能互为正交的系统特征向量,并由此来改进系统鲁棒性。

但是,"方法 0"只可以利用系统解耦后仍然存在的自由度。表 8.5 给出了 EA 方法可具有的自由度清单。若 k 大于等于 m,则不再具有可改进鲁棒性的自由度,因为可达向量空间的维度已被耗尽。例如,在图 8.5 中,$m=2$,$k=1$,u_i 仅有一个可能的位置。但是,这仍是为 RCAM 进行设计的可用方法,因为它最灵活,并且可为系统性能和鲁棒性能提供最好的折中。

表 8.5　EA 设计可用自由度(飞机系统具有 n 状态,输出个数 m 大于输入个数 p,每个期望特征向量中被指定元素数 k)

可被配置的特征值个数	p
可被配置的特征向量个数	p
反馈可使用的输出个数	p
可被跟踪的输出个数	m
特征向量中,可被精确配置的指定元素个数	m
特征向量中,可被解耦的指定元素个数	$m-1$
为改善鲁棒性的可用自由度	$m-k(k\leqslant m)$

EA 方法还包括参数的特征结构配置[14, 15],多项式特征结构配置[16],多模型飞机应用[17]以及综合过程中的左特征向量使用[3, 18]。上述方法当前应用并不多,此处仅介绍用于 RCAM 线性综合分析的最简 EA 方法。

8.4　特征结构配置设计过程

文献[4]汇编了 RCAM 设计挑战项目中的设计细节,设计规范如 8.2 节所述。作为控制器设计过程的一部分,这些规范需转化为控制器结构和控制器综合。

在 RCAM 线性综合中,非线性 RCAM 模型在设计工作点配平并生成整个设计过程中使用的标称模型。该设计点作为标准构型的飞机进近条件是:

- 飞机空速为 $80\,\mathrm{m/s}$;
- 飞机高度为 $305\,\mathrm{m}(1\,000\,\mathrm{ft})$;
- 飞机质量为 $120\,\mathrm{t}$;
- 飞机重心在水平 MAC 的 23% 和垂直 MAC 的 0% 位置上;
- 航迹角为 $0°$(水平);
- 平静大气(无风影响)。

8.4.1　控制器结构

观察 RCAM 模型可发现其纵向动力学和横向动力学是解耦的。因此,决定使用两个控制器,一个控制纵向动态,另一个控制横向动态。

8.4.1.1　纵向控制器

RCAM 标称条件下的开环七阶纵向动态方程如下:

$$
\begin{bmatrix} \dot{q} \\ \dot{\theta} \\ \dot{u} \\ \dot{w} \\ \dot{z} \\ \dot{\delta}_\mathrm{t} \\ \dot{\delta}_\mathrm{th} \end{bmatrix} = \begin{bmatrix} -0.980 & 0 & 0 & -0.016 & 0 & -2.440 & 0.580 \\ 1.000 & 0 & 0 & 0 & 0 & 0 & 0 \\ -2.190 & -9.780 & -0.028 & 0.074 & 0 & 0.180 & 19.620 \\ 77.360 & -0.770 & -0.220 & -0.670 & 0 & -6.480 & 0 \\ 0 & -79.870 & -0.030 & 0.990 & 0 & 0 & 0 \\ 0 & 0 & 0 & 0 & 0 & -6.670 & 0 \\ 0 & 0 & 0 & 0 & 0 & 0 & -0.670 \end{bmatrix} \begin{bmatrix} q \\ \theta \\ u \\ w \\ z \\ \delta_\mathrm{t} \\ \delta_\mathrm{th} \end{bmatrix} +
$$

$$
\begin{bmatrix} 0 & 0 \\ 0 & 0 \\ 0 & 0 \\ 0 & 0 \\ 0 & 0 \\ 6.670 & 0 \\ 0 & 0.670 \end{bmatrix} \begin{bmatrix} \delta_t \\ \delta_{th} \end{bmatrix} \tag{8.13}
$$

尽管设计过程本身包含了尾翼和油门的作动器动力学(第 6 和 7 行),为简便起见,后续文档省略了两者的模型。开环系统的特征结构如表 8.6 所示。作为最常规的飞机,RCAM 模型具有短周期模态和长周期模态,同时也附加有高度模态,该模态为中性稳定,是原始线性模型增广 z 为系统状态后的结果。

表 8.6 开环系统纵向动态方程特征结构

模态	短周期	长周期	高度
特征值	$-0.83 \pm 1.11i$	$-0.011 \pm 0.13i$	0
ζ	0.6	0.089	—
ω_n	1.38	0.13	—
q	0.014	0.001	0
θ	0.009	0.002	0
u	0.014	0.120	0
w	0.943	0.017	0
z	0.332	0.990	1

从纵向 RCAM 模型可直接得到 7 个输出测量值。设计指标描述了对自动驾驶仪的要求,由于表 8.6 中的模态不具有良好的阻尼,这需要基于某些反馈的增稳,以及来自作动器输入信号的指令增强。我们将考察用全部设计自由度来改善控制系统的方法,及其超过经典设计方法的优点。我们选择 5 个输出作为反馈信号,如式(8.14):

$$
\begin{bmatrix} q \\ n_z \\ V_A \\ \omega_E \\ z \end{bmatrix} = \begin{bmatrix} 1.000 & 0 & 0 & 0 & 0 \\ 7.880 & -0.078 & -0.023 & -0.068 & 0 \\ 0 & 0 & 0.990 & 0.029 & 0 \\ 0 & -79.870 & -0.028 & 0.990 & 0 \\ 0 & 0 & 0 & 0 & 1 \end{bmatrix} \begin{bmatrix} q \\ \theta \\ u \\ \omega \\ z \end{bmatrix} \tag{8.14}
$$

选择调节空速 V_A,高度 z 的变化是配平条件所需;选择调节俯仰角速度 q,垂直加速度 n_z,垂直速度 ω_E 的变化来增加系统阻尼。经典控制器不会使用上述所有变量,但是在 EA 方法中,这些变量使我们获得更多的设计自由度。我们现在可以配置 5 个期望的闭环特征值和特征向量,足以成功地控制系统短周期模态,长周期模态以及高度模态。图 8.6 给出了纵向控制器的方框图。

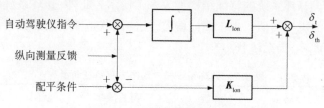

图 8.6 纵向控制器结构图

控制器结构中包含了两个主要部分：

（1）5 个输出反馈信号被用于调节飞机。输出信号中的扰动和矩阵 K_{lon} 中的静态增益相乘，产生尾翼和油门信号，使飞机返回配平条件。这部分组成比例控制；

（2）V_A 和 z 的基准指令与其对应输出之间的误差经积分后馈入增益矩阵 L_{lon}。这是为了补偿当飞机飞离设计工作点时，保证基准信号与输出信号间的误差总和为 0。这部分为积分控制。

上述控制器的结构简洁性有助于准确地找到在设计过程中出现的问题。由于整个控制器是一组静态增益和两个消除静态误差积分器的组合，我们较容易通过研究增益矩阵 K_{lon} 和 L_{lon}，得知哪个增益元素对哪个输出-输入关系有影响。

8.4.1.2 横向控制器

RCAM 标称配平条件下的开环横向线性动态方程如下：

$$
\begin{bmatrix} \dot{p} \\ \dot{r} \\ \dot{\phi} \\ \dot{\psi} \\ \dot{v} \\ \dot{y}_{lat} \\ \dot{\delta}_a \\ \dot{\delta}_r \end{bmatrix} =
\begin{bmatrix}
-1.270 & 0.550 & 0 & 0 & -0.024 & 0 & -0.840 & 0.290 \\
0.052 & -0.520 & 0 & 0 & 0.005 & 0 & -0.018 & -0.330 \\
1.000 & 0.028 & 0 & 0 & 0 & 0 & 0 & 0 \\
0 & 1 & 0 & 0 & 0 & 0 & 0 & 2.038 \\
2.270 & -79.000 & 9.790 & 0 & -0.170 & 0 & 0 & 0 \\
0 & 0 & -2.260 & 79.870 & 1.000 & 0 & 0 & 0 \\
0 & 0 & 0 & 0 & 0 & 0 & -6.670 & 0 \\
0 & 0 & 0 & 0 & 0 & 0 & 0 & -3.330
\end{bmatrix}
$$

$$
\begin{bmatrix} p \\ r \\ \phi \\ \psi \\ v \\ y_{lat} \\ \delta_a \\ \delta_r \end{bmatrix} +
\begin{bmatrix} 0 & 0 \\ 0 & 0 \\ 0 & 0 \\ 0 & 0 \\ 0 & 0 \\ 0 & 0 \\ 6.670 & 0 \\ 0 & 3.330 \end{bmatrix}
\begin{bmatrix} \delta_a \\ \delta_r \end{bmatrix}
\tag{8.15}
$$

尽管设计过程本身包含了副翼和方向舵的作动器动力学,但在后续文档中略去了两者的模型。开环系统的特征结构如表8.7所示。此外,开环系统的模态本质上和那些最常规的飞机类似。由于横向偏差 y_{lat} 的调节是控制器的必要部分,因此,基本线性模型增广 y_{lat} 为系统状态。

表 8.7　开环系统横向动态方程特征向量

模态	滚转	螺旋	荷兰滚	航向	y_{lat}
特征值	-1.3	-0.18	$-0.24\pm0.60i$	0	0
ζ	—	—	0.37	—	—
ω_n	—	—	0.64	—	—
p	0.218	0.001	0.017	0	0
r	0.015	0.001	0.005	0	0
ϕ	0.167	0.004	0.026	0	0
ψ	0.011	0.003	0.008	0	0
v	0.014	0.047	0.890	0	0
y_{lat}	0.961	0.999	0.455	1	1

这就导致了一个中性稳定的模态, y_{lat} 模态。在原始模型中,系统状态并不包含 y_{lat} , ϕ 为航向模态的主导元素。然而,如表8.7所示,现在 y_{lat} 为该模态的主导元素。由于航向模态为中性稳定,对于飞机运动的任何扰动,将使飞机达到一个航向并维持稳定。但是,若航向为非零值,则 y_{lat} 会一直增大直至无穷。因为 y_{lat} 变成了时间的线性函数,因此,航向模态对 y_{lat} 的影响要大于其对航向角的影响。

RCAM横向动态方程提供8个输出中的6个,对有效控制开环横向动态中5个模态是必要的。该6个输出如式(8.16)所示。对于自动驾驶仪功能,必须要调节航向角速度 $\dot{\psi}$ 和横向位移 y_{lat} 的变化。因此,选择滚转角 ϕ (和航向角速度直接相关,但航向角速度为不可测信号)和 y_{lat} 为两个反馈信号。侧滑角 β ,滚转角速率 p ,偏航速率 r 和航迹方位角 χ 也为反馈信号,以提高单发失效时系统的调节效果。

$$\begin{bmatrix} \beta \\ p \\ r \\ \phi \\ \chi \\ y_{lat} \end{bmatrix} = \begin{bmatrix} 0 & 0 & 0 & 0 & 0.013 & 0 \\ 1.000 & 0 & 0 & 0 & 0 & 0 \\ 0 & 1.000 & 0 & 0 & 0 & 0 \\ 0 & 0 & 1.000 & 0 & 0 & 0 \\ 0 & 0 & -0.028 & 1.000 & 0.013 & 0 \\ 0 & 0 & 0 & 0 & 0 & 1.000 \end{bmatrix} \begin{bmatrix} p \\ r \\ \phi \\ \psi \\ v \\ y_{lat} \end{bmatrix} \quad (8.16)$$

作为横向控制器,两个指令信号(ϕ 和 y_{lat})与相应输出之间的误差经积分馈入指令增强系统。图8.7给出了闭环横向控制器。如同纵向控制器,横向控制器也有两部分组成, $\boldsymbol{K}_{lat}$ 和 $\boldsymbol{L}_{lat}$ 。其功能与 $\boldsymbol{K}_{lon}$ 和 $\boldsymbol{L}_{lon}$ 类似。

通常利用下式将由 $\dot{\psi}$ 表达的小指令转为由 ϕ 表达的指令:

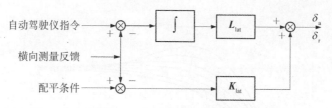

图 8.7　横向控制器结构图

$$\phi_{c} = \arctan\left(\frac{\dot{\psi}_{c}V_{A}}{g}\right) \tag{8.17}$$

由于所引起的 y_{lat} 偏差会被控制器纠正,所以由风扰动引起的任何滚转角误差将被自动处理。

本节介绍了 EA 方法用于 RCAM 设计的控制器结构。该结构中的很大部分来源于对受控飞机的深层理解,而这种理解只有当设计开展时才能获得。因此,此处描述的控制器结构的某些部分会在推进设计过程中逐步增加。

作为控制器核心部分的增益矩阵是简单的飞机输出和输入间的增益关系。在该控制器结构中,每个控制器增益都可以关联到特定的飞机行为,因此,我们会发现该控制器结构在设计过程中易于被应用。

8.4.2　构造期望的特征结构

RCAM 设计中采用的 EA 线性综合方法要求两组输入。第一组为系统矩阵 A, B 和 C。第二组为期望的闭环系统特征值 Λ_{d} 和特征向量 V_{d}。期望的特征结构是来自对此控制问题的设计指标。

8.4.2.1　性能指标

如 8.2.2 节所述,设计指标的第一部分为性能指标。性能指标又可分为两类:

(1) 对某些输出跟踪阶跃指令满足给定上升时间和最大超调的指标;

(2) 对某变量由于阶跃指令或其他变量的变化所致的允许扰动指标。

第一类可通过选择期望特征值来解决,使得对所有的飞机闭环模态具有最小的时间常数(一阶模态)或提供最小的阻尼和自然频率(二阶模态)。二阶模态的上升时间及超调与阻尼比及自然频率间具有简单的关系,如图 8.8 所示。

上述信息可用于选择初始的特征值 Λ_{d}。为了保持控制器的低增益(这可减小操纵动作量),期望特征值的选择应尽量靠近飞机开环系统的特征值。

如 8.2 节所述,控制系统需跟踪下述 RCAM 变量:

● 纵向动态变量:高度 z 和空速 V_{A};

● 横向动态变量:横向偏移 y_{lat} 和航向角速度 $\dot{\psi}$。

表 8.8 和表 8.9 给出了依据上述指标确定的期望特征值。要注意,由于飞机模型已增广跟踪变量,在期望特征结构中包含了两个额外的状态和模态。对一阶模态的期望的特征值提供了最小转折频率 0.2 rad/s,对二阶模态提供了最小阻尼比 0.7

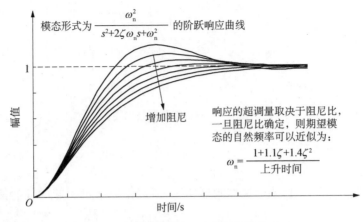

图 8.8　模型阻尼比和自然频率的关系

及自然频率 0.2 rad/s。

通过解耦期望特征向量 $\mathbf{V}_d$，来满足降低某一变量变化对其他变量的影响的指标。

表 8.8　纵向闭环系统期望特征结构

模态	短周期	长周期	高度	V_A 跟踪	z 跟踪
特征值	$-0.8\pm0.8i$	$-0.15\pm0.15i$	-0.3	-0.4	-0.5
ζ	0.71	0.71	—	—	—
ω_n	1.13	0.21	—	—	—
q	X	X	X	X	X
θ	X	X	X	X	X
u	O	X	O	X	O
w	X	O	X	O	X
z	X	X	X	X	X
V_A 跟踪	X	X	X	X	X
z 跟踪	X	X	X	X	X

表 8.9　横向闭环系统期望特征结构

模态	滚转	螺旋	荷兰滚	航向	y_{lat}	ϕ 跟踪	y_{lat} 跟踪
特征值	-4.40	-0.20	$-0.182\pm0.157i$	-0.13	-0.55	-1.50	-0.5
ζ	—	—	0.71	—	—	—	—
ω_n	—	—	0.21	—	—	—	—
p	X	X	O	X	X	X	X
r	X	X	X	X	X	X	X
ϕ	X	X	O	X	X	X	X
ψ	X	X	X	X	X	O	X
v	O	O	X	O	O	O	X
y_{lat}	X	X	X	X	X	X	X
ϕ 跟踪	X	X	O	X	X	X	X
y_{lat} 跟踪	X	X	O	X	X	X	X

纵向动态特征:高度应该和空速指令解耦,反之亦然。这就要使高度和高度跟踪模态与航向速度 u 解耦,以及空速跟踪模态与垂直速度 w 解耦。基于对常规飞机动态的了解,其他模态也需和某些系统状态解耦,以降低飞机垂直变量和水平变量的关联。如表 8.8 所示。

横向动态特征:滚转指令不应带来侧滑。这就要求滚转模态、滚转轨迹和螺旋模态与侧向速度 v 解耦,因为 v 与侧滑角 β 呈比例关系。同样,航向模态和横向偏移跟踪模态也需要与横向速度 v 解耦,因为这些模态会响应滚转指令,这是不希望的。非常明显,横向偏移指令将受飞机的滚转运动影响,但是,为了保证航向角不会因此有较大改变,y_{lat} 跟踪模态应该与航向角 ψ 解耦。这样,航向角会因横向偏移指令而改变,但不是很大。最后,在初步设计中,荷兰滚模态会在多数横向机动中带来振荡,因此在稍后的设计中将其与飞机某些横向状态解耦。获得的期望特征结构如表 8.9 所示。

8.4.2.2 鲁棒性指标

我们在 8.2.3 节已提及 EA 方法并不能明显地满足鲁棒性指标要求。对于 RCAM,所用的 EA 方法可以保证:若在特征结构配置时有如 8.3 节描述的足够自由度,EA 方法可以改善系统鲁棒性。

8.4.2.3 乘坐品质指标

乘坐品质指标(见 8.2.4 节)与最大加速度和最小阻尼相关。EA 方法并不能直接处理最大加速度指标,但是最小阻尼指标可通过用大于 0.7 的阻尼比来配置所有闭环模态来解决。

8.4.2.4 安全性指标

RCAM 问题具有 5 个安全性指标(见 8.2.5 节)。其中,仅侧滑角最小这一指标可用 EA 方法解决。我们对与侧滑角相关的模态设置高阻尼,以便使这些变量可尽快回零。

8.4.2.5 操纵动作指标

为使操纵动作最小(见 8.2.6 节),期望的闭环系统特征值应尽可能靠近开环系统特征值。一旦基于所有设计指标(可转化为一个指标)构造了所有期望的特征结构,就可使用 EA 方法。

如 8.3 节所示,EA 的设计算法相当简单。然而,包含控制器分析和综合的线性综合过程却较难。难度不是在如何使用 EA 工具本身,而是在领会分析的结果以及随之做出决策来确定细化的特征结构。

这一问题不仅仅存在于 EA 方法。对于设计者来说,充分理解飞机系统,并能将数值方法(在此处为构造特征值和特征向量)与飞机动力学相关联是很重要的。

8.4.3 初始综合

RCAM 设计综合的第一步相当简单。所需要的不过是 EA 算法,可作为一个

MATLAB 程序来实现。该程序有两组基本输入，一组为线性系统矩阵 A，B，C，另一组为期望的闭环系统特征值 Λ_d 和特征向量 V_d，如表 8.8 和表 8.9 所示。

这些数据进入程序后就可产生增益矩阵，该矩阵被分为调节部分和跟踪部分。表 8.10 给出了用这种方法设计的初始控制器。被控飞机随后被评估，以确定是否满足所要求的设计指标。

RCAM 控制器的评估采用了多种技术来确定闭环系统的性能（包括解耦）和鲁棒性的程度。控制器的这种分析占了设计过程中的大部分时间。我们采用仿真和特征结构分析相结合的方法来确保系统满足了性能目标，某些灵敏度分析被用来确定鲁棒性目标的满足程度。

表 8.10　初始控制器设计

	K（调整）					L（跟踪）	
	q	n_z	V_A	w_E	z	V_A 跟踪	z 跟踪
纵向 δ_r	1.4600	−0.110	−0.0025	−0.0240	−0.0075	δ_r 0.0008	−0.0009
δ_{th}	0.3091	−0.030	−0.0123	0.0006	0.0020	δ_{th} −0.0017	0.0002
	β	p	r	ϕ	x	y_{lat}	ϕ 跟踪	ψ 跟踪
横向 δ_a	9.0070	1.9410	4.0250	2.9670	14.8871	0.0343	δ_a 0.0039	0.0021
δ_r	2.2809	0.0460	0.3966	0.1351	1.9793	0.0041	δ_r 0.0788	0.0003

8.4.4　控制器分析方法

8.4.4.1　性能分析

时间响应仿真：该分析方法提供了闭环系统能力和失效的直观印象，同样也提供了对 RCAM 设计指标的直接评估，大部分是以阶跃响应给出的。因此，大部分设计指标由线性仿真测试获得。

特征结构分析：如果上述仿真发现了飞机性能的缺陷，我们就要对闭环系统进行 8.2 节所述的特征结构分析。特征结构分析可有效地确定哪个模态与哪个系统状态之间存在耦合。若仿真结果显示某个系统状态的偏差大大超过期望值，就需要仔细分析该状态与不同模态的耦合。若引起不良行为的模态被辨识，该模态就应与该状态解耦，并再次使用 EA 算法。尽管解并不一定容易找到（例如该模态是不可控的），但是特征结构分析仍是一个洞察 RCAM 系统内在耦合的有效工具。

8.4.4.2　稳定性分析

尽管 EA 方法可确保配置 RCAM 的 p 个闭环特征值，其中 p 为输出个数，它却无法确保其他（$n-p$）个特征值的最后位置，其中 n 为系统状态个数。这意味着在 RCAM 闭环系统分析中，有必要检查系统是否稳定。这很简单，只要所有特征值都有负实部即为稳定。

8.4.4.3　鲁棒性分析

在设计指标中，系统鲁棒性被定义为：在面对控制器时延和飞机质量和重心变化，系统保持稳定性和性能的能力。这可分为性能鲁棒性-标称系统维持性能指标的能力，以及稳定鲁棒性-系统保持足够稳定性的能力。

性能鲁棒性：飞机系统对参数变化的鲁棒性的一种度量是其特征值对矩阵 $(A+BKC)$ 变化的灵敏度。文献[19]介绍了整体性能鲁棒性的测量。以闭环系统为例，若 $\hat{\lambda}$ 是受扰系统 $(A+BKC)+E$ 的特征值，则可表示为

$$\frac{|\hat{\lambda}-\lambda_i|}{||E||} \leqslant k(V) \tag{8.18}$$

式中：$k(V)$ 是特征向量矩阵 V 的谱条件数。对于任意一个系统，特征向量矩阵条件数越大，则在给定的干扰 E 下，特征值与其标称值的偏差就越大。上述结论的数学证明请参考参考文献[13]。因此，EA 设计的一个目标是减少闭环特征向量矩阵的条件数。

稳定性鲁棒性：为了评估 RCAM 对非结构扰动的稳定性，需要稳定性裕度的某些测量。Lehtomaki 等所做工作[20]提出了 MIMO 系统的稳定裕度公式。若飞机输入端的回差矩阵的最小奇异值大于某个常数，如：

$$\underline{\sigma}[I+KG] \geqslant c \tag{8.19}$$

则同时在反馈系统的每一回路保证具有如下的增益裕度：

$$GM = \frac{1}{1+c}, \frac{1}{1-c} \tag{8.20}$$

以及如下的相位幅度：

$$PM = \pm \arccos\left[1-\frac{c^2}{2}\right] \tag{8.21}$$

系统所有回路的增益和/或相位（只要不是两者同时在任一回路中）可在上述 GM 和 PM 所规定的限制范围内变化，而不会使系统不稳定。同样的思路也可用于在飞机输出端给定扰动下，得到稳定裕度。

此处所述的谱条件数和稳定裕度的测量被用于 RCAM 鲁棒性分析。

8.4.5　纵向控制器分析

表 8.10 所给的初始设计的闭环特征结构如表 8.11 所示。从表中可知，得到了期望的特征值，且括号中的元素说明，期望特征向量（见表 8.8）中规定的解耦已实现。

表 8.11　纵向闭环系统特征结构

模态	短周期	长周期	高度	V_A 跟踪	z 跟踪
特征值	$-0.8\pm0.8i$	$-0.15\pm0.15i$	-0.3	-0.4	-0.5
ζ	0.71	0.71	—	—	—
ω_n	1.13	0.21	—	—	—

	短周期	长周期	高度	V_A 跟踪	z 跟踪
q	⎡0.009⎤	⎡0⎤	⎡0⎤	⎡0.001⎤	⎡0⎤
θ	0.008	0.001	0.001	0.002	0.001
u	(0)	0.046	(0)	0.248	(0)
w	0.928	(0)	0.043	(0)	0.178
z	0.419	0.202	0.287	0.276	0.440
V_A 跟踪	0.021	0.215	0.004	0.621	0.010
z 跟踪	⎣0.371⎦	⎣0.954⎦	⎣0.957⎦	⎣0.691⎦	⎣0.880⎦

$k(\boldsymbol{V})$	30 400
增益裕度	$-4.3\,\mathrm{dB}$, $9\,\mathrm{dB}$
相位裕度	$\pm38°$

通过闭环输入-模态和模态-输出耦合向量可以得到跟踪指令和输出间的关联。指令输入与纵向系统的模态之间的耦合如下:

$$W_{\mathrm{lon}}B_{\mathrm{lon}}L_{\mathrm{lon}} \tag{8.22}$$

表 8.12　纵向闭环系统输入-模态耦合

模态	V_A 指令	z 指令
短周期	⎡0.390⎤	⎡0.459⎤
长周期	0.969	0.043
高度	4.020	1.431
V_A 跟踪	0.357	0.049
z 跟踪	⎣1.748⎦	⎣3.146⎦

上述向量如表 8.12 所示。它表明:

(1) 当具有空速指令 V_A 时,所有的系统模态都将被剧烈地激发。由表 8.11 可知,这会引起航向速度 u 和高度 z 的偏离;

(2) 当指令高度 z 改变时,短周期模态、高度和 z 跟踪模态受影响最大。这些模态改变了 z 的状态,但是从表 8.11 可见,它们在航向速度模态中并不明显。通过我们对特征结构的粗略考察表明,正如预料的,V_A 和指令 z 解耦,但是 z 并未显现出和 V_A 指令解耦。

特征结构的这种评估可以利用这些跟踪变量的线性阶跃仿真进行测试。图 8.9 示出了系统对 $13\,\mathrm{m/s}$ 速度阶跃指令 V_A 的时间响应。请注意,正如特征结构分析中预测的一样,高度 z 有一个较大的偏差。图 8.10 给出了 z 的 $30\,\mathrm{m}$ 阶跃指令的响应。

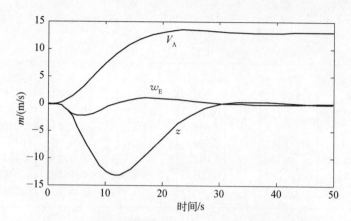

图 8.9 初始纵向系统对 13 m/s 空速阶跃指令的响应

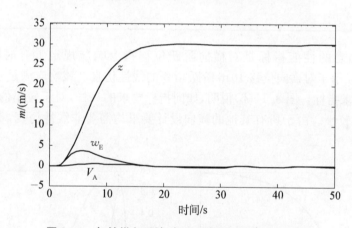

图 8.10 初始纵向系统对 30 m 高度阶跃指令的响应

如前所述，V_A 已和指令 z 充分解耦，满足设计指标的要求。

上述两种简单的工具(特征结构分析和线性仿真)对提供闭环纵向动态特性的初步分析是足够的。

8.4.6 横向控制器分析

初始横向控制器的闭环特征结构如表 8.13 所示。可见期望的特征值已被配置，解耦(所要求的解耦如括号中的元素所示)在大多数情况下，已按要求完成。由于有限的解耦自由度，要求的荷兰滚模态解耦并没有充分满足。而是如 8.3.2 节所述，提供了尽可能的解耦。

表 8.13　横向闭环系统特征结构

模态	滚转	螺旋	荷兰滚	航向	y_{lat}	ϕ	y_{lat}
特征值	-4.40	-0.20	$-0.182\pm0.157i$	-0.13	-0.55	-1.50	-0.5
ζ	—	—	0.77	—	—	—	—
ω_n	—	—	0.23	—	—	—	—
p	0.259	0	(0.004)	0.008	0.270	0.004
r	0	0	0.003	0.002	0.015	0
ϕ	0.059	0	(0.015)	0.015	0.180	0.009
ψ	0	0	0.012	0.003	0.010	(0)
v	(0)	(0)	0.996	(0)	(0)	(0)	0.200
y_{lat}	0.031	0.196	0.015	0.129	0.482	0.785	0.438
ϕ 跟踪	0	0.002	(0.050)	0.002	0.005	0.006	0
y_{lat} 跟踪	0.007	0.981	(0.061)	0.992	0.876	0.523	0.876

$k(\mathbf{V})$	34 730
增益裕度	$-1.8\,\mathrm{dB},\ 2.3\,\mathrm{dB}$
相位裕度	$\pm13°$

　　横向动态的性能指标是对横向阶跃位移指令响应规定上升时间和超调。图 8.11(a)显示了对横向位移 10 m 阶跃指令的线性仿真。该响应满足了设计指标中的所有要求指标。图 8.11(b)说明,如同指标要求的一样,对于较小的横向位移,航向变化也较小。由于所有其他的横向设计要求均需要非线性仿真,将在 8.5 节讨论。

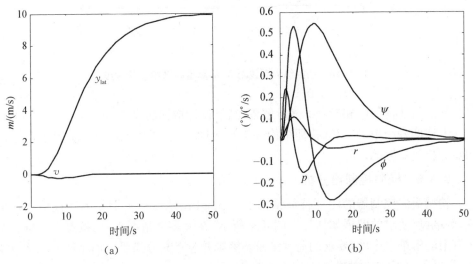

图 8.11　横向系统对 10 m 横向位移阶跃指令的响应

(a) 速度和距离　　(b) 角度和角速度

8.4.7　控制器优化

一旦设计人员明白如何通过改变特征结构来调整飞行控制系统,设计过程就变成了不断改变期望特征值和特征向量直至满足设计要求的迭代过程。因此,并没有最好的设计解,因为可用的特征值和特征向量的组合是非常多的。

对于 EA 方法,特征值的微小变化将改变选择可达特征向量的向量空间。这意味着,尽管设计人员容易选择任意特征值以获得期望的响应,但却不容易检验该选择对所得的闭环系统特征向量的影响。这种影响仅能从某些度量,如上升时间,对指令的超调,特征向量矩阵的条件数以及稳定裕度等测量,得到间接的评价。

为了保持用 EA 方法设计的系统有满意的品质,可使用面向目标的优化算法,此算法内嵌了 EA 算法。上述方法曾被应用于飞机 EA 控制器的设计[21-23]。设计从任意一组特征值开始,并由此产生一 EA 控制器。该控制器 K 被用于评估一组以改善系统性能和鲁棒性的目标函数。若该控制器未取得期望的目标,我们基于梯度法微调特征值,并用这新的期望特征结构重复上述 EA 方法直至获得满意解。这种方法用示意图描述如图 8.12 所示。

上述线性综合、线性系统分析以及面向目标的线性系统优化的过程不断重复,直到获得一个尽可能多地满足 RCAM 设计指标的系统。

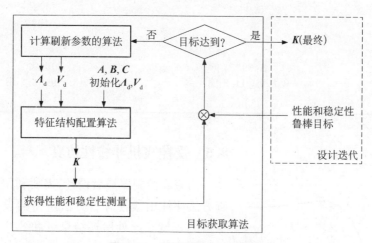

图 8.12　目标获得方法流程图

最后得到的控制器如表 8.14 所示。比较该控制器与表 8.11 和表 8.13 中的初始控制器的性能,可见,使用面向目标优化算法的控制器改进了纵向控制器的性能鲁棒性,以及横侧向控制器的性能鲁棒性和稳定鲁棒性。

表 8.14　最终控制器参数

纵向

K(调整)	q	n_z	V_A	w_E	z

$$\begin{array}{c} \delta_r \\ \delta_{th} \end{array} \begin{bmatrix} 3.0880 & -0.2690 & 0.0008 & -0.0480 & -0.0140 \\ -1.4410 & 0.1310 & -0.0012 & 0.0018 & 0.0700 \end{bmatrix}$$

L(跟踪)

V_A 跟踪　　　z 跟踪

$$\begin{array}{c} \delta_r \\ \delta_{th} \end{array} \begin{bmatrix} -0.0008 & -0.0019 \\ -0.0013 & 0.0008 \end{bmatrix}$$

横向

K(调整)	β	p	r	ϕ	x	y_{lat}

$$\begin{array}{c} \delta_a \\ \delta_r \end{array} \begin{bmatrix} -8.077 & 2.435 & 5.165 & 4.599 & 19.570 & 0.050 \\ -0.437 & -0.005 & 2.232 & -0.001 & 3.755 & 0.005 \end{bmatrix}$$

L(跟踪)

ϕ 跟踪　　　ψ 跟踪

$$\begin{array}{c} \delta_a \\ \delta_r \end{array} \begin{bmatrix} 0.3020 & 0.0028 \\ -0.1890 & 0.0003 \end{bmatrix}$$

	纵向	横向
特征值	$-0.218\pm0.164i$	-2.970
	$-0.256\pm0.159i$	-0.193
	-2.322	$-0.21\pm0.214i$
	-0.218	-0.1
	-3.000	-0.6
		-0.1972
		-2.086
$k(V)$	8439	30640
增益裕度	$-4.8\,dB,\ 11.3\,dB$	$-3.7\,dB,\ 6.7\,dB$
相位裕度	$\pm43°$	$\pm31°$

8.5　受控飞机非线性仿真

当完成控制器最后设计,需要利用非线性仿真方法评估由线性综合方法所得的设计规范被保留的程度。此处所述结果可和 8.2 节的设计指标相比较。

8.5.1　性能指标

这些是必须满足的主要准则。除非特殊说明,下述各项均为闭环系统在标称条件下的结果。

8.5.1.1　纵向动态

高度响应:图 8.13 显示了在高度 z 增加 30 m 时系统的阶跃响应。系统上升时间为 8 s(期望值

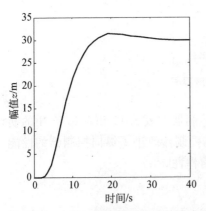

图 8.13　对 30 m 高度阶跃指令的响应

小于 12 s),其超调为 1.7%(期望值小于 5%),满足设计指标。

空速响应:图 8.14 显示了飞机对空速 V_A 的阶跃指令的响应。其超调为 7%(期望值小于 5%),上升时间为 14 s(期望值小于 12 s)。这使 V_A 指令响应稍微超出了期望范围。

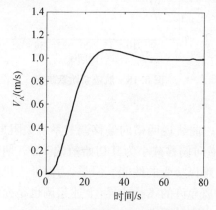

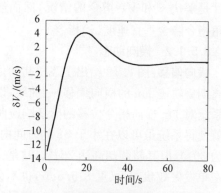

图 8.14 对单位空速阶跃指令的响应   **图 8.15 沿机体轴空速对阶跃风指令的响应**

图 8.15 显示,在 13 m/s 的阶跃风干扰下,系统需要 26 s 使空速偏差小于 2.6 m/s(而期望值小于 15 s)。这是因为在面向目标优化控制器时,为使系统具有更好的鲁棒性所作出的折中。

空速和高度的交叉耦合:对于高度 z 的 30 m 阶跃指令,交叉耦合量略大于指标允许值。图 8.16 显示,该指令造成了 1.4 m/s 的 V_A 偏差(期望值为 0.5 m/s)。对 13 m/s 的 V_A 阶跃指令,z 的耦合量大于 10 m 的允许限制值,如图 8.17 所示。

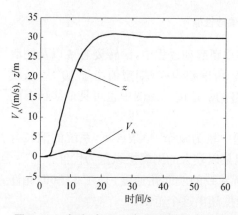

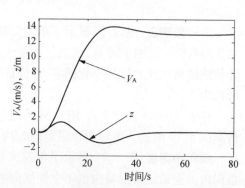

图 8.16 空速对 30 m 高度阶跃指令的耦合响应   **图 8.17 高度对 13 m/s 空速阶跃指令的耦合响应**

航迹角：图 8.18 给出了系统对 3°航迹角 γ 阶跃指令的响应。尽管该响应的超调仅为 1.6％，但其上升时间却为 10 s（期望值小于 5 s），未达到期望的要求。这种情况并不容易用 EA 控制器纠正。因为它的设计是解决 z 和 V_A 指令的情况，然而航迹角指令隐含垂直速度（$\dot{z}$）指令。

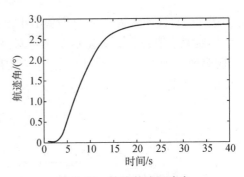

图 8.18　航迹角阶跃响应

8.5.1.2　横向动态

横向偏移：图 8.19 给出了飞机初始值偏离期望轨迹 1 m 的横向偏移 y_{lat} 曲线，以及系统对 1 m 横向指令位移的阶跃响应曲线。曲线说明横向偏移调节系统欠阻尼。这就使得系统虽可以在小于 8 s 的时间内将横向偏移减小为其初始值的 10％（期望值为 30 s），但其超调却高达 25％。这是一个难以接受的性能。但是，为保证飞机即使在单发失效状态下（见 8.5.6 节）也不会偏离允许的飞行边界，上述超调也是允许的。图中横向偏移指令的阶跃响应满足阶跃指令的要求。

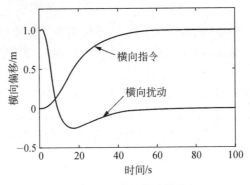

图 8.19　横向偏移性能

滚转角响应：图 8.20 显示了单发失效和重新起动过程中，滚转姿态 ϕ 以及侧滑角 β 的响应。从图中可见，所引起的最大滚转角偏差为 6°（期望值小于 10°）。该设计使滚转角在这之后最小化回零，以保证乘客的舒适度。由图中也可见最终稳态侧滑角为 3°。

在中等湍流（其定义在 RCAM 挑战问题中较为复杂[1]）条件下，系统的滚转行为如图 8.21 所示。滚转角在限定的 5°内，但是以较大的副翼操纵量为代价。

航向角速度：图 8.22 显示了单发失效所导致的航向角速度，是在 3°/s 的允许范围内。重新起动发动机也不会使航向角速度超出这个范围。

8.5.2　鲁棒性指标

我们发现，在控制器延时 50 ms 时，系统对所有其他规定参数的变化都具有规

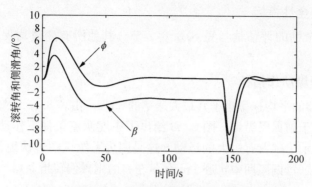

图 8. 20　发动机失效和重新起动时的滚转角和侧滑角

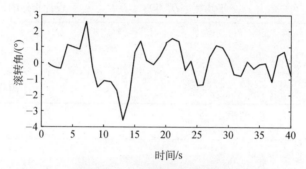

图 8. 21　中度颠簸下的滚转角

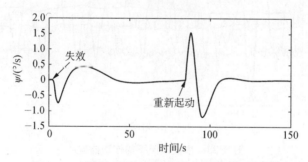

图 8. 22　发动机失效和重新起动时的航向角速度

定的性能鲁棒性和稳定鲁棒性。在最大延时 100 ms 时,部分参数包线,即飞机质量大于 145 t,飞机重心较高或较靠后时,系统变得不稳定,因此,系统不具有要求的鲁棒性。

8.5.3　乘坐品质指标

这些准则关系着正常机动下乘客的舒适度。所有的阶跃指令响应表明加速度保持在给定的边界内。

8.5.4　安全性指标

滚转角安全性的评估请参见 8.5.6.2 节。其他所有变量均保持在各自的限制内。

8.5.5　操纵动作指标

要求作动器的平均速率小于其最大速率的 33%。由表 8.15 可知均不满足这限制,问题主要在于副翼操纵量。图 8.23 给出了中度湍流条件下作动器的运动。请注意,此处也显示了副翼有过大的运动。这是因为系统试图过快地调整横向偏移,并使用了高增益(每偏离期望轨迹 1m 有 3°左右的副翼偏转指令)。

表 8.15　最大速率指标满足度

	平均速率/(°/s)	设计指标的最大值/(°/s)
副翼	15.5	8.3
尾翼	4.3	5
方向舵	0.6	8.3
油门	0.32	0.24

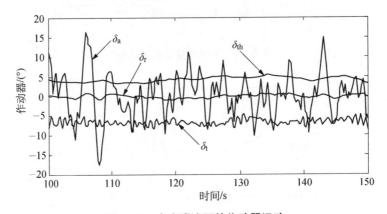

图 8.23　中度湍流下的作动器运动

8.5.6　进近着陆仿真的评估

对于 RCAM 设计挑战的控制律方案分析部分包括了受控飞机按期望进近着陆轨迹飞行的非线性仿真。跟踪性能和受控系统的内环调节功能两方面都采用关键输出变量的边界来评估。该仿真对于测试受 EA 控制的飞机的乘坐品质和安全性标准也是有用的。

图 8.24 给出了完整的三维仿真轨迹。曲线上的数字定义了进近着陆时 4 个不同的飞行阶段。控制器在 4 种不同的飞行条件下完成飞行以评估系统的鲁棒性。该 4 种条件包括正常飞行、最大航向速度、最靠后重心以及长系统延时。飞行结果

描绘在同一图中。

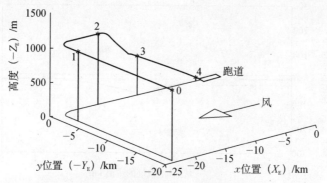

图 8.24 受控 RCAM 的期望轨迹

8.5.6.1 阶段 1:发动机失效影响(0—1)

飞机开始位于 1000 m 的高度,与跑道中心成 −90°角。飞机在整个进近过程中保持速度 80 m/s。在第一阶段中,左侧发动机失效进入慢车状态(图 8.25 中 *a* 点),然后重新起动(图 8.25 中 *b* 点)。从图 8.25 中可看出,EA 控制器具有强鲁棒性(图中 4 条曲线几乎重合)且飞机被很好地保持在性能边界内(图中虚线所示)。

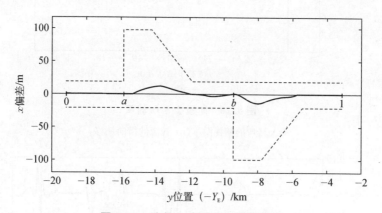

图 8.25 阶段 1:发动机失效的影响

8.5.6.2 阶段 2:3°/s 的转弯(1—2)

转弯动作由指令 3°/s 的阶跃航向角速度开始(在图 8.26 的 *c* 点),于 30 s 后停止(在 *d* 点)。然而,该 EA 控制器还被设计来使横向偏移降下来。在 *c* 点,一旦飞机开始偏离期望航线,立即会产生倾斜角指令来减少该偏移。对期望轨迹的横向偏移说明该系统超出了性能边界。

因此,尽管 3 m/s 的转弯指令通常不会有问题,但由于飞机突发的启动转弯所出现的与期望轨迹的瞬间偏差产生了过度的副翼指令以及较高的横向加速度。期望的最大加速度值应小于 ±0.02g。如图 8.27 所示,仿真中有两处不满足此要求。

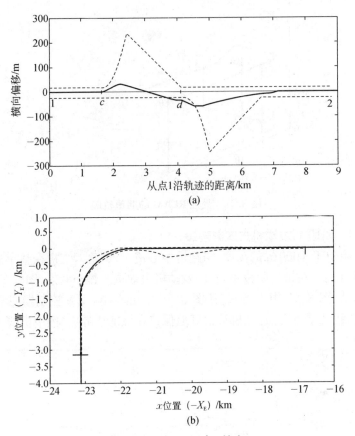

图 8.26 阶段 2:3°/s 转弯

（a）转弯的俯视图 （b）转弯的横向偏移

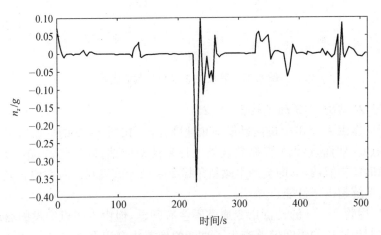

图 8.27 进近时的横向加速度

第一次出现在发动机失效时,横向加速度为期望值的 10 倍。这是预料中的,并且认为在发动机失效这种紧急状态下是允许的。然而,在稳态转弯时又出现了不期望的性能,此处加速度为 $\pm 0.08g$。

设计要求最大的垂直加速度希望小于 $\pm 0.05g$。图 8.28 表明该变量有两次超标。较轻的一次超标出现在风切变期间,此时乘客会有不舒适的乘坐感。然而,最坏的超标出现在稳定转弯(应属于常规机动),加速度达到 $-0.4g$。这是由于系统对所出现的与期望轨迹的横向偏差的快速响应所造成的。由此产生的滚转响应导致了极大的纵向响应,因为纵向和横向两系统在稳定转弯中是高度耦合的。上述不良性能是 EA 设计过程中为满足发动机失效要求的直接后果。

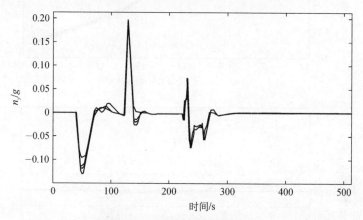

图 8.28　进近时的垂直加速度

上述矛盾也是转弯时较差的滚转角响应的重要原因。对标称系统和垂直重心位于 21％平均气动弦处的标称系统,图 8.29 所示滚转角超过了仿真评价时的角度。期望滚转角的限制为 30°。标称系统可满足此要求,但具有高重心的系统却超标了(峰值为 38°)。通过转弯仿真时采用更实际的指令剖面,这一问题可以解决。

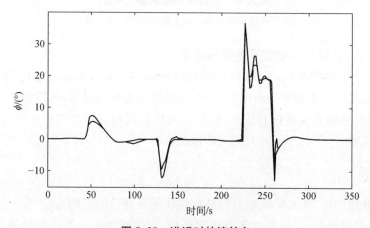

图 8.29　进近时的滚转角

8.5.6.3 阶段3：下滑道捕获(2—3)

下滑道从指令航迹角改变为$-6°$开始(见图8.30点e)，直到改为$-3°$的坡度止(点f)。该曲线表明在该飞行阶段，闭环飞机的性能和鲁棒特性都很好。

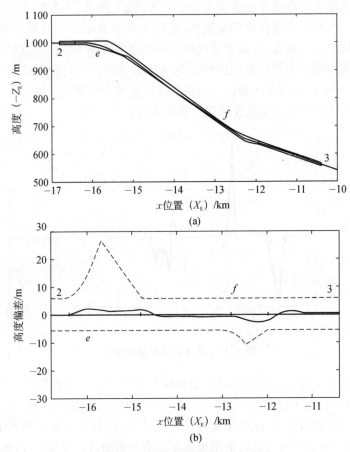

图 8.30 阶段 3：捕获期望下滑道

(a) 下滑道的侧视图 (b) 捕获阶段的垂直偏差

8.5.6.4 阶段4：风切变下的最后进近

在$-3°$下滑道的最后进近阶段，此时引进风切变(见图8.31g点)。图中亦显示了与理想轨线的垂直偏差。由图知，受控飞机的性能在边界内，鲁棒性强。

EA设计表明它能胜任其任务，但是当飞机位置相对期望的横向轨迹有一个较大的阶跃位移时，它会产生较大的滚转运动。

8.6 结语

本章介绍的对RCAM问题进行特征结构配置设计的目的是：

● 验证线性设计方法可以使系统更鲁棒，可以减少面向非线性的整定，可以获

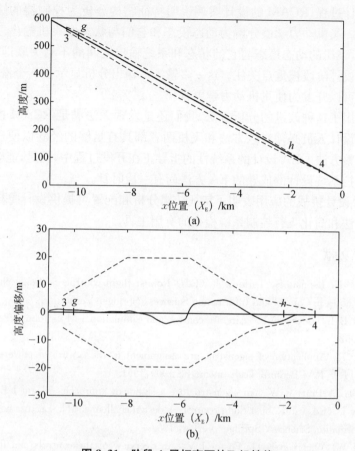

图 8.31 阶段 4:风切变下的飞机性能

（a）下滑道的侧视图 （b）下滑阶段的垂直偏差

得令人满意的控制系统,从而可以加快设计迭代;

● 表明现代设计方法也可以像许多传统设计方法一样直观和灵活。

从 RCAM 设计挑战的经验中产生了不少综合的结论。这是设计者和工业界对控制器评价意见的概括总结。

重要的是,EA 控制器的结构看起来简单和容易理解,在实现中也易于验证。因为控制器不具有非传统的隐含动态,对大部分的设计者而言结构上更为清晰。系统功能问题可以直接与增益相关,使仿真工程师、飞控计算机实现工程师和飞行验证工程师更容易使用控制器。

尽管 EA 利用一个高度自动化的方法,可以产生一个性能好和鲁棒性强的设计。但是当应用于飞机飞行控制时,控制器的结构受到该方法的限制。如果要使用更多复杂的经典环节,如指令前置滤波器或洗出滤波器,若这些环节无法集成到飞机的线性状态空间矩阵里,EA 将无法开展准确的分析,或无法恰当地设计具有鲁棒性的控制器。

说到设计过程,RCAM 的设计案例说明特征结构分析为控制器的综合提供了有效的工具。飞机动力学被分解为动态模态和它们与状态及飞机输出之间的简单关系。这样,飞机的动态模态与它的状态和系统输出之间的不利关联即可被发现,并在下一步设计阶段被重点关注。这一多输入多输出分析显示了一个潜在的途径,现代方法也可以开发为使飞机动力学更直观。

尽管利用了这种改进的分析方法,我们还是发现无法满足 RCAM 控制问题的所有规范。设计人员必须对该方法和飞机两者都具有足够的经验以便理解期望特征结构的调整方法。EA 设计的系统性的指导正在开发过程中,但是,能够应用于完整的飞机飞控系统设计的成熟的 EA 方法尚有一段时日。

RCAM 设计挑战的应用表明了特征结构分析和配置可提供设计鲁棒自动驾驶仪系统的方法和简化飞行控制系统检查的有用工具。

8.7 参考文献

[1] Magni J - E, Bennani S, Terlouw J. (Eds) Robust flight control—a design challenge [R]. Lecture notes in Control and Information Sciences, Springer-Verlag, 1997.

[2] Stevens B L, Lewis E L. Aircraft control and simulation [M]. John Wiley & Sons. , Inc. , 1992.

[3] Smith P R. Application of eigenstructure assignment to the control of powered lift combat aircraft [R]. RAe Bedford Tech. memo FS 1009,1991.

[4] Faleiro L E, Pratt R W. An eigenstructure assignment approach. Magni J E, Bennani S, Terlouw J. (Ed.) in Robust flight control—a design challenge [R]. Lecture notes in Control and Information Sciences, Springer-Verlag, 1997.

[5] Pahle J W, Wichman K D, Foster J V. An overview of the controls and flying qualities technology on the F/A - 18 high alpha research vehicle [R]. NASA Dryden technical report NASA - H - 2123,1996.

[6] Farineau J. Lateral electric flight control laws of a civil aircraft based upon eigenstructure assignment techniques [C]. Proceedings of the AIAA Guidance, navigation and control conference, MA, Boston, 1989:14 - 16.

[7] Kimura H. Pole assignment by gain output feedback [C]. IEEE Trans. Autom. Control, 1975:509 - 518.

[8] Andry A N, Shapiro E Y, Chung J C. Eigenstructure assignment of linear systems [J]. EEE Trans. Aerosp. and Electro. Syst. , 1983,19:711 - 72.

[9] Sobel K M, Yu W, Lallman E J. Eigenstructure assignment with gain suppression using eigenvalue and eigenvector derivatives [J]. J. Guid. Control Dyn. , 1990,13(6).

[10] Sobel K M, Lallman F J. Eigenstructure assignment for the control of highly augmented aircraft [J]. J. Guid. Control Dyn. , 1989,12(3):318 - 324.

[11] Sobel K M, Shapiro E Y. Application of eigenstructure assignment to flight control design: some extensions [J]. J. Guid. Control Dyn. , 1987,10(1):73 - 81.

[12] Chouaib I, Pradin B. On mode decoupling and minimum sensitivity by eigenstructure assignment [C]. Mediterranean electrotechnical conference, MELECON '94, Turkey,

Antalya，1994.

[13] Kautsky J，Nichols N K，Van Dooren P. Robust pole assignment in linear state feedback [J].
Int. J. Control，1985，41(5)：1129 - 1155.

[14] Fahmy M M，O'Reilly J. Parametric eigenstructure assignment by output feedback control
[J]. Int. J. Control，1988，48(1)：97 - 116.

[15] Fahmy M M，O'Reilly J. Parametric eigenstructure assignment by output feedback control：
the case of multiple eigenvalues [J]. Int. J. Control，1988，48(4)：1519 - 1535.

[16] White B A. Robust polynomial eigenstructure assignment using dynamic feedback controllers
[J]. Proc. Inst. Mech. Eng. Part 1，1997，211(1)：35 -51.

[17] Magni J - E. RCAM design challenge presentation document：a modal multimodel control
approach [R]. GARTEUR report TP - 088 - 12，April 1997. （summary available in
Reference [1]）

[18] Littleboy D. Numerical techniques for eigenstructure assignment by output feedback in
aircraft applications [D]. UK：Reading University，1994.

[19] Horn R A，Johnson C A. Matrix analysis [M]. Cambridge University Press，1985.

[20] Lehtomaki N A，Sandell N S，Athans M. Robustness results in linear quadratic gaussian
based multivariable control designs [C]. IEEE Trans. Autom. Control，1981，AC - 26(3)：
75 - 92.

[21] Garg S. Robust eigenspace assignment using singular value sensitivities [J]. J. Guid. Control
Dyn. ，1991，14(2)：416 - 424.

[22] Faleiro L F，Pratt R W. Multi-objective eigenstructure assignment with dynamic flight control
augmentation systems [C]. Proceedings of the AIAA Guidance，navigation and control
conference，USA，San Diego，1996.

[23] Faleiro L E，Pratt R W. Multi-objective eigenstructure assignment in the design of flight
control systems [C]. International Federation of Automatic Control （IFAC） 13th triennial
world congress，San Francisco：1996：201 - 206.

9 鹞式飞机的 H_∞ 回路成形设计

9.1 引言

本章描述了如何将多变量控制应用到英国国防评估与研究局(Defence Evaluation and Research Agency, DERA)Bedford 鹞式(Harrier)垂直起降战斗机及其测试飞行。这项工作于 1988 年至 1993 年由剑桥大学工程系开展研究[1-3]。当时所谓的 H_∞ 控制设计方法取得了显著的进展[4], H_∞ 最优化问题的数值良态解的出现[4]以及日益提高的计算能力,使得这种设计技术成为替代经典设计方法的可行选择。然而,这种先进的理论与设计出适于在飞机上实现的控制律之间的距离还很远。特别是,由于设计的线性控制器是高阶的,如何根据飞行条件对其进行增益调参尚不清晰。该研究项目的目的是缩短该理论与实际之间的差距。第一阶段研究了多变量最优控制器的设计和实现问题,并针对 DERA 的通用 VSTOL 飞机模型(GVAM)设计了控制律。在此成功的基础上,英国 DERA 以及科学与工程研究委员会(SERC)提供了为期两年的后续资助,支持剑桥大学在推力矢量飞机先进飞行控制(VAAC)项目下,开发适于鹞式飞机的飞行试验控制律。

H_∞ 方法是一种鲁棒多变量设计方法,这就意味着它适用于多输入多输出系统,每个输入都强烈地影响多个输出。鹞式飞机的纵向控制就是这样的系统,系统 3 个主要操纵作用是喷管角度,发动机推力及综合水平尾翼/反作用控制系统(RCS)。改变 3 个输入的任意一个将影响航向、法向及俯仰运动。DERA, Bedford 及剑桥大学建立的合作研究计划有两个目标,即:
- 展示 H_∞ 方法在实际应用中是如何使用的;
- 演示多变量控制在飞机上的实现。

所设计的控制律,由 DERA 命名为控制律 005 是在 VAAC 鹞式飞机上进行评估的众多控制律中的一种,但却是唯一的多变量控制律。

近十年来,多变量控制技术(MVC)已被一些大学大量出售给工业部门,但是工业界的舆论仍然在犹豫是否要抛弃所谓的经典设计。控制律 005 是重要的,因为它是为数不多的航空航天领域多变量控制研究项目之一,在该研究中所有的实现问题都已解决,并且进行了飞行试验。现今,控制律 005 已被用来表明该方法的实用性。对于多变量控制的效益评估及飞行许可问题是正在进行研究的课题。

多变量方法的可能效益并不仅仅是更好的性能和/或鲁棒性。通过更系统化的设计过程,多变量控制还可能降低成本。对于鹞式飞机,效益可能产生于过渡和悬停飞行模态。在这些速度状态,所有 3 个纵向操纵作用都要被应用。喷管、发动机及 RCS 所用的频带宽度又很接近(在 2~5 rad/s 之间),考虑到交叉耦合,使得传统的逐次回路闭合有较大难度。实际上这意味着 3 个回路是迭代设计的,从而产生了时间消耗。此外,在设计过程中修改某一回路有可能会影响其他回路,因此每次设计更改都会出现迭代损失。与多变量控制器相比,该控制器的结构会受到限制,因此性能或鲁棒性要做折中。

多变量控制方法的优点对于下一代先进短距起飞及垂直着陆(ASTOVL)飞机将更为突出,因为这类飞机将有更多的方式来产生和使用力及力矩。这些力和力矩将通过气动操纵面的组合及复杂动力装置产生。控制律需要综合飞行及推进控制系统,这就引出了飞行/推进综合控制系统的概念(integrated flight and propulsion control systems,IFPCS)。由于物理设计的约束,交叉耦合程度更高。特别是,发动机的作用点不会像鹞式飞机那样接近飞机重心。然而,鹞式飞机确实提供了一个理想的平台,来验证及评估各种适用于下一代飞机的设计方法及控制器结构。下面将介绍 VAAC 鹞式飞机及其纵向控制要求。

9.2 鹞式飞机的先进飞行控制

DERA 推力矢量飞机的先进飞行控制(VAAC)鹞式飞机是由 MOD 资助的研究机,用来研究在操纵和控制中的控制概念。其目标是验证如何通过采用新的技术途径和设计方法来确保驾驶员工作负荷的大幅减少,在参考文献[5]中可以找到更多的背景信息。该飞机是经改装的双座教练机;负责安全的驾驶员在前舱操纵,负责测试的驾驶员在后舱操纵。测试驾驶员操纵在硬件系统上实现的实验飞行控制系统,该硬件系统由一个单独的系统进行独立监控。监控器提供飞行参数的包线,在包线内允许飞机采用选用的实验 FCS 飞行。监控器跟踪控制律指令,如果组成飞行包线的预定参数超标或出现潜在危险情况,监控器将控制切换至安全驾驶员。在这种方式下,可以不要求实验控制律是安全关键的,因此可以尝试新的构想而无须通过严格的飞行许可程序。

图 9.1 显示了鹞式飞机的原理示意图。在典型的进近着陆中,驾驶员尝试保持稳定航迹(GAMMAD)的同时减速靠舰悬停。因此他需要用左手交替移动喷嘴和油门杆,同时用右手稳定飞机的俯仰。喷管和油门操纵与俯仰的耦合,需要操纵杆的补偿。实验控制律的任务是考虑到这种耦合,并给驾驶员两个基本指令,即速度指令和航迹指令。具有这种策略的控制律称为双指令控制律。

从图 9.1 可知该控制律有 3 个主操纵面来控制纵向运动,即油门、喷管和水平

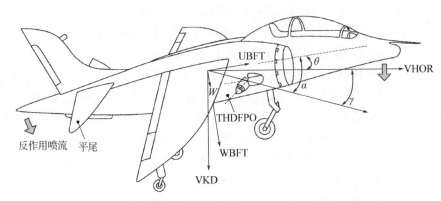

图 9.1 鹞式垂直起降战斗机的纵向控制

尾翼。当喷管向下时水平尾翼反向驱动反作用控制系统。利用 3 个自由度来控制俯仰姿态、前进速度和垂直速度。

9.3 H_∞ 回路成形

控制律 005 采用一种特殊类型的 H_∞ 控制,称为 H_∞ 回路成形,最初由 Glover 和 McFarlane 开发[6]。这种设计方法的特别吸引人的特点就是设计者能够像经典设计方法一样规定主回路形状,然后,优化部分 H_∞ 自动地综合交叉项并且对对角项做出必要改变。三输入三输出系统的控制律结构如图 9.2 所示。$W1(1, 1)$,$W1(2, 2)$,$W1(3, 3)$,$W2(1, 1)$,$W2(2, 2)$,$W2(3, 3)$ 的设计如同设计经典控制器,不需要考虑交叉耦合。K_∞ 是 H_∞ 综合多变量补偿器。

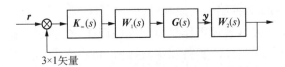

图 9.2 H_∞/回路成形方法的反馈回路结构

当然,经典设计的好坏依赖于输入输出对的适当匹配,但这并非总是简单易行的。对 VAAC 而言,当喷管和油门被分解为法向(T_z)和航向(T_x)推力指令后,这就不再是问题。一旦输入输出对被匹配,就可以对每个回路的 Bode 图进行检验,通过选择适合的动态超前-滞后补偿器来设置所需的低频增益以及转折频率处的斜率和高频段的斜率。设计者并不局限于对角加权项(加权项与不同回路的交联无关),图 9.3

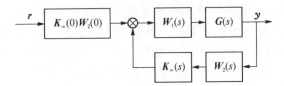

图 9.3 回路成形控制器的替代实现

给出了闭环系统的一般结构。注意,航向通道上的 DC 直流增益对基准输入 r 进行校正,确保在稳态时输出 y 跟踪 r。实际中如何设计 W_1 和 W_2 的非对角项并不是很清晰,尽管最近有一些研究给出了一些建议性的方法[7, 8]。

对于大多数设计,回路成形设计过程与经典设计方法相同。一旦对象被成形,就可以综合得到鲁棒多变量补偿器 K_∞。该补偿器使得闭环系统对于所成形对象的不确定性具有鲁棒性。为做到这一点,被加权对象用被称为正则化互质因子(NCF)的特殊数学形式来表示,即 $W_2 G W_1 = M^{-1} N$。其中因子 M 和 N 为稳定的有理传递函数,满足正则化约束,$M M^* + N N^* = I$。所综合的控制器实现了对因子加性不确定性(见图 9.4)的最大鲁棒性。这种优化主要通过最小化从 u 到 e_1 和 e_2 的传递函数的 H_∞ 范数来实现,H_∞ 范数定义为整个频域上的最大奇异值:

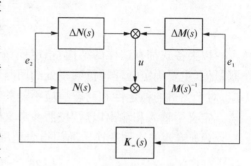

图 9.4　互质因子的不确定性

$$\| P \|_\infty := \sup_\omega \bar\sigma [P(\mathrm{j}\omega)]$$

小增益定理指出,要使闭环不稳定,经 Δ 模块和闭环的总的回路增益必须大于 1。通过使 u 到 e_1 和 e_2 的传递函数尽可能小,使环路不稳定的 Δ_M 和 Δ_N 的大小就可增加。通过写出从 u 到 e_1 和 e_2 的传递函数可以看出该优化使以下代价函数最小:

$$1/\varepsilon_{\max} = \inf_{\substack{K \\ \text{stabilising}}} \left\| \begin{bmatrix} I \\ K \end{bmatrix} (I + GK)^{-1} M^{-1} \right\|_\infty$$

于是,$\varepsilon_{\max}$ 的值为可容许的 Δ_M 和 Δ_N 大小的 H_∞ 范数界,以其作为设计指标,其用法与经典单回路设计中所使用的增益和相位裕度相似。小的 $\varepsilon_{\max}$ 意味着所指定的回路形状与良好鲁棒性的要求不一致。就设计而言,没有必要对该方法背后的数学问题进行详细了解。该优化问题可通过 MATLAB toolbox μ 工具包[9]中的标准函数来求解。因此,设计者的工作主要就是选择适当的加权,来实现系统性能与鲁棒性(由 ε 表征)之间的折中。

9.4　VAAC 的线性设计

这一部分主要描述了对悬停状态的线性设计。为了覆盖 $0 \sim 250$ kn 的整个飞行包线,总共进行了 4 个线性设计,详细设计过程见参考文献[2]。为了减少给定空速下的线性化对喷管角度的依赖,不是将推力幅度和推力角度作为输入,而是采用分解的推力指令。即,如果 T_{dem} 和 θ_n 表示推力指令和喷管指令需求,则分解以后的推力指令为

$$T_x = T_{\text{dem}} \times \cos\theta_n$$

$$T_z = T_{\text{dem}} \times \sin\theta_n$$

给定 3 个主要控制输入(油门,喷管,水平尾翼),就能控制 3 个输出。在悬停状态飞行员希望控制俯仰、航向和垂直速度,为此选择输出反馈变量:

$$y_1 = q + \lambda_\theta \theta$$
$$y_2 = \ddot{x}\lambda_x \times \dot{x}$$
$$y_3 = \ddot{z}\lambda_z \times \dot{z}$$

以上各式都有这样的结构:稳定变量$+\lambda\times$保持变量。稳定变量是高度完整的测量值,主要确定开环转折频率处的回路形状。保持变量主要确定低频(长周期)响应,对于飞机的稳定性和动态响应不是关键的。

定义了输入和输出以后,按照参考文献[1]中的方法设计如下:

(1) 输入的比例变换。油门指令范围为

$$0.26 \leqslant T_{\text{dem}} \leqslant 1.0$$

因此,T_x 和 T_z 近似在 0 到 1 之间变化;水平尾翼指令 η 的可能变化范围为

$$-11.75 \leqslant \eta \leqslant 12.75$$

缩小至 1/10 左右,使水平尾翼指令如期望的在$-1\sim1$范围内近似变化。

需要指出的是,只有从对象输入端来看闭环传递函数时才需要这种比例变换,而在设计步骤(4)中,比例变换已融入权矩阵 $\boldsymbol{W}_1$。

(2) 输出的比例变换。对输出进行比例变换,使得对任何比例变换后输出的单位耦合都是同等不期望的。水平和垂直加速度输出比例变换为用 g(重力加速度)作为单位。将俯仰速率 QD 乘以 0.1 进行变换,这是因为 $0.1g$ 的耦合(由动力升力引起的任何方向所能达到的最大量的 10%)正如 $1°/s$ 的俯仰姿态飘移一样是不期望的。

(3) 带宽要求与约束。每个作动器能使用的最大频率由许多因素所决定,其中包括动态速度,速率限制以及建模不确定性。基于如上考虑,可以得到以下的限制条件:

- 油门/发动机:最大频率值为 2 rad/s,限制因素包括发动机由于燃油-推力特性的严重非线性,以及发动机从低功率到运转的速率限制。
- 喷管:最大频率值为 2 rad/s,限制因素为喷管空气-马达反弹。
- 尾翼/反作用喷射器:最大频率为 5 rad/s。限制因素是,当超过此频率时由计算延时、抗混叠滤波器、作动器和传感器的动态特性的综合影响所导致的较大相位衰减率。如果企图在频率超过 5 rad/s 时引入显著的超前相位,由这些因素导致的组合建模不确定性将变得很大,从而使控制系统的鲁棒性变得很差。同时还存在少许受阻尼的机械控制动作,它反推前置反作用喷射器离开水平尾翼装置。这将使得在飞机悬停时很难采用超过 $5\sim10$ rad/s 的带宽。

　　需要注意的是:如果油门和喷管采用不同的带宽,分解后的推力指令所用的带宽将依赖于喷嘴的角度。因此,控制器有必要设计成是喷管角度和空速的函数。

　　(4) 传感器模型、计算延迟的二阶 Pade 近似以及抗混叠滤波器入加到线性模型中。就设计而言,将传感器、计算延迟的二阶 Pade 近似和作动器串联起来,并用平衡截断法将其近似等效为低阶作动器模型。由于 3 个传感器建模的动力学相同,因此可以将传感器模型提到输入端。极点在 20 rad/s 的一阶传感器滤波器附加在 3 个输出端,这些都包含在降阶模型里面。模型降阶使得控制器的阶数降下来了,但并没有使最终闭环系统的鲁棒性变坏。按惯例,模型降阶用在完整加权后的设计对象上,在这里,我们不能如此进行,因为加权后的控制对象的 **A** 矩阵的结构必须满足在设计点之间是不变的,从而使增益调参方法能够运用。换句话说,只有在设计点之间保持动态特性不变的情况下,才能应用平衡截断法进行模型降阶。

　　(5) 画出对象的奇异值和对象的所有的输入-输出对,来确定哪个输入影响哪个输出,以及是否存在难以控制的输出方向。然后,按次序调整每个回路的形状来获得要求的低频增益和高频衰减,以及在转折频率处有 $20 \sim 30\,\mathrm{dB}/10$ 倍频的衰减率。

　　权值:

$$
\boldsymbol{W}_\mathrm{P} = \begin{bmatrix} \dfrac{3(s+0.5)}{s^2} & 0 & 0 \\[2mm] 0 & \dfrac{3(s+0.5)}{s^2} & 0 \\[2mm] 0 & 0 & \dfrac{7.8(s+1.5)^3}{s^2(s+10)} \end{bmatrix}
$$

可满足以上要求。图 9.5～图 9.7 给出了该设计在这点上的 3 个回路形状。

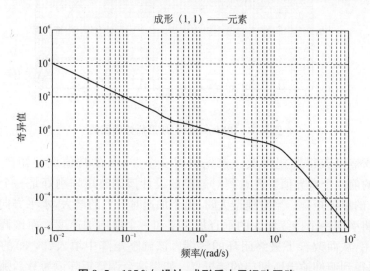

图 9.5　105 ft/s 设计:成形后水平运动回路

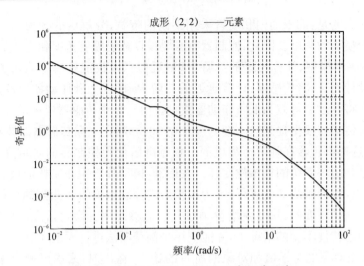

图 9.6　105 ft/s 设计:成形后垂直运动回路

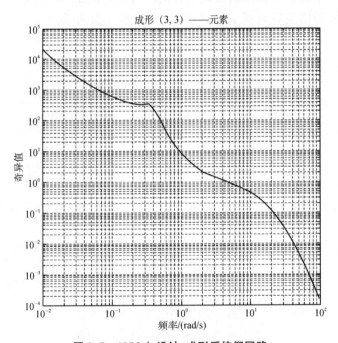

图 9.7　105 ft/s 设计:成形后俯仰回路

　　(6) 调整以获得期望带宽。首先找到一个 2×2 的常值调整矩阵去调整在 2 rad/s 时的前两个奇异值。注意到对悬停的设计该调整矩阵刚好是一个标量乘以一个 2×2 的单位矩阵。当空速增大时,由于加速时升力的增大,水平方向的推力的阶跃变化将引起一个持续增大的垂直加速度和一个航向加速度。而该调整矩阵抵消这种作用,从而改善了最终闭环的解耦。该调整矩阵中填入 (3,3) 的成形调整项,就可以得到俯仰输出所期望的转折点。如果这个调整矩阵记为 W_A,那么总前置

补偿器就为 $W_1 = W_P W_A$。图 9.8 显示了成形后对象的奇异值,该成形后的对象是在近似成形对象上叠加了全阶作动器模型、传感器模型以及计算延迟模型。可以看出该近似对象与全阶对象在转折处很接近,且实现了特定的带宽。

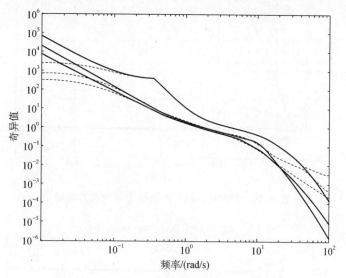

图 9.8　105 ft/s 设计:成形后全阶及近似对象

(7) 计算最优控制器。最优 $\gamma_{\min} = 1/\epsilon_{\max}$ 是 2.54,表明所指定的回路形状与鲁棒稳定性是一致的($\gamma < 4$ 通常意味着该设计是可接受的)。在把 γ 设置成百分之十次优后,用全阶被控对象(即非设计对象)评估时所得到的回路成形代价函数值为 3.34。

(8) 时域响应分析。图 9.9～图 9.11 显示的是对阶跃参考指令的响应。可以清楚看到已实现了高度解耦,时域特性良好。用文献[10]所提的方法将基准项引入

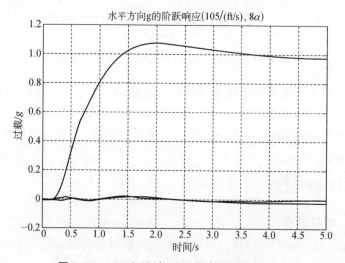

图 9.9　105 ft/s 设计:阶跃指令下的航向运动

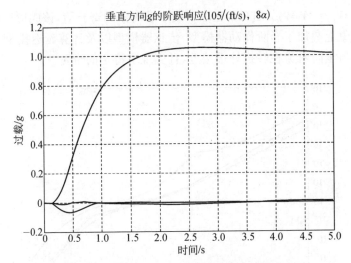

图 9.10　105 ft/s 设计：阶跃指令下的垂直运动

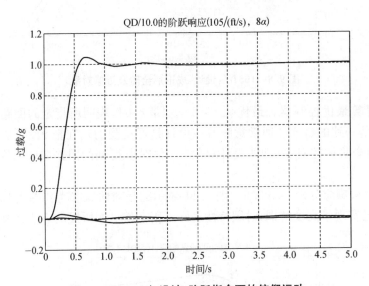

图 9.11　105 ft/s 设计：阶跃指令下的俯仰运动

到回路中。本质上所实现的控制器可以看作是由 H_∞ 无穷滤波器和 LQR 静态反馈组成的观测器。然后基准项被引入到状态反馈矩阵的输出上。文献[10]中表明这种情况下的闭环响应等于 N,该闭环响应既是所期望的,又对互质因子对象的不确定性具有鲁棒性。

9.5　实现与飞行试验

9.5.1　增益调参

参考文献[11]表明:由回路成形方法得到的控制器可以被描述为一个准确的对

象观测器加状态反馈的形式：

$$\dot{\hat{x}} = A\hat{x} + H(C\hat{x} - y) + Bu$$
$$u = F\hat{x}$$

其中：A，B，C 是加权对象的状态空间实现，且

$$H = -ZC^*$$
$$F = B'(\gamma^{-2}I + \gamma^{-2}XZ - I)^{-1}X$$

其中：X 和 Z 是相应的控制和滤波的代数黎卡提方程的解[6]。

一般而言，正如参考文献[4]中所指出的，由于观测器的状态方程中会有严重的干扰项，所以 H_∞ 控制器不能写成一个准确的对象状态的观测器。然而，对于回路成形控制器来说这是可能的，且其清晰的结构易于增益调参，控制器 F 和 H 的增益可以按飞机的航向速度 v 的函数来调参。图 9.12 显示的是这种实现的方框图。

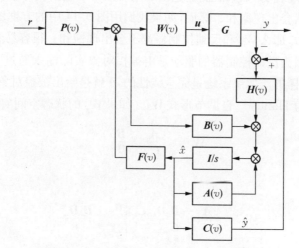

图 9.12 H_∞ 回路成形控制器中的观测器实现

为了能够在增益之间实现插值，则必须满足：

- 成形后的对象矩阵 A，B，C 随工作点平滑变化；
- 控制器 F 和 H 的增益随工作点平滑变化。

依据对被控物理系统的认识来检查第一个条件可知是满足要求的。当 A，B 和 C 平滑变化时，如果代数黎卡提方程的解 X 和 Z 以及 γ 也平滑变化，则第二个条件得到满足。文献[12]表明事实就是如此。

9.5.2 抗饱和（anti-windup）

观测器结构能用来确保当对象的输入（如油门）饱和时，控制器状态不会饱和。如果不用控制器的输出而用实际对象的输入去驱动观测器，那么控制器的状态将与

对象的状态保持一致。图 9.13 显示的是对象、加权阵和观测器形式的控制器的方框图。

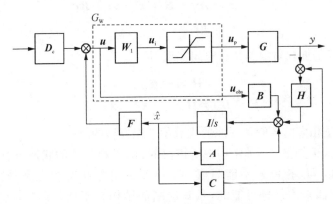

图 9.13　利用观测器结构抗饱和

控制器的实现表明，如果观测器是由 u 来驱动而不是由实际被控对象的受限输入来驱动，将依然会出现饱和。然而，如果我们用图 9.14 中的方框图来取代 G_w（虚线所包含的部分），那么 W_1 和反馈控制器都不会出现饱和。很容易看出反馈控制器是不会饱和的，因为反馈控制器的驱动是由被控对象实际输入通过 W_1^{-1} 得到的，这与用 $\bar{u}$ 激励是一样的。如果系统是完全线性的，$\bar{u}$ 就是给出被控对象输入 u_p 的 u 的值。W_1 被替换为 Hanus[13] 自调节形式 W_S。如果 W_1 的状态空间实现为

$$W_1 = \left[\begin{array}{c|c} A_\omega & B_\omega \\ \hline C_\omega & D_\omega \end{array}\right]$$

则有

$$W_S = \left[\begin{array}{c|c:c} A_\omega - B_\omega D_\omega^{-1} C_\omega & 0 & B_\omega D_\omega^{-1} \\ \hline C_\omega & D_\omega & 0 \end{array}\right]$$

容易证明，在没有饱和的情况下，从 u 到 u_p 的传递函数为 W_1。在存在饱和的情况下，W_S 的实现等效于 W_1 逆向作用于 u_p，即状态将一直与当前被控对象的输入保持一致。因此起去饱和作用。控制律 005 也有一个调整矩阵 M。考虑到这一点，总方案可实现为

$$\left[\begin{array}{c} u_i \\ u_{obs} \end{array}\right] = \left[\begin{array}{c:c:c} A_\omega - B_\omega D_\omega^{-1} C_\omega & 0 & B_\omega D_\omega^{-1} \\ \hline C_\omega & D_\omega M & 0 \\ \hline -M^{-1} D_\omega^{-1} C_\omega & 0 & M^{-1} D_\omega^{-1} \end{array}\right] \left[\begin{array}{c} u \\ u_p \end{array}\right]$$

注意到为了实现这种方法需要得到 M 和 M^{-1}，但是这种去饱和方法并没有增加加权函数的维数。

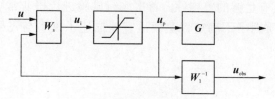

图 9.14　前置补偿的自调节形式

9.5.3　飞行模态

至今为止,只对反馈补偿器进行了讨论,然而闭环控制律与驾驶员指令杆之间的补偿也是必要的。由于这些对任何设计都是通用的(不只是对多变量和 H_∞ 设计),在这里不再详细描述,详情可参考文献[2]。图 9.15 给出了飞行模态的总体方案。

图 9.15　005 控制律的飞行控制模态

由于这是一个双指令控制律,在任意一个给定的飞行条件,左右手只能执行一种功能。在使用时,俯仰角作为一种附加的自由度,动力升力通过操纵杆上的配平开关来控制。在正常运行时,飞行员不需要使用配平开关。左手指令地速加速到第一混合区,超越后到达空速区。右手指令垂直加速度保持升降速率和高度。过了混合区,操纵杆指令 q 保持高度。这使飞行员可以充分利用有效气动升力。

9.5.4　飞行试验

该控制律于 1993 年第一次在 VAAC 鹞式飞机上进行试验,首次使用就没有显著的问题。对于被投入使用的控制律,必须要求作动器位移在实际位置的 10% 以内,用观测器/Hanus 进行离线校正就可保证符合要求。评价表明控制律很快就可投入使用。

在初步飞行阶段中,控制律不使用惯性基准信号(IRS),即只使用空气动力,以及来自加速度计和陀螺仪的信号。本质上,相对 IRS 产生的信号,这些信号产生的噪声更为严重。控制律采用两组信号都表现良好,但是,正如所预期的,采用 IRS 数据的性能更平稳。飞行员可以轻松准确地改变航迹,当松开操纵杆后,航迹漂移量约为 $(1/4)°$。

在飞行过程中没有任何不稳定性的迹象。测试足以证明控制律对设计模型和飞机之间的误差具有足够的鲁棒性。首次飞行试验进行得非常顺利。这在某种程度上可以认为，互质因子不确定性建模适宜地描述了模型与飞机之间的实际不确定性。

9.6　飞行许可

本节的目的是讨论飞行许可问题，特别是针对多变量控制器。已有的相应论述只适于没有任何状态空间和多变量方法背景的读者。

首先，我们需要准确地定义我们所说的多变量。图 9.16 给出了鹞式动力升降模态纵向控制的经典控制结构。其中 K_{11}、K_{22} 和 K_{33} 分别为俯仰回路，航向速度回路和垂直速度回路的单输入单输出（SISO）补偿器，通常它们包含积分项和相位超前补偿。其中 G 包括其他所有部分，例如控制律的剩余部分和飞机模型。所以，G 包括测量滤波器与反馈变量的混合。

多变量系统中，通过 G 会引来显著的交叉耦合，即，将扰动加到 G 的某个输入会引起不止一个输出的明显响应。这种耦合是通过机体和/或动力装置产生，例如：在速度为 100 kn 时推力变化会影响飞行速度，航迹和俯仰姿态。大部分系统在某种程度上都是多变量系统，但是当交叉耦合较小时，设计者可以忽略它们，来独立设计 K_{11}、K_{22} 和 K_{33}。

下面考察具有显著交叉项的情况。对于图 9.16 中所示的结构，它是一组单输入单输出补偿器的多变量系统。这种补偿器有时被称为对角补偿器，其理由可以从图 9.16 中补偿器的布局方式看出。直观而言，如果 G 是多变量并具有交叉项，那么我们能找到的最好的补偿器也应有交叉项，即，补偿器应有非对角项。在经典设计中往往引入这些交叉项，用以反映 G 中交叉耦合的结构，多数滚转-航向补偿就是这种情况，具有如图 9.17 所示结构。具有交叉项的补偿器，就是它的输入输出响应的多变量补偿器。

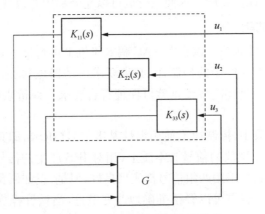

图 9.16　单输入单输出控制律结构

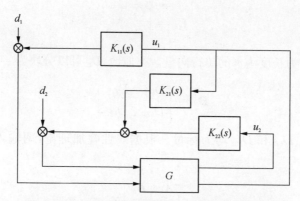

图 9.17 含有交叉项的单输入单输出控制律结构

对于经典设计方法,交叉项的设计往往是一个伴随着对角线元素设计而特定的迭代过程。系统耦合的越多,设计问题就越难,并需要更多的迭代。对于多变量的设计方法,补偿器交叉项是作为设计过程系统化方法的一部分被设计的。多变量的设计方法一般不会产生如图 9.17 所示分离的单输入单输出系统补偿器形式的最终控制器。相反,它们会产生单一补偿器的多变量实现。

图 9.18 给出了多变量动态补偿器的方框图。u, y 分别是输入和输出信号向量。多变量补偿器可由 s 的多项式构成的传递函数 $K(s)$(或等价的在离散时间域的 $K(z)$),或状态空间形式表示,离散时间状态空间描述为

$$\begin{cases} x_{n+1} = A_k x_n + B_k u_n \\ y_n = C_k x_n \mid D_k u_n \end{cases}$$

矩阵 A_k, B_k, C_k 和 D_k 包含实有理项。向量 x_n 称为状态向量,并且其长度被称为控制器的阶。第一个方程是状态更新方程,每个采样周期执行一次。第二个方程是输出方程,也是每个采样周期更新一次。显然,它的实现只要求用数组内带下标的各项作普通的加法和乘法运算。需要二维数组的处理来存取 A_k, B_k, C_k 和 D_k 的元素。一个状态空间方程的简单标记为

$$K(z) = \begin{bmatrix} A_k & B_k \\ C_k & D_k \end{bmatrix}$$

考察一个具有 r 个状态的两输入两输出多变量状态空间系统。那么 B_k 可以表示为

$$B_k = \begin{bmatrix} B_{k1} & B_{k2} \end{bmatrix}$$

式中:B_{k1} 与 B_{k2} 均为长度为 r 的单列向量。类似地,C_k 可以分块为

$$C_k = \begin{bmatrix} C_{k1} \\ C_{k2} \end{bmatrix}$$

其中 C_{k1} 与 C_{k2} 均为长度为 r 的单行向量。类似地，D_k 可以分块为

$$D_k = \begin{bmatrix} D_{k11} & D_{k12} \\ D_{k21} & D_{k22} \end{bmatrix}$$

其中 D_{k11}，D_{k12}，D_{k21} 和 D_{k22} 均为标量。根据线性叠加理论，两输入两输出多变量系统：

$$\left[\begin{array}{c|c} A_k & B_k \\ \hline C_k & D_k \end{array} \right]$$

与图 9.19 中定义的 4 个 SISO 系统是一致的。与图 9.17 比较，可以看出，图 9.19 具有与带交叉项的经典设计相同的结构。

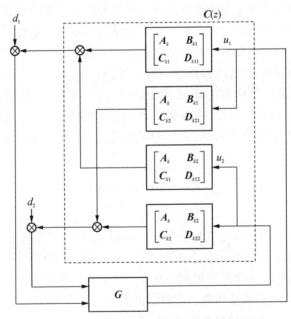

图 9.19 多变量控制律在单输入单输出的应用

到目前为止，讨论的目的在于显示多变量控制器和具有交叉项的经典控制器之间的关系。

因为多变量控制律等价于有交叉项的经典控制律，许可问题可以明显地分为如下两个子问题：

(1) 强耦合反馈回路的稳定性与性能分析。

(2) 多变量状态空间的控制律实现。

第一个问题（笔者认为更困难但也更重要）实际上是多变量系统的问题，而不是

多变量控制器的问题。本设计的挑战难点就在于动力装置和机体内的强交叉耦合，好的设计方案可以提供系统性的方法来处理交叉耦合，减少设计迭代次数，保证设计能不保守的获得期望性能和鲁棒性。对于控制律 005，H_∞ 优化步骤可以解得补偿器并返回鲁棒性指标 ε，该指标的使用类似于经典控制中的增益与相位裕度。在单输入单输出的情况下，ε 与所能达到的增益、相位裕度保证水平相关，其界限如图 9.20 所示。因此，一种方法就是利用 ε 的边界取代放飞要求文档中所使用的增益与相位要求。

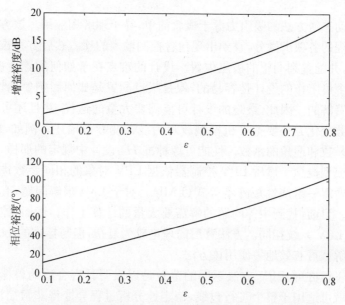

图 9.20 增益与相位裕度边界是 ε 的函数（单输入单输出情况）

状态空间（可能是高阶）补偿器能否使用是控制律实现问题的本质。控制律 005 有 20 个状态，相对于经典控制，可被视作高阶系统。但是当考察三输入三输出补偿器时，如果交叉项可提供更好的鲁棒性，又可减少设计时间，那么每对输入输出近似两个状态就不能看作是不合理的。

同相对复杂度一样，数值问题也需要解决。对于一个给定输入输出响应的状态空间实现不是唯一的，重要的是对状态变量要进行适当地标定，适当标定后的状态空间实现应该像一组 SISO 的状态空间描述一样具有数值可靠性。

总之，本节试图把多变量补偿器与经典实现结构联系起来。所幸我们已表明了交叉项的概念并不是新的，但该补偿器的设计和实现的方式却是新的。随着高阶多变量（即交叉耦合的）飞机的出现，关于稳定性问题是有争议的，因此，对飞行许可，多变量稳定性的测量是必需的。起码，这种测试将简化设计过程，这对降低开发成本是重要的。因此，问题在于我们要做的是多变量飞机的放飞许可而不是多变量控制律的放飞许可。

9.7　结语

用于开发控制律 005 的 H_∞ 回路成形方法已流行一段时间了,有必要适当地介绍近期控制理论的最新发展。最近大量的研究集中围绕在两种新方法,即非线性动态逆(NDI)[14, 15]与线性参数变化(LPV)[16-19]的系统描述。两者都仍在不断发展,并可以使飞行控制系统设计者在性能和设计时间方面获益。特别是,这两种方法都有对完整飞行包线实现一步设计的目标,从而不需要逐点设计后再作专门的增益调参。

非线性动态逆方法的吸引力源于概念简单,易于理解和应用。该方法基于对非线性输出方程的各项求微分,直到出现包含控制输入的项。然后方程被处理成积分解耦的形式,并配置到期望的极点位置。设计的难点在于如何配置逆系统的极点。虽然得到一个可工作的设计是容易的,但是极点配置是如何影响鲁棒性和性能的,是相当令人费解的。因此,最终的设计可能需要大量的迭代,并且还可能是非最优的。线性参数变化方法要把飞机模型改写为线性变参数描述。例如,LPV 描述可能是一个马赫数和迎角的函数。性能可像标准 H_∞ 设计中规定的那样,从而可以使用经典回路成型概念。然后 LPV 控制器依据 LPV 对象的相同参数进行综合。控制器综合需要解一组线性矩阵不等式(LMI)。对于 LMI 求解问题,有许多商业软件可以选用。目前,找到中等问题的解需要大量的计算工作。然而,控制律的复杂性与原始的 LPV 系统相同。方法背后的理论较为复杂,但与标准的 H_∞ 方法一样,不必深入理解就可有效地去使用该方法。

为满足飞行许可,LPV 方法返回的范数足以表明具有合适的鲁棒性裕度。由于单点测试就可适用于整个飞行包线,稳定性分析过程会变得非常简洁。此外,这种体系结构可以对增益变化率的影响进行分析,例如,这种方法可自动地获得快速迎角改变的影响[19]。但是,当涉及具有高度交叉耦合机体时,对非线性动态逆控制律的许可要作附加的测试。LPV/LMI 设计方法已用于对飞行控制律 005 的部分设计研究,并获得了成功,这将是对控制律开展持续研究的一个方向。

9.8　参考文献

［1］Hyde R A. The application of robust control to VSTOL aircraft［D］. University of Cambridge,1991.

［2］Hyde R A. H_∞ aerospace control design［M］. Advances in industrial control series, Springer-Verlag,1995.

［3］Hyde R A, Glover K, Shanks G T. VSTOL first flight of an H_∞ control law［J］. Comput. Control Eng. J.,1995,6(1):11-16.

［4］Doyle J, Glover K, Khargonekar P, et al. State-space solutions to standard H_2 and H_∞ control problems［C］. IEEE Trans. Autom. Control,1989,34(8):831-847.

［5］Shanks G T, Gale S, Fielding C, et al. Flight control and handling research with the VAAC Harrier aircraft［M］. Advances inflight control series, Taylor and Francis,1996.

[6] Mcfarlane D C, Glover K. Robust controller design using normal-ized coprime factor plant descriptions [G]. Springer-Verlag lecture notes in Control and information sciences, 1990.

[7] Gu D W, Postlethwaite I, Goh S J, et al. Rx: an expert enviroment for robust control systems design [R]. Technical report 97 - 3, Department of Engineering, Leicester University, 1997.

[8] Papageorgiou G, Glover K. A systematic procedure for designing non-diagonal weights to facilitate H_∞ loop-shaping [C]. 36th IEEE conference on Decision and control, San Diego, 1997.

[9] Balas G J, Doyle J C, Glover K, et al. μ-analysis and synthesis toolbox for Matlab [M]. The MathWorks Inc, 1991.

[10] VINNICOMBE G. Measuring robustness of feedback systems [D]. University of Cambridge, 1992.

[11] Sefton J A, Glover K. Pole/zero cancellations in the general H_∞ problem with reference to a two block design [J]. Syst. Control Lett. , 1990,14:295 - 306.

[12] Ran A C M, Rodman L. On parameter dependence of solutions of algebraic Riccati equations [J]. Math. Control, Signals Syst. , 1998,(1):269 -284.

[13] Hanus R, Kinnaert M, Henrotte J L. Conditioning technique, a general anti-windup and bumpless transfer method [J]. Automatica, 1987,23(6):729 - 739.

[14] Lane S H, Stengel R E. Flight control design using non-linear inverse dynamics [J]. Automatica, 1988,24(4):471 - 483.

[15] Enns D, Bugajski D, Hendrick R, et al. Dynamic inversion: an evolving methodology for flight control design [J]. Int. J. Control, 1994,59(1):71 - 97.

[16] Becker G S. Quadratic stability and performance of linear parameter dependent systems [D]. University of California at Berkeley, 1993.

[17] Packard A. Gain scheduling via linear fractional transformations [J]. Syst. Control Lett. , 1994,22:79 - 92.

[18] Becker G, Packard A. Robust performance of linear parametrically varying systems using parametrically-dependent linear feedback [J]. Syst. Control Lett. , 1994,23.

[19] Wood G D. Control of parameter-dependent mechanical systems [D]. Cambridge University, 1995.

[20] Gahinet P, Apkarian P. A linear matrix inequality approach to H_∞ control [J]. Int. J. Robust Nonlinear Control, 1994,4:421 - 448.

[21] Boyd S, EL Ghaoui L, Feron E, et al. Linear matrix inequalities in system and control theory [R]. SIAM Studies in Applied Mathematics, Philadelphia, 1994.

索　引

G

大飞机出版工程
书 目

一期书目(已出版)

《超声速飞机空气动力学和飞行力学》(俄译中)

《大型客机计算流体力学应用与发展》

《民用飞机总体设计》

《飞机飞行手册》(英译中)

《运输类飞机的空气动力设计》(英译中)

《雅克-42M和雅克-242飞机草图设计》(俄译中)

《飞机气动弹性力学和载荷导论》(英译中)

《飞机推进》(英译中)

《飞机燃油系统》(英译中)

《全球航空业》(英译中)

《航空发展的历程与真相》(英译中)

二期书目(已出版)

《大型客机设计制造与使用经济性研究》

《飞机电气和电子系统——原理、维护和使用》(英译中)

《民用飞机航空电子系统》

《非线性有限元及其在飞机结构设计中的应用》

《民用飞机复合材料结构设计与验证》

《飞机复合材料结构设计与分析》(英译中)

《飞机复合材料结构强度分析》

《复合材料飞机结构强度设计与验证概论》

《复合材料连接》

《飞机结构设计与强度计算》

三期书目(已出版)

《适航理念与原则》

《适航性:航空器合格审定导论》(译著)

《民用飞机系统安全性设计与评估技术概论》

《民用航空器噪声合格审定概论》

《机载软件研制流程最佳实践》

《民用飞机金属结构耐久性与损伤容限设计》

《机载软件适航标准DO-178B/C研究》

《运输类飞机合格审定飞行试验指南》（编译）

《民用飞机复合材料结构适航验证概论》

《民用运输类飞机驾驶舱人为因素设计原则》

四期书目（已出版）

《航空燃气涡轮发动机工作原理及性能》

《航空发动机结构强度设计问题》

《航空燃气轮机涡轮气体动力学：流动机理及气动设计》

《先进燃气轮机燃烧室设计研发》

《航空燃气涡轮发动机控制》

《航空涡轮风扇发动机试验技术与方法》

《航空压气机气动热力学理论与应用》

《燃气涡轮发动机性能》（译著）

《航空发动机进排气系统气动热力学》

《燃气涡轮推进系统》（译著）

五期书目

《民机飞行控制系统设计的理论与方法》

《现代飞机飞行控制系统工程》

《民机导航系统》

《民机液压系统》

《民机供电系统》

《民机传感器系统》

《飞行仿真技术》

《民机飞控系统适航性设计与验证》

《大型运输机飞行控制系统试验技术》

《飞控系统设计和实现中的问题》（译著）

六期书目

《民用飞机构件先进成形技术》

《航空材料连接与技术》

《民用飞机全生命周期构型管理》

《民用飞机特种工艺技术》

《飞机材料与结构检测技术》

《民用飞机大型复杂薄壁铸件精密成型技术》

《先进复合材料制造工艺》(译著)

《民用飞机复合材料构件制造技术》

《民用飞机构件数控加工技术》

《民用飞机自动化装配系统与装备》

《聚合物基复合材料——材料性能》(译著)

《复合材料夹层结构》(译著)

《ARJ21飞机技术管理》

《新支线飞机设计流程》

《ARJ21飞机技术创新之路》

《驾驶舱人素工程》

《支线飞机的健康监控系统》

《支线飞机的市场工程》

七期书目

《民机航空电子系统综合化原理与技术》

《民用飞机飞行管理系统》

《民用飞机驾驶舱显示与控制系统》

《民用飞机机载总线与网络》

《航空电子软件工程》

《航空电子硬件工程技术》

《民用飞机无线电通信导航监视系统》

《综合环境监视系统》

《民用飞机维护与健康管理系统》

《航空电子适航性设计技术与管理》

《民用飞机客舱与信息系统》